大東亜戦争秘録

日本軍はこんなに強かった！

井上和彦
Kazuhiko Inoue

双葉社

日本軍かく戦えり!!

――大東亜戦争「激闘の記憶」――

真珠湾攻撃の奇跡

▲南雲機動部隊の旗艦を務めた空母「赤城」

◀真珠湾上空を飛行する97式艦上攻撃機

◀第1次攻撃隊の隊長を務めた淵田美津雄中佐

▼乾ドック碇泊中に攻撃を受けた米戦艦「ペンシルバニア」

▲爆発炎上する戦艦「ウエストバージニア」

▲５隻の特殊潜航艇（甲標的）も真珠湾に出撃していた

マレー・シンガポール攻略戦

◀歩兵を自転車で機動させる「銀輪部隊」が大活躍した（写真はフィリピン戦線のもの）

▲“マレーの虎”と呼ばれた第25軍司令官の山下奉文中将

▶シンガポーを行進する日本軍

▼難攻不落とされたシンガポールを陥落させ、英軍パーシバル中将に降伏を迫る山下奉文中将（左から３番目）

▲“ハリマオ”こと谷豊。F機関に協力し各種破壊工作活動に従事した

▲F機関を率いて日本軍のインテリジェンスを担った藤原岩市少佐

◀マレー沖海戦で、日本軍機の雷撃から逃れるべく回避行動をとる英戦艦「プリンス・オブ・ウェールズ」（左手前）と「レパルス」

フィリピンの戦い

▲マニラに向けて進撃する日本軍戦車隊

◀戦車隊を率いて先頭を進んだ岩田義泰中尉

◀第14軍を率いた本間雅晴中将

▲日本軍の怒涛の進撃に恐れをなしてフィリピンから逃走したマッカーサー（写真は1944年10月のフィリピン再上陸時のもの）

蘭印攻略戦

◀蘭印作戦を指揮した第16軍司令官の今村均中将

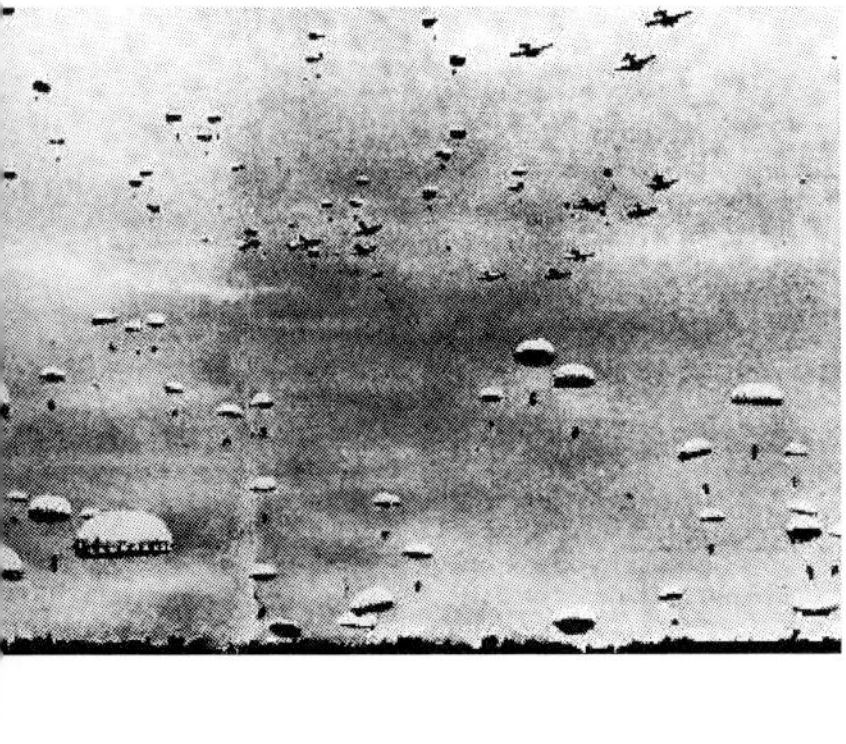

◀スマトラの油田を確保するために敢行されたパレンバン空挺作戦

▲ジャワ島内を進軍する日本軍将兵

日本軍「主要戦闘機」一覧

第343航空隊の主力機となった
傑作戦闘機「紫電改」

“世界を驚愕させたゼロ・ファイター”
「零式艦上戦闘機」

B29も撃墜した
二式複座戦闘機「屠龍」

陸軍の主力戦闘機だった一式戦闘機「隼」

アメリカ軍「主要戦闘機」一覧

米海軍の主力戦闘機F6F「ヘルキャット」

対地攻撃にも使用されたF4U「コルセア」

“双胴の悪魔”P38「ライトニング」

“史上最高のレシプロ機”と
称されたP51「マスタング」

陸海軍の「撃墜王」たち

“B29撃墜王”の樫出勇陸軍大尉

“ビルマの桃太郎”こと穴吹智陸軍曹長

加藤隼戦闘隊こと「飛行第64戦隊」を率いた加藤建男陸軍中佐

特攻教官も務めた田形竹尾陸軍准尉

“義足の撃墜王”こと檜與平陸軍大尉

三式戦闘機「飛燕」の前に並ぶ244戦隊の精鋭

空戦の“神様”だった本田稔海軍少尉

“ブルドック隊長”こと菅野直海軍大尉

剣部隊こと「第343航空隊」を創設した源田実海軍大佐

帝国海軍の象徴　戦艦「大和」の威容

主砲の46センチ砲を発射する「大和」。射程は40キロ超とされる（CG制作／松野正樹　『戦艦大和』小社刊より）

全長263メートル、乗員3,300名超…
世界に類を見ない超弩級戦艦だった

▲レイテ沖海戦時に「大和」の副砲長を務めた深井俊之助少佐

沖縄特攻の途上、米軍機の爆撃で被弾・炎上する「大和」（昭和20年4月7日）

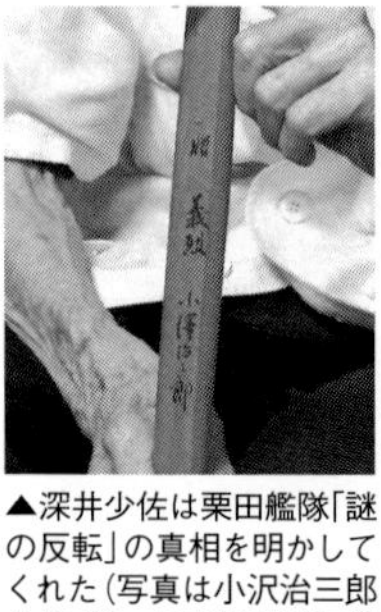

▲深井少佐は栗田艦隊「謎の反転」の真相を明かしてくれた（写真は小沢治三郎中将がレイテ出撃前に深井少佐ら士官に贈った短刀である）

▼レイテ沖海戦時に空撮された「大和」

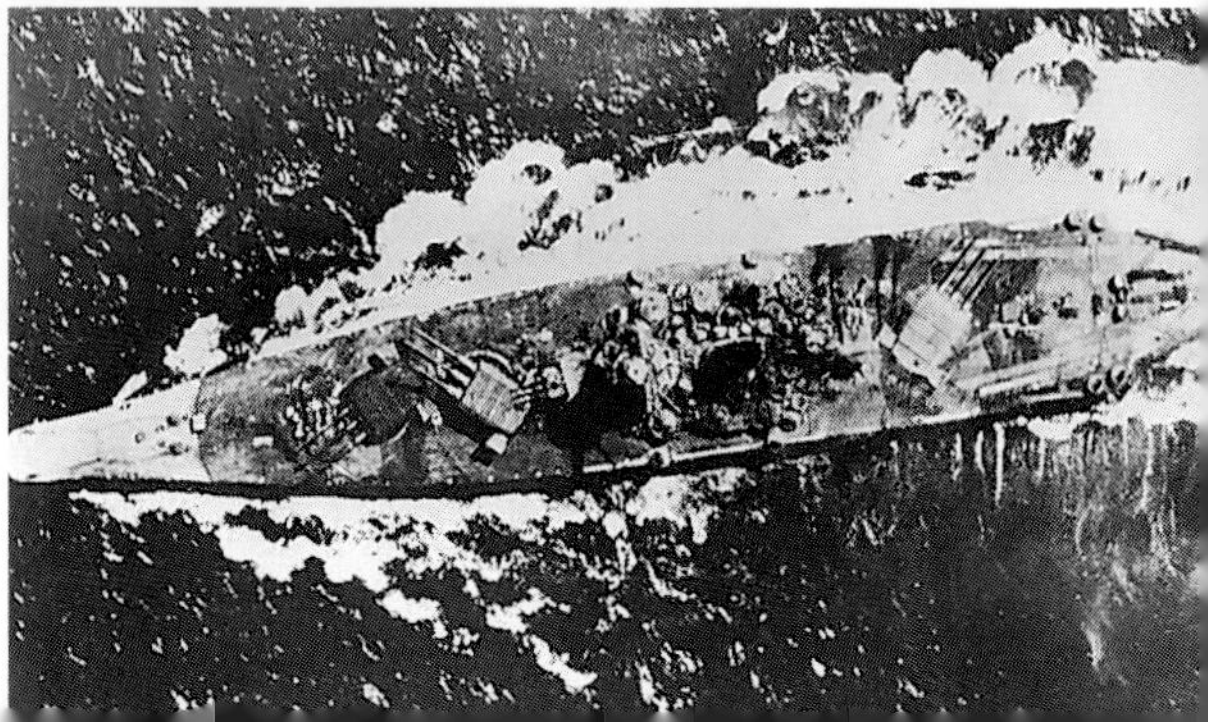

玉砕を超えた「南海の死闘」

▲ペリリュー島に建立されたニミッツ海軍提督の日本軍への賛辞を刻んだ石碑

ペリリュー島の日本軍守備隊は、精強な米海兵隊を迎え撃ち大出血を強いた

▶サイパン島陥落後もゲリラ戦闘を続行した大場栄大尉。米軍からは「FOX」の名で恐れられた

▲アンガウル島に上陸した米陸軍第81歩兵師団

◀硫黄島に強力な地下陣地を築き米軍を迎え撃った栗林忠道中将

▲アンガウル島の日本軍守備隊が用いた89式擲弾筒により、米軍は甚大な被害を蒙った

▲硫黄島で果てた市丸利之助海軍少将が綴った「ルーズベルトニ与フル書」は、戦後日本で失われた大東亜戦争の真の大義が描破れている

硫黄島は米軍の死傷者が日本軍のそれを上回った唯一の戦場である

凄絶「沖縄戦」秘話

▲第32軍司令官として沖縄戦を指揮した牛島満陸軍大将

▲沖縄本島に上陸する米軍。沖合には雲霞の如き米艦艇が待機していた

▲「沖縄県民かく戦えり」の訣別電報を遺した大田実海軍中将

▲日本軍は「反斜面陣地」によって米軍を叩いた

「神風特別攻撃隊」の真実

米艦艇に突入する特攻機

特攻攻撃を恐れた米将兵の中には戦闘神経症を発症する者が続出したという

▲敷島隊の攻撃を受けて爆発炎上する米護衛空母「セント・ロー」

大東亜戦争秘録　日本軍はこんなに強かった！

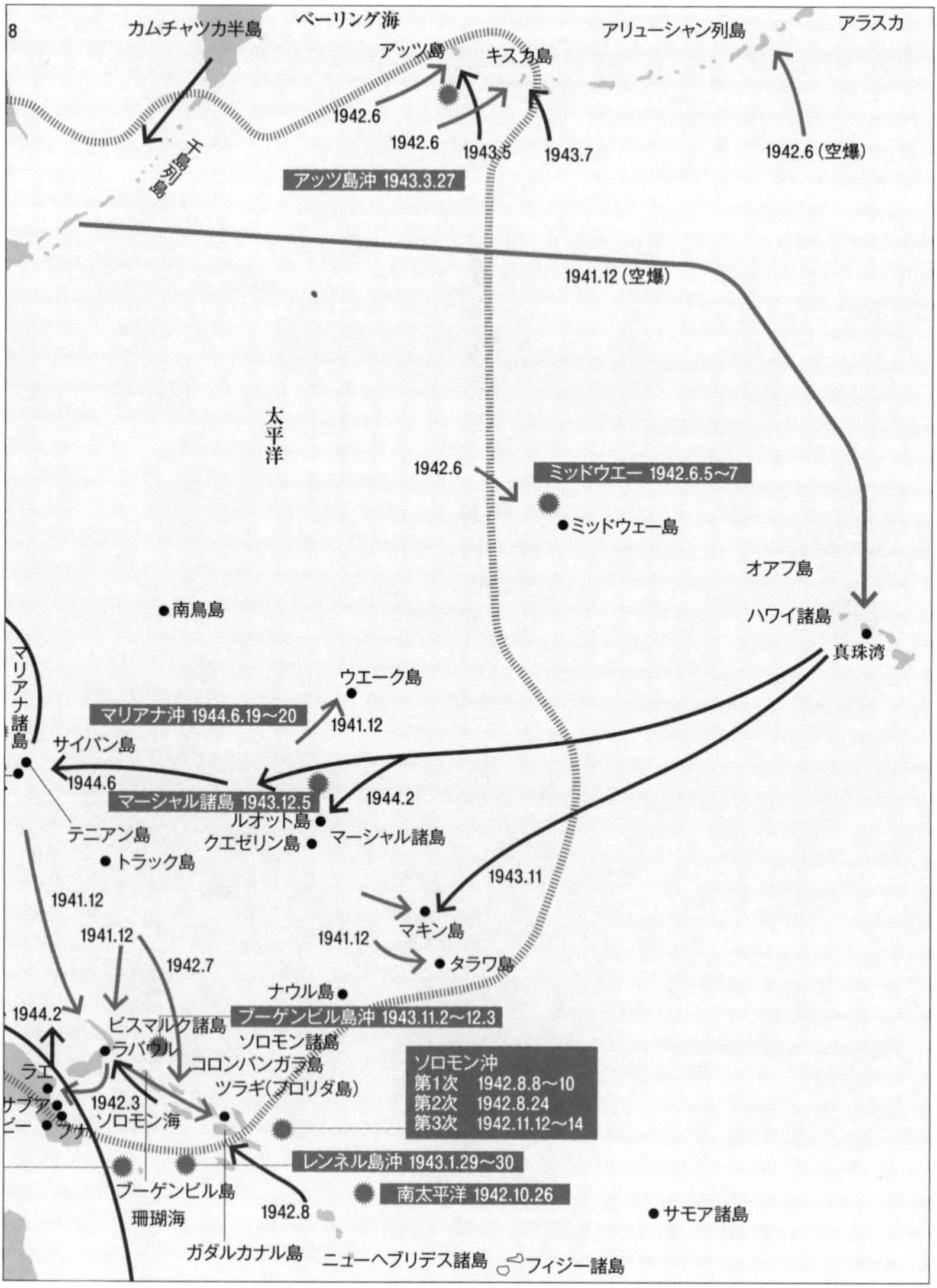
8
カムチャツカ半島
ベーリング海
アッツ島
キスカ島
アリューシャン列島
アラスカ
1942.6
1942.6
1943.5
1943.7
1942.6（空爆）
千島列島
アッツ島沖 1943.3.27
1941.12（空爆）
太平洋
1942.6
ミッドウエー 1942.6.5～7
ミッドウェー島
オアフ島
ハワイ諸島
真珠湾
南鳥島
マリアナ諸島
ウエーク島
マリアナ沖 1944.6.19～20
1941.12
サイパン島
1944.6
マーシャル諸島 1943.12.5
1944.2
ルオット島
クエゼリン島
マーシャル諸島
テニアン島
トラック島
1943.11
1941.12
マキン島
1941.12
1941.12
タラワ島
1942.7
ナウル島
1944.2
ビスマルク諸島
ブーゲンビル島沖 1943.11.2～12.3
ソロモン諸島
ラバウル
コロンバンガラ島
ラエ
ツラギ（フロリダ島）
サラモア
ブナ
1942.3
ソロモン海
ソロモン沖
第1次 1942.8.8～10
第2次 1942.8.24
第3次 1942.11.12～14
レンネル島沖 1943.1.29～30
ブーゲンビル島
南太平洋 1942.10.26
1942.8
サモア諸島
珊瑚海
ガダルカナル島
ニューヘブリデス諸島
フィジー諸島

■大東亜戦争の全体図(1941-1945)

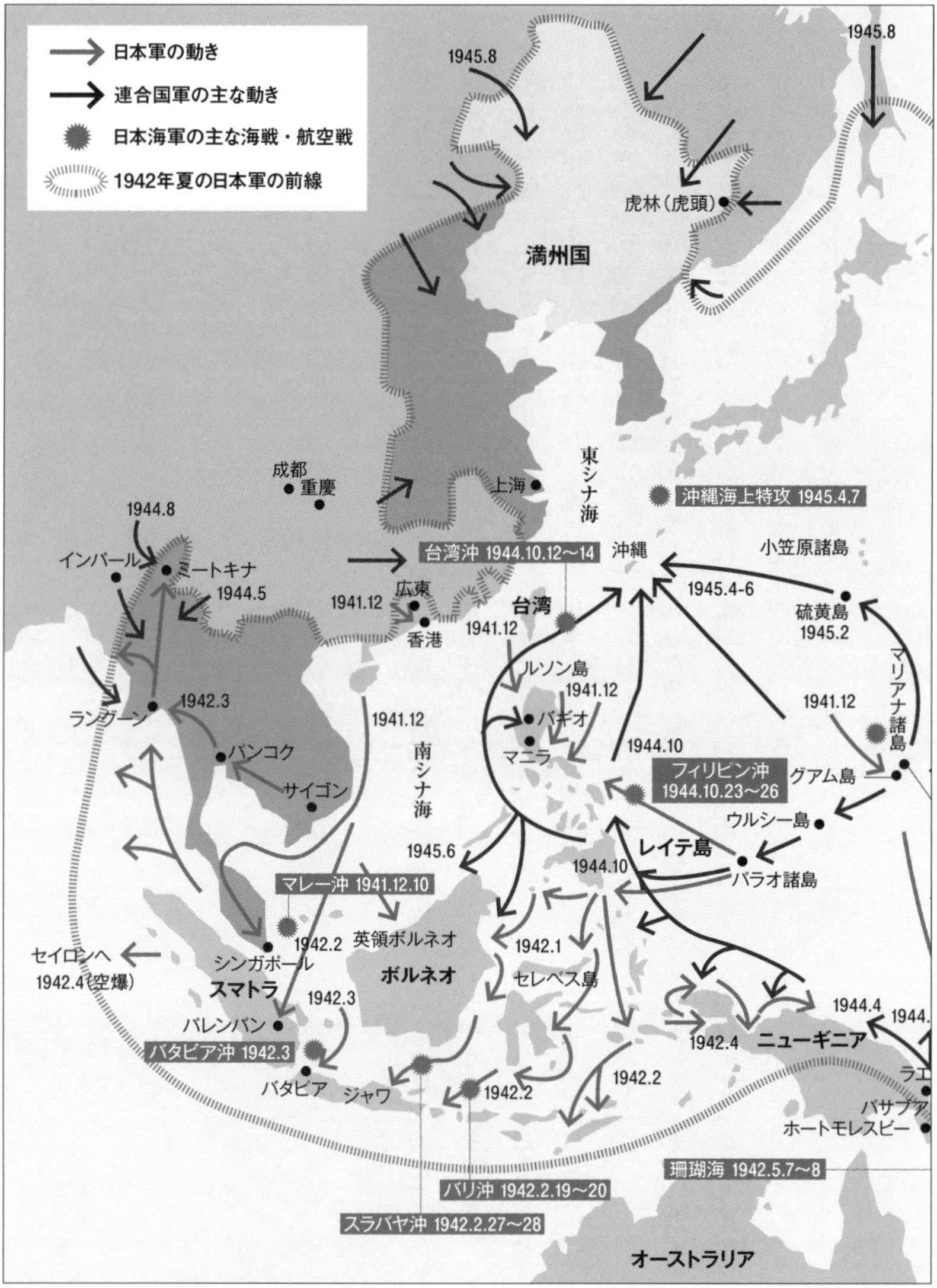

はじめに

〝新たな視点の大東亜戦史〟に向けて

日本軍は強かった――。

この揺るぎない事実は、悲しいことに日本ではなく敵軍に語り継がれている。

〈年がたつにつれ、ちょっと意外なことが起こった。日本兵を著しく称賛するようになった自分に気づいて、いくら力んでみても、私は彼らに対する憎しみを何一つ見いだせなかった。それどころか私はますます日本兵の基本的長所―忠誠、清潔、勇気、を思い出し、本を読めば読むほどに、彼らは並はずれて勇敢な兵士だったと確信するに至った〉――豪陸軍ケニス・ハリスン軍曹

〈日本の空軍が頑強であることは予め知っていたけれども、こんなに頑強だとは思わなかった。日本の奴らに、神風特攻隊がこのように多くの人々を殺し、多くの艦艇を撃破していることを寸時も考えさせてはならない。だから、われわれは艦が神風機の攻撃を受けても、航行できるかぎり現場に留まって、日本人にその効果を知らせてはならない〉――米海軍ベイツ中佐

〈日本の軍人精神は東洋民族の誇りたるを学べ〉――中国国民党軍・蒋介石

〈諸国から訪れる旅人たちよ、この島を守るために日本軍人がいかに勇敢な愛国心をもって戦い、そして玉砕したかを伝えられよ〉――米海軍チェスター・ニミッツ提督

〈私は軍人としてこのような勇敢な相手と戦うことができて幸福であった。この地を守った日本軍将兵は精魂を尽くした。おそらく世界のどこにもこれだけ雄々しく、美しく戦った軍隊はないだろう〉

――国民党軍・李密少将

破竹の勢いで快進撃を続けた緒戦の勝ち戦はもとより、守勢にまわった後も、南方の島々における玉砕戦や本土防空戦でも、日本軍将兵は冒頭に紹介した敵軍の賛辞のごとく最後まで勇戦敢闘し、敵に未曽有の損害を与え続けていたのだった。

大東亜戦争末期、日本軍には、もはや形勢を逆転させるだけの十分な武器もなく、なにより将兵の体力を維持するだけの食糧も喉の渇きを潤す水もなかった。だがそれでも日本軍将兵の敢闘精神はいささかも潰《つい》えることなく、鬼神をも哭《な》かしむる闘志をもって戦い続け、連合軍将兵の心胆を寒からしめたのである。

そして戦後、アジア諸国の人々は、そんな日本軍の戦いによって長く辛かった欧米列強による植民地支配から解放されたことを心より感謝し、その事実を孫子の代にまで語り継いでくれている。

ところが戦後の日本ではこうした事実はすべて隠蔽され、「あんな無謀な戦いはすべきでなかった」「最初から負けることは分かっていたのだから、兵隊たちは無駄死だった」「あの戦いでは補給をしっ

かりと考えるべきだった」「勝敗は明白だったのから、あの時点で止めるべきだった」……等々、結果からさかのぼって負け戦の理由をあげつらい、日本軍の戦略や用兵がいかにダメであったか、そして圧倒的物量を誇る連合軍にどのように無残に打ちのめされたか、ということばかりが繰り返し伝えられてきた。挙句は「日本が侵略戦争をした」「アジアを植民地にした」などという荒唐無稽のフィクションが日本人の脳内を席捲するようになった。

だが不思議なことに、これまで筆者は大東亜戦争を戦った数多の歴戦の勇士達に話を聞いてきたが、戦後伝えられているような反戦的心情を語る人は皆無であった。彼らは異口同音に、至純の愛国心を持って堂々と戦ったことを誇らしげに語ってくれた。

また筆者は、これまでアジア・太平洋各地の戦跡を歩いて地元の人々の話を収集してきたが、そこには日本軍を称賛し感謝する声が溢れており、逆に日本軍を批判する声などいまだ耳にしたことがない。

いったいこれはどういうことなのか？

それは、戦後のＧＨＱによる「ウォー・ギルト・インフォメーション・プログラム」（ＷＧＩＰ）の洗脳政策によって、自存自衛とアジア解放の戦いであった大東亜戦争は侵略戦争とされ、無謀な戦争をやったのはすべて軍部の責任だったと、日本の近現代史が書き換えられてしまったからである。

悲しむべきことに、史実と真実は〝日本人だけ〟に伝わっていなかったのだ。

そこで筆者は、これまで封印されてきた大東亜戦争における日本軍将兵の肉声と当時の心境、敵側から見た日本軍の戦いぶり、そして戦場における感動秘話を掘り起こすことで、大東亜戦争の実相に迫り、それを現代の日本人に伝えたいと考えた。もはや戦争を知らない戦後世代が国民の大半を占めており、したがって日本人の多くは戦争がいかなるものであったかなど知るよしもなく、また戦場の様子など想像もできないだろう。

これまで筆者が長年にわたってインタヴューしてきた数多の戦士達の貴重な体験談と、手記に綴られた生々しくも痛快な戦闘シーンなどを盛り込んで戦記に立体感をもたせ、読者に大東亜戦争を〝追体験〟してもらおうと精魂込めて本書を書きあげた。どうぞ、本書を通じて大東亜戦争を〝体感〟し、新たな視点で大東亜戦争を再評価していただければ、筆者としてこれに優る喜びはない。

とくに、これまで「戦史」とは無縁だった方、あるいは「戦史」など読んだことがなかった方にこそ本書を読んでいただきたい。

本書を読んでいただければ、これまで学校教育で教わり、あるいは報道されてきたものとはまったく異なる史実を発見し、そしてきっと新たな歴史認識が芽生えることだろう。

本書では、大東亜戦争における数々の戦いを取りあげている。

◆緒戦の真珠湾攻撃では驚くべきエピソードがある。あの戦いはまさに日本人の英知の結集であった。

◆マレー電撃作戦の勝利は、世界戦史上他に類例をみない日本軍の突進力と工作活動の勝利であり、この戦いはインド独立に繋がっていた。

◆かの英東洋艦隊を撃滅したマレー沖海戦や、連合軍艦隊を殲滅したスラバヤ沖海戦でみせた日本海軍の武士道は、連合軍兵士を感動させ、今もって世界海戦史上に燦然と輝き続けている。
◆わずか9日間の電撃戦で350年ものオランダ植民地支配からインドネシアを解放したジャワ攻略戦で、日本軍は地元の人々から大歓迎を受けていた。
◆セイロン沖海戦における日本軍の急降下爆撃機の命中率は、現代のハイテク兵器に匹敵するほどの高精度であった。
◆フィリピンの戦いの実相と、日米指揮官の違い。
◆〝空の神兵〟とうたわれた陸海軍空挺部隊の作戦成功を支えたのはインドネシアの神話だった。
◆台湾の〝高砂義勇隊〟は、日本軍にとって最高の戦友だった。
◆その名を世界に轟かせたラバウル航空隊の戦いと、連合軍パイロットを震えあがらせた海軍の撃墜王列伝。
◆飢餓やマラリアに苦しみながら戦ったガダルカナルの戦いと、その一方で米軍を圧倒し続けたソロモン諸島周辺海域における日本海軍の戦い。
◆ミッドウェーの戦いで見せた世紀の〝仇討ち〟と、知られざる名将・山口多聞提督の素顔。
◆米海兵隊が恐怖に震えたマリアナ諸島、ペリリュー島、アンガウル島、硫黄島の日本軍守備隊の勇猛果敢な戦い。
◆その名を馳せた加藤隼戦闘隊と、実は、超空の要塞B29爆撃機をめった打ちにしていた〝陸鷲〟の撃墜王列伝。

◆米軍パイロットを恐怖のどん底に陥れた本土防空戦の勇者、陸軍飛行第244戦隊および第343海軍航空隊の戦いとその輝かしい戦果。

◆米空母を沈め、アメリカ本土をも爆撃した日本海軍潜水艦部隊の知られざる戦い。

◆ビルマ戦線で日本軍将兵の強さと規律正しさが地元民のみならず敵将からも讃えられた感動秘話。

◆連合艦隊の象徴たる戦艦「大和」の血沸き肉踊る戦いのドキュメンタリーと、レイテ湾「謎の反転」の真実。

◆実は米軍が1万2千人以上の戦死者を出していた沖縄戦における日本軍守備隊の死闘。

◆戦争の悲劇の象徴のごとく伝えられてきた特攻隊は、実は敵艦およそ300隻に損害を与える驚愕の戦果をあげていた。

◆大東亜戦争は、ソ連軍を相手に見事な勝ち戦で終結していた。

◆戦後もアジア各地に残留してアジア各国の独立のために命を捧げた先人たちの武勇と、今も語り継がれる日本軍将兵への称賛と感謝の声、声、声――。

本書ではこれらを一挙紹介している。

おそらく拙著は、日本軍将兵の本当の戦いを知り〝新たな視点の大東亜戦史〟を描いた戦後初の書籍となろう。もう〝日本軍の失敗〟の講釈や〝日本軍の敗因〟の分析は聞き飽きた。

これからは、祖国日本のために、後世の我々のために、そして植民地支配に苦しむアジアの人々を解放するために、その尊い命を賭けて戦かってくれた先人たちを顕彰し、その勇猛果敢な戦いぶりと当時の熱い思いをありのまま後世に伝えていくべきではないだろうか。

我々の先輩たちは20歳前後の年齢で、過酷な環境の中で勇敢に戦ってくれたのである。当時の若者たちは、戦争がしたくて銃を取ったのではない。戦わねばならなかったから戦の庭に立ってくれたのである。彼らは皆、国を守るために、家族を守るために、そしてアジアの人々を欧米諸国の植民地支配から解放するために立ち上がったのではなかったか。

30年もの長きにわたってジャングルで戦闘行動を続けた小野田寛郎氏は言う。

〈洋の東西の歴史から、私たちは戦争の原因について数多くのことを学びとれる。その中には「窮鼠かえって猫を噛む」と譬えられる「死中に活を求める」戦争もある。

日本が初めて経験した敗戦はその例にあてはまるが、結果を踏まえて「勝算なき戦いを始めた愚」を自ら誹り、自身を辱しめることは、余りにも短絡的すぎる反省ではないだろうか。

それぞれの国にはそれぞれの国の正義と主張があり、国民の発展を希う国策がある。戦いはその相違と誤解から始められるが、戦いが始まれば若者たちが戦場に立って死闘を演じるのは交戦国に共通することである。（中略）

もちろん、戦争を美化するものではないが、ひと度、国家、民族の主権を侵され自立自衛を危うくされた場合、戦争を否定して死を厭うほど私は卑怯者ではなかった。それは近くは肉親の、遠くは民

族の将来のためであったからである〉（小野田寛郎著『わが回想のルバング島』朝日文庫）

過酷な環境の下、絶対不利な状況におかれながらも、それでも至純の愛国心を胸に歯を食いしばって勇戦敢闘してくれた先人を思うとき、心からの感謝と畏敬の念が沸き上がってくる。

そしてこの強靭な精神力と勇敢な戦いぶりが、戦後の日本人像の形成に与えた影響は大きく、このことが、周辺諸国の日本への侵略を躊躇《ためら》わせる抑止力となり、またなにより日米同盟につながっているのだ。つまり、先人たちの尊い犠牲の上に現在の平和があることを決して忘れてはならない。

感謝――ただその一言に尽きる。

わずか70余年前、「靖國神社で会おう！」と誓い合って、雄々しく戦いそしてその尊い命を捧げられた先人の武勇が、本書を通じて後世の日本人にしっかりと語り継がれてゆくことを願ってやまない。

「井上さん、あとを頼みますよ……どうか本当のことを伝えてください」

偏向報道と戦後教育によって貶められた武勲と名誉の回復を願いつつ、そう遺して天寿をまっとうされた歴戦の勇士達との約束を果たすべく、筆者は精魂込めて拙著を書きあげた。

本書を、祖国日本とアジア解放のために雄々しく戦ったすべての先人に捧げる。

平成二十八年八月吉日　　　井上和彦

目次

トラトラトラ…「真珠湾攻撃」の奇跡①

対米英戦争の開始を告げた帝国海軍機動部隊による真珠湾攻撃。空母艦載機による集中攻撃により、敵を殲滅させようとすることの試みは成功裏に終わる。しかし、その裏には筆舌に尽くしがたい人間ドラマがあった!!

海軍航空隊は必沈の雷撃を次々繰り出していった(3DCG制作／一木壮太郎)

空母「加賀」雷撃隊員の告白

〝トラ・トラ・トラ〟

昭和16年（1941）12月8日午前7時52分（日本時間午前3時22分）、第1次攻撃隊長・淵田美津雄中佐は、「ワレ奇襲ニ成功セリ！」を意味する電文を発信。

6隻の空母から飛び立った日本海軍航空部隊は、ハワイのパール・ハーバー（真珠湾）に停泊する米艦艇に猛然と襲いかかった。

99式艦上爆撃機は、地上目標に250キロ爆弾を叩き付け、97式艦上攻撃機から放たれた魚雷は敵戦艦に次々と命中して巨大な水柱を吹き上げる。そして水平爆撃隊の投下する800キロ爆弾は、敵戦艦を揺さぶり巨艦を火炎に包み込んだ。

〝真珠湾攻撃〟――日本海軍の奇襲による完全勝利であり、ここに、3年8か月にわたる大東亜戦争の幕が切って落とされた。

昭和16年11月26日、空母6隻を中心とする南雲忠一中将率いる日本海軍機動部隊は、一路、アメリカ太平洋艦隊の拠点ハワイを目指して択捉《エトロフ》島の単冠《ヒトカップ》湾を出撃した。

【第1航空艦隊】（南雲忠一中将）

■「真珠湾攻撃」全体図

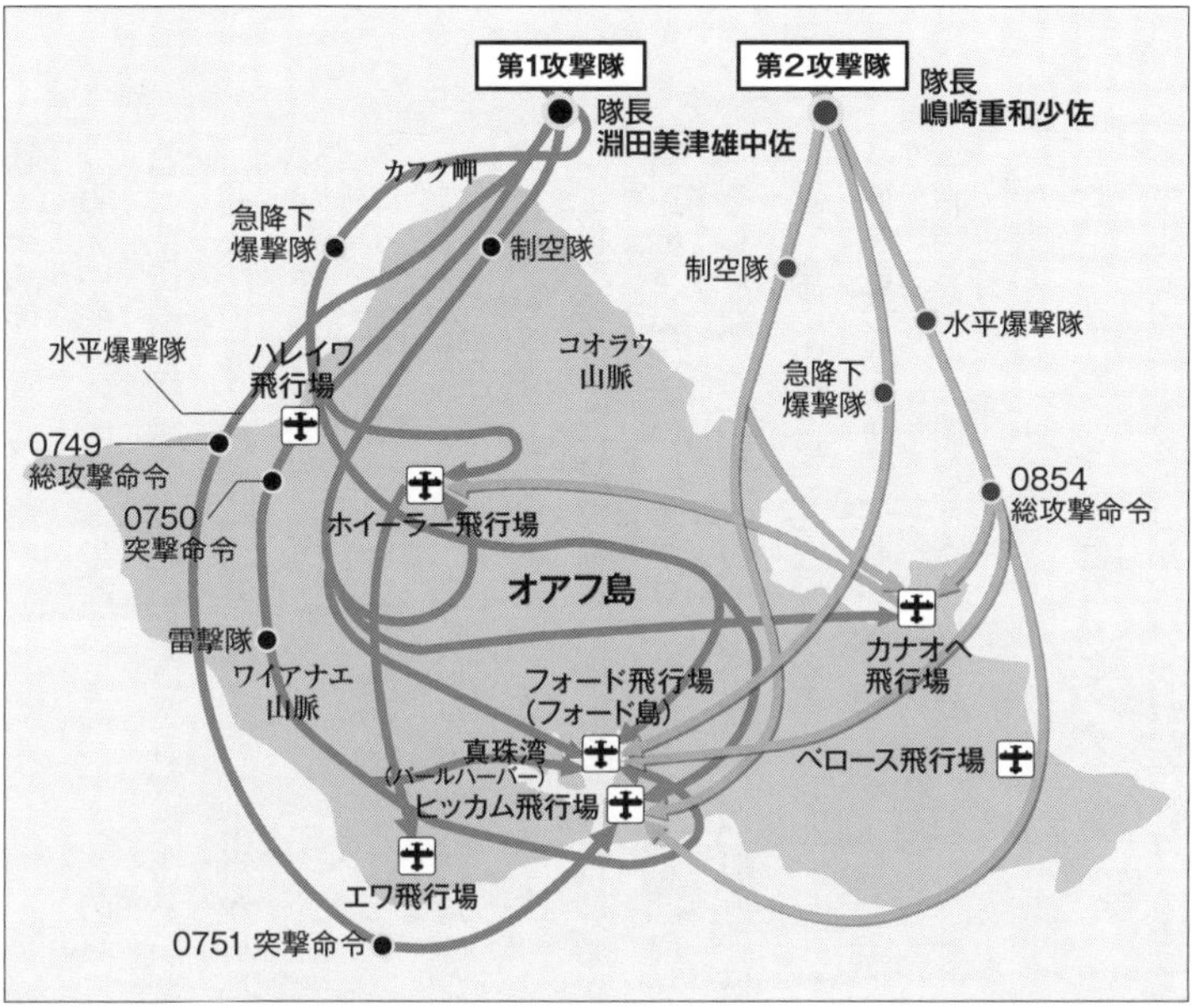

第1航空戦隊（南雲忠一中将直率）
空母「赤城」「加賀」
第2航空戦隊（山口多聞少将）
空母「蒼龍」「飛龍」
第5航空戦隊（原忠一少将）
空母「翔鶴」「瑞鶴」
第3戦隊（三川軍一中将）
戦艦「比叡」「霧島」
第8戦隊（阿部弘毅少将）
重巡洋艦「利根」「筑摩」
第1水雷戦隊（大森仙太郎少将）
軽巡洋艦「阿武隈」他、第17駆逐隊の駆逐艦4隻および第18駆逐隊の駆逐艦4隻

これだけの艦隊を遠く離れたハワイに向かわせるには、途中で艦艇に洋上で給油しなければならず、そのため艦隊は、7隻の油槽船（給油

艦）を随伴させていた。

戦艦中心の艦隊編成の時代にあって、この真珠湾攻撃は、世界戦史上初めて航空母艦を集中運用する〝空母機動部隊〟の艦載機３５０機による航空攻撃だったのである。

迎えた12月2日17時30分、本土の大本営からハワイへ向かう空母機動部隊に対して開戦を告げる電文が発せられた。

〝ニイタカヤマノボレ一二〇八《ひとふたまるはち》〟

「ニイタカヤマ」とは、当時日本で最高峰だった台湾の「新高山」（現在の玉山）のことで、「一二〇八」は、開戦の日「12月8日」を指していた。

これを受けて各艦では6日後に迫った真珠湾攻撃に向けた準備が急ピッチで行われ、攻撃隊の搭乗員達の士気は大いに上がり、敵撃滅の決意は最高潮に達した。

そして迎えた12月8日、出撃を前に空母「赤城」の搭乗員室に入った第1航空艦隊参謀の源田実中佐は、淵田中佐とこんな言葉を交わした。

〈彼を見つけた私が、

「おい、淵！　頼むぜ」

と呼びかけたところ、

「お、じゃ！　ちょっと行ってくるよ」

まるで、隣にタバコか酒でも買いに行くような格好であった〉（源田実著『真珠湾作戦の回顧録』

読売新聞社)

午前1時30分、南雲長官の座乗する旗艦「赤城」「加賀」「蒼龍」「飛龍」「翔鶴」「瑞鶴」の各艦から、当時世界一の技量を誇った精鋭航空部隊が次々と甲板を蹴って飛び立っていった。

エンジン音を高鳴らせて飛行甲板を威風堂々と駆け抜けてゆく零戦、99式艦爆、97式艦攻。

飛行甲板の両脇からは歓声が沸き起こった。

「頼んだぞ!」

「しっかりやってくれ!」

感極まって目に涙を溜めながら、ちぎれんばかりに手を打ち振る乗員。機上の搭乗員らはその光景を眺めながら、その期待に必ずや応えんと雄々しく飛び立っていったのである。

6隻の空母から飛び立った淵田美津雄中佐率いる第1次攻撃隊は、零戦43機、99式艦爆51機、97式艦攻89機から成る総勢183機の大部隊であり、その銀翼を連ねて空を往くさまは壮観の一言に尽きた。

空母「加賀」の第2制空隊指揮官として零戦9機を率いて真珠湾に飛んだ志賀淑雄《よしお》大尉は、そのときの心情をこう残している。

〈上空で集合して間もなく太陽が昇ってきた。その時の清々しい気持ちは、生まれて初めてのことだった。四十数機の雷撃隊が本物の奇麗な魚雷を抱いて、太陽に鈍く映えている姿は本当に美しいと思った。艦爆も二五番(二五〇キロ)を積んでいる。この時でも、もう死んでよいとは思っていない。

生きて帰るのだという気持ちはあった。しかし、本当に感激していた〉（零戦搭乗員会編『零戦、かく戦えり！』文春ネスコ）

各機は、その攻撃目標ごとにミッションが分けられており、８００キロ爆弾を搭載した水平爆撃隊の97式艦上攻撃機49機（指揮官・淵田美津雄中佐）と、魚雷を抱いた雷撃隊の97式艦上攻撃機40機（指揮官・村田重治少佐）は敵戦艦群を攻撃目標とし、２５０キロ爆弾を積んだ急降下爆撃隊の99式艦上爆撃機51機（指揮官・高橋赫一《かくいち》少佐）は、３つの飛行場の地上目標を破壊する任務が与えられていた。

そして板谷《いたや》茂少佐率いる零戦43機は、敵戦闘機から97式艦攻および99式艦爆を護衛し、地上目標の攻撃を担任したのである。

ハワイ・オワフ島を目指して飛ぶ海鷲の大編隊が見たものは、雲間から旭日旗の如く輝く朝日であり、それはまさしく彼らの武運長久を祈っているかのようであった。

現地時間午前7時40分、オアフ島北端のカフク岬を捉えた淵田中佐は「突撃準備隊形作レ」を命じる〝トツレ〟を発信、上空に向けて信号弾を発射した。

続いて7時49分、「全軍突撃せよ！」を意味する〝ト連送〟（ト・ト・ト・ト……の連打）が発信された。

これを受けて第1次攻撃隊の１８３機は、それぞれの目標に向かって突撃を開始し、その3分後の7時52分、淵田中佐は、かの有名な〝トラ・トラ・トラ〟（ワレ奇襲ニ成功セリ！）を打電した。

戦後、淵田美津雄中佐はこう回想している。

■「真珠湾攻撃」詳細図

〈全軍突撃を下令したあと、私は直率の水平爆撃隊を誘導して、攻撃開始の間合いをとるために、バーバース岬を廻った。バーバースの航空基地が左に見えたが、飛行機は一機もいなかった。

私は真珠湾に眼をやった。一帯はまだ朝霧が、かすかにたちこめている。静かな景色で、気のせいか、真珠湾はまだ眠っているように見える。上空に空中戦闘が起こっている気配はない。地上に対空砲火の閃めきもない。これはどうやら奇襲に成功した模様である。ここまで持ってくれば、あとの戦果をみとどけんでも、飛行機隊の腕には自信がある。よし報告を急ごうと私は思った。山本大将はもとより、大本営も、また西太平洋の全陸海軍部隊は、真珠湾の奇襲を優先させるために、みんな満を持して、待ちわびているのだ。

私は電信員を振り返った。

「水木兵曹、甲種電波で発信、我奇襲に成功せり」

「ハーイ」

水木兵曹は、待ってましたとばかり、すぐに電鍵を叩いた。「トラトラトラ」の連送であった〉

(『真珠湾攻撃総隊長の回想　淵田美津雄自叙伝』講談社文庫)

これを受けて7時55分、急降下爆撃隊の99式艦爆がパール・ハーバーの真中に位置するフォード島のホイラー飛行場に２５０キロ爆弾を叩きつけた。これが日米開戦の第一撃となった。

続けてヒッカム飛行場にも爆弾が投下され、パール・ハーバーの地上施設から黒煙が立ち上り、ついに真珠湾の戦いが始まった。ところが、この急降下爆撃機による地上攻撃は実は計算違いだったという。このことについて、空母「加賀」の雷撃隊員として真珠湾攻撃に参加した前田武一等飛行兵曹(97式艦上攻撃機・偵察員)は、こう証言する。

「淵田中佐機から信号弾が2発上がったんです。それで〝強襲〟と間違えて、戦闘機隊と艦上爆撃機隊が、我々艦上攻撃機の雷撃よりも先に敵基地に攻撃を仕掛けてしまったんです。実は、これは大きなミスでした」

真珠湾攻撃は、一般に〝真珠湾奇襲〟と言われているが、そもそも〝奇襲〟とは、こちらの攻撃が敵に察知されていない状況下、したがって敵戦闘機も迎撃に上がっていない状況下での攻撃をいう。その場合、魚雷を抱いた雷撃隊が先行して敵艦に魚雷攻撃を仕掛け、これに続いて地上の敵戦闘機や対空陣地などを殲滅する艦上爆撃機（急降下爆撃機）が攻撃する手順になっていた。

この奇襲攻撃は、飛行総隊長・淵田美津雄中佐の指揮官機からの〝信号弾1発〟が合図であった。

ところが、こちらの攻撃が敵に察知され、敵戦闘機が待ち構えているといった状況下での攻撃は〝強襲〟となる。この場合は、指揮官機が〝信号弾を2発〟発射し、奇襲のときとは逆に、制空を担任する戦闘機隊と急降下爆撃隊が先行して敵を制圧した後に、雷撃隊および水平爆撃隊がこれに後続する手はずとなっていた。

知られざる〝黒煙との戦い〟

真珠湾攻撃は、米軍が日本軍の攻撃を察知しておらず完全な奇襲であった。ところが現場では、大変なミスが発生していたのである。前田武氏は言う。

「飛行総隊長の淵田中佐機からまず1発の信号弾が上がりましたので、我々艦上攻撃機隊はこれを確認して突進を始めたんですが、援護する役目の戦闘機隊が動こうとしなかったんです。そこで、淵田中佐は、戦闘機隊が1発目の信号弾が見えなかったものと判断して2発目の信号弾を撃ってしまったんです。これが失敗でした。今度は、艦上爆撃隊が〝信号弾2発〟を確認して〝強襲〟と勘違いしてしまったんです」

　こうして雷撃の前に、99式艦上爆撃機の艦上攻撃隊が、戦闘機隊と共にフォード島の敵航空基地などに対地攻撃を開始したのである。攻撃を受けた地上施設や航空機は撃破され、黒煙を噴き上げて炎上した。

「フォード島には飛行機のほかにガソリンタンクもある。我々艦上攻撃隊が現場にたどり着いたときは、もうすでに真っ黒な煙が上がっていました。この黒煙がもし、我々が攻撃を仕掛ける海側に流れていれば、魚雷攻撃は不可能だったでしょう」（前田氏）

　フォード島の周りには、戦艦「カリフォルニア」「メリーランド」「オクラホマ」「ウエストバージニア」「テネシー」「アリゾナ」「ネバダ」が並び、ハーバー東側のドックには戦艦「ペンシルバニア」という具合に8隻の戦艦がいた他、湾内には、重巡洋艦2隻、軽巡洋艦6隻、駆逐艦30隻、その他、給油艦など48隻が停泊していたのである。前田氏は言う。

「水深の浅い真珠湾内の敵艦を魚雷で攻撃するには、海面すれすれの高度10メートルで飛び、この超低高度から、深く潜らないように工夫された魚雷を慎重に投下しなければならないんです。もしフォード島の黒煙が海側に流れて、海面を覆うようなことがあれば魚雷攻撃はできなかったかもしれません。ところがこの日は運よく風が味方してくれたため黒煙が海側に来ることがなく、目標が鮮明に見えたんです」

　まさに天が雷撃隊に味方してくれたのだった。

雷撃隊は黒煙に邪魔されることなく、海面すれすれ10～20メートルの超低空で敵戦艦群に肉迫し、特殊な91式魚雷を次々と命中させていったのだ。

「戦艦『アリゾナ』を見たら、外側横に修理用の小さな艦が横付けしていたので、雷撃しても魚雷がその小さな艦に当たるのではないかということで、『アリゾナ』を標的から外したんです。そして次に狙ったのが、籠マストが象徴的なカリフォルニア型の戦艦『ウエストバージニア』でした。

まず我々2番機に先行していた一番機の魚雷が見事に『ウエストバージニア』のど真ん中に命中して、バァッと水柱が上がったんです。その直後に私の機が速度約１４０ノット、高度10メートルで突っ込んで雷撃したわけです。魚雷は艦橋下部に命中！　私の機が『ウエストバージニア』の上空を航過した後に大音響とともに大きな水柱が上がったのです。私は偵察員として戦果を確認する必要がありましたから、その一部始終を目に焼き付けました。あの光景は今でも忘れられません」（前田氏）

係留された戦艦群の中ほど外側に停泊していた戦艦「ウエストバージニア」が恰好の目標となり、最初に魚雷攻撃を受け、放たれた9発の魚雷のうち7発が命中し巨大な水柱が吹き上がった。

同じく空母「加賀」の雷撃隊の搭乗員だった吉野治男一等飛行兵曹は、当時の様子をこう語っている。

〈突っ込む時の気分は、訓練の時と同じです。敵戦艦に向けてどんどん高度を下げていき、操縦員・中川十二二飛曹の『ヨーイ、テッ』という合図で魚雷を発射するのですが、私の目標にした左端の艦は、もうすでに魚雷を喰らって、いくらか傾いている様子でした。水柱に洗われたのか、甲板がやけに赤っぽく見えましたね。あとで聞いた話では、この戦艦は『オクラホマ』で、十三発もの魚雷が命中し、転覆したそうです〉（神立尚紀著『戦士の肖像』文春ネスコ）

かくして、多数の魚雷を受けて大爆発し転覆した戦艦「オクラホマ」は沈没した。

続いて戦艦「カリフォルニア」にも2本の魚雷が命中、戦艦「アリゾナ」および軽巡洋艦「ヘレナ」にも魚雷が命中した。

真珠湾の水深はわずか12メートルと浅いため魚雷攻撃には不向きであった。通常の魚雷なら 着水後におよそ60メートルほど沈下する。そこで真珠湾攻撃に使用された魚雷は、特殊な木製のフィンと安定板を取り付けて沈下を防ぎ、超低高度で投下することで水深の浅い真珠湾でも使えるように工夫されていたのだった。しかしその特殊改良された91式航空魚雷改二の数はわずかに40本で、空母「赤城」「加賀」「蒼龍」「飛龍」の雷撃隊に10本ずつ配られた。そして雷撃隊は一撃必殺の信念に燃えて、この虎の子の40本の特殊魚雷を敵艦のドテッ腹に次々と命中させていったのである。当時、日本海軍航空隊の雷撃の技量は極めて高く、世界の海軍航空隊の中でもずば抜けており、他の追随を許さないほどのハイレベルであった。

実際に雷撃隊が魚雷を投下したパール・ハーバーに立てば、よくぞこのような狭い場所に正確な魚雷攻撃をしたものだと、感服させられる。対岸からフォード島に係留された戦艦群までの距離があまりにも短いため、この水路のような場所に魚雷を、しかも超低空で投下するのは並大抵ではない。だが日本海軍は、厳しい訓練を積んで不可能にしたのだった。

次々と魚雷を命中させた雷撃隊だが、それで安心というわけではなかった。

前田氏によれば、敵の対空砲火も激しさを増し始め、とりわけ、日本軍機から相手にされなかった駆逐艦などの小型艦艇から撃ち上がってきて、こうした対空砲火によって味方機が被弾したという。

前田氏はそんな離脱時の命運についてこう語っている。

「雷撃後、北島大尉の1番機が炎上するフォード島の黒煙の中に突っ込んでいきました。黒煙の向こうには炎があるので、あまり低いと危ないと思いましたが、我々も1番機に続いて黒煙をくぐり抜けたんですが、結局はそれで助かったんです。他の機は、雷撃後に、フォード島の黒煙を避けて右旋回していったために対空砲火に狙われたんですよ。実際、我々の空母『加賀』だけでも5機がやられました」

今度は黒煙が、〝煙幕〟となって身を守ってくれたのである。

〝黒煙との戦い〟――。それが真珠湾攻撃の〝もう一つの戦い〟でもあった。

トラトラトラ…「真珠湾攻撃」の奇跡②

第1次攻撃隊は雷撃機が中心であったが、時間差で突入する第2次攻撃隊は敵の迎撃が予想されたため、急降下爆撃機を主力としていた。第2次攻撃隊の突入時、湾内には黒煙が立ち込め視界不明瞭。しかし、彼らは超人的な技量と闘魂で戦果を拡張し続けた！

乾ドック碇泊中に攻撃を受けた米戦艦「ペンシルバニア」

第2次攻撃隊の突入時には湾の風景が一変していた

雷撃隊の活躍に負けず劣らず、800キロ爆弾を搭載した97式艦上攻撃機の「水平爆撃隊」の活躍もまた目覚ましかった。水平爆撃隊には、貫徹力を増した800キロ爆弾を搭載した3人乗りの97式艦上攻撃機49機が投入されており、この攻撃がまた米戦艦群に大打撃を与えたのである。

しかも搭載された800キロ爆弾は特殊改良爆弾で、戦艦「長門」が搭載する敵戦艦の分厚い装甲を撃ち抜くために開発された41センチ主砲の徹甲弾を改良したものであった。ということは、敵戦艦にとったら上空から戦艦「長門」の主砲で撃たれるようなもので、こんな強力な巨弾が上空から降ってきたらたまったものではない。また、800キロ徹甲弾は、薄い甲板を突き破って艦内で爆発する仕組みになっており、側面の装甲が厚い戦艦でも大爆発を起こして艦体は破壊されてしまう。

威容を誇った戦艦「アリゾナ」も、魚雷と同時に800キロ爆弾4発が命中してはひとたまりもなく、大爆発を起こして後に沈没した。淵田中佐は、この「アリゾナ」の大爆発を目撃している。

〈やがて私の第一中隊が、二度目の爆撃コースに入ろうとしていたとき、フォード島東側の戦艦群に一大爆発を認めた。メラメラッとまっ赤な焔が、どす黒い煙とともに、五百米の高さにまで立ち昇る。私は火薬庫の誘爆と直感した。間もなく、相当離れていた、こちらの編隊にも震動が伝わって来て、ユラユラと揺れた。無心に操縦していた松崎大尉は、びっくりして頭をもち上げたので、私は彼に知らせた〉(『真珠湾攻撃総隊長の回想　淵田美津雄自叙伝』)

第1次攻撃隊は、湾内に停泊中の敵艦を次々と撃破していった。

7発の魚雷が命中した戦艦「ウエストバージニア」には、立て続けに2発の８００キロ爆弾が艦中央部に命中して沈没した。同じく2本の魚雷を喰らって傾いた戦艦「カリフォルニア」にも８００キロ爆弾が命中して火薬庫が爆発し大火災を起こして沈没。ドックで修理中の戦艦「ペンシルバニア」も難を逃れることはできなかった。本艦にも水平爆撃隊が襲いかかり、８００キロ爆弾を叩きつけて炎上させたのである。そして自ら水平爆撃隊を指揮する総隊長の淵田中佐機もまた、敵戦艦「メリーランド」に直撃弾を喰らわせたのだった。

淵田中佐はこう述べている。

〈目標はメリーランド、やがて嚮導機《きょうどう》から「投下用意」の信号が来た。息を呑んで投下把柄を握って待ち構える。「投下」、嚮導機の爆弾がフワリと落ちるのを見て、私は投下把柄を引っ張った。そして急いで座席に寝そべって、下方の窓から、爆弾の行方を見守った。徹甲弾四発は、鼻づら揃えて伸びて行く。世に、いま落した爆弾が、あたるか、当たらないかを見守るほどのスリルはない。やがて伸びてゆく爆弾の直線上に、メリーランドが近寄って来る。爆弾は次第に小さくなって、またたきすれば見失う。眼を凝らしながら、息を呑む。ぞくぞくするスリルである。やがて爆弾がけし粒ほどとなったのを見た瞬間、メリーランドの甲板にパッパッと二つの白煙が立った。

「二弾命中」〉（前掲書）

水平爆撃隊の徹甲弾は、着弾後、０・５秒ほど遅れて起爆する遅延信管をつけているため、甲板を突き破って艦内で爆発する仕組みになっていた。淵田中佐率いる第1中隊の4機編隊から投下された4発の爆弾の内2発を食らった「メリーランド」は、天を裂く大音響と共に大爆発を起こして火炎に包まれたのであった。

総指揮官の淵田中佐から〝トラ・トラ・トラ〟の電文を受け取った空母「赤城」の艦橋では、南雲長官以下幕僚らがの戦果報告を待ちわびていた。

「奇襲は成功したが、戦果は……？」

そんな思いを胸に首脳陣が攻撃隊からの報告を待っていると、そこに真珠湾上空からの戦果報告が飛び込んできた。第1航空艦隊参謀の源田実中佐は、生々しくこう回想する。

〈全攻撃隊の中で、一番先にはいってきたのは村田雷撃隊長の報告である。

「われ、敵主力を雷撃す、効果甚大」

この電報を受け取った時ほどうれしいことは、私の過去においてない。しかし、赤城の艦橋における表情は静かなものであった。

南雲長官、草鹿参謀長以下各幕僚がいたが、みんな顔を見合わせてニッコリとした。私と真正面で見合った南雲長官の微笑は、今でも忘れることができない。これで長い年月にわたる苦しい鍛錬が報われたのである〉（『真珠湾作戦回顧録』）

第1次攻撃隊183機が6隻の空母から発艦して1時間後、空母「瑞鶴」の島崎重和少佐を隊長とする第2次攻撃隊167機が各艦から飛び立った。第2次攻撃隊は、第1次攻撃隊とは異なり、魚雷攻撃を仕掛ける雷撃機はなく、島崎少佐が指揮する水平爆撃隊54機（800キロ爆弾を搭載した97式艦上攻撃機）、江草隆繁《たかしげ》少佐を指揮官とする急降下爆撃隊78機（250キロ爆弾を搭載した99式艦上爆撃機）、そして進藤三郎大尉の率いる零戦の制空隊35機であった。

空母「飛龍」の急降下爆撃隊として99式艦上爆撃機で第2次攻撃に参加した板津辰雄2等飛行兵曹は、当時の出撃の様子をこう回想している。

〈母艦は最大十五度、平均十度くらいでうねっている。むずかしい発艦だ。厚い乱雲が空を走っている。

ふと郷里に心が走った。運命の時が刻々と迫ってくるのがひしひしと感じられる。

ついに母艦が風に立った。

「発艦はじめ」

発着艦指揮所から飛行長の号令が下った。

午前二時四十五分、ハワイ現地時間で午前七時十五分。零戦隊、つづいてわれわれの急降下爆撃隊、水平爆撃隊と発艦した。帽子をふる艦橋に、私も手をふりながら発艦していった。

母艦上空を大きく旋回しながら編隊を組み、一路オアフに針路をとった。（中略）

発艦してやがて一時間に近い。高度五千メートル、雲量七、雲はやや多いが、視界は良好で攻撃にはさしつかえない天候だ。

突然、レシーバーに無電が入った。

「トラトラトラ……」

第一次攻撃隊の総指揮官、淵田美津雄機から打たれた「ワレ奇襲ニ成功セリ」である。

私は小隊の一番機に目をやった。一番機先任搭乗員の中山七五三松飛曹長がニッコリ笑って手をあげた。その飛行帽の上にしめた鉢巻の日の丸が、朝日に映えて目に染みた〉(板津辰雄「真珠湾から印度洋へ」――『丸別冊　戦勝の日々　緒戦の陸海戦記』潮書房)

第2次攻撃隊は、第1次攻撃隊の奇襲成功を告げる〝トラ・トラ・トラ〟の打電をハワイに向かう途上で受信したのだが、彼らは、第1次攻撃隊とバトンタッチする形で真珠湾にやってきたため、湾内の光景はまったく異なっていた。第2次攻撃隊は、青い空と青い海が広がる静寂の中に突撃した第1次攻撃隊とは違って、爆炎・黒煙が立ちこめ、敵の猛烈な反撃が本格化する状況下の真珠湾に突っ込んでいったのである。それゆえにリスクが大きく、したがって攻撃態勢に入った後の機動が制限される低速の雷撃隊が外され、急降下爆撃隊が主力となった。

彼らはオアフ島の北東から侵入し、午前8時54分の総攻撃命令を受けて真珠湾に殺到した。すぐさま急降下爆撃隊は、猛烈な対空砲火をものともせず、上空から猛禽類が地上の獲物に襲い掛かるように急角度でダイブして敵艦に２５０キロ爆弾を叩きつけた。そして99式艦上爆撃機が機首を上げて敵艦上空から飛び去るや轟音と共に火柱が上がった。次々と命中する２５０キロ爆弾に、敵艦は猛火に包まれていった。

真珠湾上空に留まった淵田美津男中雄

湾外に脱出を図ろうとした戦艦「ネバダ」に6発の250キロ爆弾が命中、沈没して湾口を塞いでしまうことを避けるため「ネバダ」は自らホスピタル岬に座礁した。また、乾ドックにあった戦艦「ペンシルバニア」にも急降下爆撃隊の250キロ爆弾が命中して大火災が発生した。その他、戦艦「メリーランド」、駆逐艦「ダウンズ」などにも爆弾が命中した。

その凄まじい急降下爆撃隊の様子を前出の板津2等飛行兵曹はこう記している。

〈湾外に駆逐艦が一隻、水道には三隻の艦が湾外に出ようと必死に走っている。真ん中のは大きい。戦艦だろうか。その甲板上に白い人影がチョコチョコと動いている、と見た瞬間、その舷側から対空砲火が火を噴いた。

編隊の高度より低い三千メートル付近で炸裂していた高角砲の弾幕も、しだいに高度を上げてわれわれを包んできた。カンカンと音がする。爆風にあおられて機体がぐらぐら揺れる。「蒼龍」隊の江草少佐機が急降下に入った。後続機がつぎつぎとダイブして行く。

このとき、誰が爆撃したのか、水道を走っていた三隻のなかの真ん中の艦に爆弾が直撃した。艦は白煙を噴き上げて減速した。後続艦はもう湾外へは逃げ出せない〉(前掲書)

まずは空母「蒼龍」の江草少佐機が突っ込み、敵艦に直撃弾を食らわせたのだった。

この第2次攻撃を見届けたのが、真珠湾攻撃隊の総隊長で第1次攻撃隊の隊長・淵田美津雄中佐だった。淵田中佐は、第1次攻撃隊の攻撃が終わってもなお、総隊長として真珠湾上空に留まっていたのである。島崎少佐率いる第2次攻撃隊の戦闘指揮と戦果確認のためであった。彼は、そのときの様子をこう綴っている。

〈島崎少佐は、第二波空中攻撃隊を率いて、午前八時四十分（地方時）、カフク岬に達して天か巽を下令し、午前八時五十四分に突撃を下令した。

この突撃下令によって、江草少佐の率いる降下爆撃隊七十八機は、東方から接敵して真珠湾に殺到した。そのころ真珠湾は、黒煙立ちこめて、目標の視認を妨げた。不敵な江草少佐は、黒煙を縫うて撃ち上げてくる集中弾幕の筒に沿うてダイブに入った。すると下るに従って軍艦がはっきりと見えて、これを爆撃したのであった。雉も鳴かずば打たれまいという。

発砲さえしていなければ、撃たれずに済んだのであるが、発砲していない奴は、もはや傷ついているのであって、江草少佐のやり方は、発砲している健在な奴を狙ったのだから、第一波の攻撃とダブラなくて、まことにうまく行った〉（『真珠湾攻撃総隊長の回想　淵田美津雄自叙伝』）

空母「蒼龍」の急降下爆撃隊に続いて、空母「飛龍」の急降下爆撃隊が湾内の敵艦めがけてダイブしていった。このとき自ら爆撃に参加した板津2等飛行兵曹は、生々しく綴っている。

〈高角砲はますます激しくなってきた。もう猶予できないな、と感じたそのとき、「飛龍」隊の指揮官機が急降下に入った。高度四千三百メートル。

私の機も左にひねって急降下に入った。各小隊いっせいの急降下で、空中は輻輳して接触しそうだ。

降下角度は六十度もあろうか。真っ逆さまで体が浮き上がる。下はフォード島の黒煙と、千メートル付近に断雲があって、目標がはっきり見えない。猛烈な機銃弾が赤線、白線となって下から突き上げ、後方に流れて行く。

「千メートル、ヨーイ……」

ピシピシと音がした。

「しまった撃たれたかな」と思ったとき、煙が風に流れて、目標が駆逐艦であることに気づいた。

「右だッ、右の戦艦だッ」

伝声管に思わず大声で叫んでいた。

もう引き起こしが間に合わないかもしれない。操縦桿を大きくひねったので、無理な操作で主翼の表面が波板のトタン板のように波打ってふるえている。

ねらい直した。フォード島の東側に二列にならんでいる戦艦群の先頭に一艦だけ飛び離れている奴だ。フォード島がグーッと大きく迫って来る。やり直しのために、訓練での投下高度より突っ込みすぎることはもう明らかだった。

「テーッ！」

爆弾投下。一杯に引き起こす。また主翼がブルブルと波打っている。ギリギリ一杯で機首を引き起こしたとき、戦艦のマストが左上を後方に流れ、同時に尻の下から、トーンと爆風が来た。煙突後部の艦の中央に火柱が噴き上げていた。

艦型識別ではウェストバージニア型あるいはカリフォルニア型といわれた奴だ（のちの米軍資料ではカリフォルニア）〉（『丸別冊　戦勝の日々　緒戦の陸海戦記』）

板津2飛曹は、戦艦「カリフォルニア」に250キロ爆弾を見事に叩きつけたのである。

第2次攻撃隊は、第1次攻撃隊と同じく飛行場への攻撃も実施した。

再び淵田中佐の回顧。

〈島崎少佐直率の水平爆撃隊五十四機は、主力を以て、ヒッカム飛行場の格納庫群と、一部を以て、フォード島とカネオヘへの格納庫群を攻撃した。爆撃高度は雲下の千五百米であった。このような低高度爆撃で、熾烈な対空砲火に見舞われながら、一機も失わなかったのは奇蹟である。しかし、約半数に近い二十数機は被弾のため要修理機となって、反復攻撃の場合は、使えなかったのである。

新藤（三郎）大尉の率いる制空隊三十五機は、オアフ島上空の制空権を、第一波の板谷少佐から受け継いで確保すると、そのあと各航空基地の銃撃に移転して、戦果を拡充した〉（『真珠湾攻撃総隊長の回想　淵田美津雄自叙伝』）

赫々たる戦果をあげた第2次攻撃隊にも天が味方していたのだった——。

トラトラトラ…「真珠湾攻撃」の奇跡③

敵艦を沈める雷撃機や爆撃機の護衛役を務めたのが、当時世界最強の戦闘機と言われた「零式艦上戦闘機」、零戦である。彼らの護衛なくしては、大戦果をあげることは不可能だったのだ──。

当時、世界最強の制空戦闘機だった零戦

大東亜戦争最初の〝航空特攻〟

真珠湾攻撃において、強力な20ミリ機関砲2門、7・7ミリ機銃2丁を搭載した零戦21型で編成された制空隊の存在は大きく、雷撃隊および水平爆撃隊、そして急降下爆撃隊の活躍は、零戦による制空隊の掩護があったからといっても過言ではない。

第1次攻撃隊の総勢183機のうち、43機が零式艦上戦闘機つまり零戦であり、攻撃隊に敵戦闘機を近づけない〝制空〟と、地上に駐機する航空機などを銃撃して破壊する〝地上掃射〟を任務としていた。第1次攻撃隊が真珠湾を襲ったときは完全な奇襲であったため、敵戦闘機は上空におらず、慌てて上がってくる戦闘機は、歴戦のパイロットが操る世界最強の零戦21型の敵ではなかった。制空隊は、バーバスポイント飛行場を銃撃して敵戦闘機多数を地上で撃破した。

一方、第2次攻撃隊が攻撃を仕掛けたときは、濛々と煙が立ちあがり、敵の反撃の態勢が整い対空砲火も敵機の反撃も始まっていた。第2次攻撃隊の制空隊35機を率いた空母「赤城」の進藤三郎大尉はこう記している。

〈予定通り高度六千メートルで行ったんですが、対空砲火の弾幕があちこちに散らばっているのを遠くから見て、敵機だと勘違いして索敵行動をおこしかけました。途中で気づきましたが。

そこで、各隊に各自の目標に向かえ、と解散させ、爆撃が終わるのを待ってヒッカム飛行場に銃撃に入りましたが、それはもう、すごい反撃でしたね。反撃の立ち上がりは早かった。

飛行場は黒煙でいっぱいでしたが、風上に数機のB17が確認できました。それを銃撃したんですが、あまりの煙に目標の視認が困難なので、二撃でやめていったん上昇しました。
それから、最終的に戦果確認をしてこい、ということだったので、もう一度、高度を千メートル以下まで下げて真珠湾上空に戻りましたが、『これはすごいことになっているなあ』と思いましたね。そしてオアフ島西端カエナ岬西十キロの地点で集合し、艦攻の誘導隊と合流して引き上げました〉（神立尚紀著『零戦　最後の証言　大空に戦ったゼロファイターたちの風貌2』光人社NF文庫）
空母「蒼龍」の制空隊の小隊長として第2次攻撃に参加した藤田怡与蔵《いよぞう》氏は、空戦の様子をこう語っている。
〈ちょうど岬上空に達した頃、後方でダダ……という音がしたので振り返ってみると、敵機九機が横長の編隊を組んだまま我々を攻撃している。P36だ。不覚にも後上方攻撃を受けたのだ。すぐに翼を振って、戦闘隊形を作らせると同時にこの攻撃を回避して空中戦闘に入った。増槽を落とそうとレバーを引いたが、長途の航海に錆びついたのか、落ちない。下に敵機を発見したので増槽をつけたまま一撃し、うまく命中し引き上げたところ、前上方からほかの敵機が向かってきている。回避する暇がないので、そのままお互いに前方攻撃となった。当方の弾丸は敵機のエンジン付近に吸い込まれていくのが見えたが、敵の弾丸もガンガン当たる。よしぶつかってやれと近づいていった。ところが敵はさすがにその気がなく、眼前で上方に引き揚げていった。広い胴体下面が拡がったので、充分弾丸を叩き込んだ〉（『零戦、かく戦えり！』）

真珠湾攻撃の第1次攻撃隊および第2次攻撃隊を合せた損害は、わずかに29機だった。そのうちの15機が99式艦上爆撃機で、14機が第2次攻撃における被害だった。97式艦上攻撃機は5機、制空隊の零戦は9機が犠牲になり、合わせて55名の空の勇士が真珠湾に散華したのである。

その中の一人が空母「蒼龍」の制空隊の飯田房太《ふさた》大尉だった。中隊長を務めた飯田大尉は、前出の藤田中尉とともに地上攻撃を実施中、地上からの対空射撃によって被弾し、帰還を諦めてカネオヘ基地の航空機格納庫めがけて突っ込み壮烈なる戦死を遂げている。

藤田氏は、このときの模様をこう書き残している。

〈編隊がカネオヘ上空に差しかかった時、中隊長が私に向かって手先信号を送ってきた。「我燃料なし、下に自爆す」。こちらが了解の信号を送ると、急反転してカネオヘ基地の格納庫目がけて突っ込んでいった。その二、三番機は後ろに下がって私の左側に編隊を組んだ。隊長の最後を見届けるべく緩く旋回しながら涙を拭きつつ見守っていたが、隊長機は遂に格納庫の黒煙の中に消えていった〉（前掲書）

これが大東亜戦争初の〝航空特攻〟であった。この飯田大尉機の突入は、真珠湾攻撃を描いた大作映画『トラ・トラ・トラ』でも、俳優の和崎俊哉演じる飯田大尉が被弾後に敵格納庫に突入するシーンとして描かれるほど、衝撃的な出来事だったようだ。当時の米軍も飯田大尉の勇敢な行動を称え、その遺体を丁重に埋葬し、戦後、昭和46年（1971）になって米軍のカネオヘ基地内に慰霊碑が建立された。その慰霊碑には次のように刻まれている。

〝JAPANESE AIRCRAFT IMPACT SITE PILOT— LIUTENANT IIDA, I.J.N. CMDR, THIRD AIR CONTROL GROUP DEC.7.1941〟（日本軍機突入場所、搭乗員　飯田房太帝国海軍大尉　第3制空集団指揮官　1941年12月7日）

勇敢な最期を遂げたのは飯田大尉だけではなかった。

第1次攻撃隊の空母「加賀」雷撃隊第2中隊長の鈴木三守《みもり》大尉、そして第2次攻撃隊の空母「加賀」急降下爆撃隊・第12攻撃隊指揮官の牧野三郎大尉が、同様に壮烈な最期を遂げており、飯田大尉とともに「真珠湾偉勲の三勇士」と称えられ、戦死後、2階級特進して全員が海軍中佐に特昇していたのだ。

また、驚くべき荒武者もいた。第1航空艦隊参謀の源田実中佐はこう記している。

〈第二次攻撃隊の制空隊でヒッカム飛行場を銃撃したのは、赤城および加賀の戦闘機である。その中で未帰還は、加賀の五島一平飛曹長と稲永富雄一飛正である。だからこの話は、この二人の中の一人であるが、五島飛曹長の算が大である。それは、彼を最後に見た加賀搭乗員の報告では、彼は銃撃後、もうもうたる煙の中を降下していったという。

戦後、私がホノルルを訪問したとき、在留日系人から聞いた話である。

一人のパイロットは、ヒッカム飛行場に着陸し、まだ燃えていない飛行機をピストルで撃って歩いていたという。日系の基地勤務員を見つけたとき、

「君たちに危害を加えるつもりはない。早く安全なところに避難しろ」

といっていたという。

どうも、射っても射っても火がつかないので、着陸して火をつけるつもりだったらしい。五島飛曹長は、小柄でガッチリした体軀をもった柔道の達人であり、その人柄からして、こんなことをやりそうな人であった〉（『真珠湾作戦の回顧録』）

まるで映画『ランボー』の主人公のようである。敵飛行場に強行着陸して、零戦から飛び降りてピストルを手に駐機している敵戦闘機を次々と撃ってゆくなんぞ、そんじょそこらのパイロットにできる芸当ではない。源田氏によれば、その五島飛曹長も帰らぬ人となったようだが、日本海軍はこうした29機・55名の尊い犠牲によって、世界海戦史上最大の大戦果をあげたのだった。

【撃沈】
戦艦「カリフォルニア」「ウェストバージニア」「オクラホマ」「アリゾナ」
標的艦「ユタ」
敷設艦「オグララ」
【着底】
戦艦「ネバダ」
工作艦「ベスタル」
【大破】

軽巡洋艦「ローリー」
駆逐艦「カッシン」「ダウンズ」「ショー」
【中破】
戦艦「テネシー」
【小破】
戦艦「ペンシルベニア」「メリーランド」
水上機母艦「カーチス」「タンジール」
軽巡洋艦「ヘレナ」「ホノルル」

日本海軍航空部隊の第1次・第2次攻撃隊計350機は、29機の犠牲と引き換えに、敵戦艦8隻を撃沈破した他、軽巡洋艦・駆逐艦・水上機母艦など10隻を撃沈破し、さらに300機以上もの敵戦闘機を地上で、あるいは空中戦で撃破したのであった。日本軍の大勝利であった。

「日本軍の騙し討ち」という米側のプロパガンダ

だが、航空部隊の大活躍の陰に、小型の〝特殊潜航艇〟による活躍があったことも忘れてはならない。航空部隊の攻撃に合わせて、「甲標的」と呼ばれた5隻の特殊潜航艇が真珠湾内に侵入して敵艦を魚雷攻撃する段取りだった。特殊潜航艇「甲標的」とは、艦首に2発の魚雷を積んだ全長約24メートルの

2人乗りの小型潜水艦で、全長約109メートル（95人乗り）のイ号潜水艦に搭載されて作戦海域付近で水中から発進して敵艦攻撃に向かう〝水中決死隊〟だった。

真珠湾攻撃では、5隻の特殊潜航艇を搭載した5隻の伊号潜水艦（伊22号、伊16号、伊18号、伊20号、伊24号）が南雲機動部隊の出撃に先立って呉軍港を出港、攻撃開始の5時間前に、真珠湾まで約18キロの水中から出撃したのである。こうして出撃した5隻の特殊潜航艇のうち、敵駆逐艦に発見されて撃沈されるものもあったが、近年になって、その航空写真の分析から何隻かは真珠湾内に侵入し、敵艦に魚雷攻撃して戦果をあげていたという研究結果も出てきている。しかし、この5隻は全艇が未帰還となっているため詳細は今もって不明のままだ。

彼ら〝水中決死隊〟に対して、後に捕虜となった酒巻和男少尉を除く5隻9人の乗員（岩佐直治大尉、横山正治中尉、古野繁実中尉、広尾彰少尉、佐々木直吉一曹、上田定二曹、横山薫範《しげのり》一曹、片山義雄二曹、稲垣清二曹）は、当時、「九軍神」として広く報じられたのだった。

真珠湾攻撃の総隊長・淵田美津雄中佐は、水平爆撃隊の攻撃で真珠湾口の航門網が閉じられたのを見て、次のように思ったと述懐している。

〈私は、ハッとした。昨夜来、真珠湾にもぐっているであろう特殊潜航艇のことを思いうかべたからである。私は出撃前に、山本連合艦隊司令長官にお願いして、空中攻撃隊の奇襲成功のために、特殊潜航艇は、どんないい機会があっても、空中攻撃隊の攻撃前には、手を出さないようにと、命令して貰っていたのであった。しかしいま見るとこの状況では、特殊潜航艇に脱出の望みはない。いまも辛抱強く真珠湾にもぐっているであろう特殊潜航艇に、私は心から叫んだ。「特殊潜航艇の諸君有難う。われらは善戦するであろう」〉（『真珠湾攻撃総隊長の回想　淵田美津雄自叙伝』）

日本海軍は空から、海から、アメリカ海軍の太平洋艦隊の拠点であった真珠湾に猛然と襲いかかり、史上空前の大戦果をあげたていたのだ。ところがこの真珠湾奇襲攻撃は、日本の卑怯な〝騙し討ち〟と喧伝されてきた。だが、真実はそうではない。日本軍による大戦果が、アメリカをして〝日本の騙し討ち〟なるフィクションを蔓延させたというのだ。

空母「赤城」の制空隊指揮官だった進藤三郎氏はこう述べている。

〈あれは「だまし討ち」ではなく「奇襲」です。最後通牒が間に合わなかったのは事実ですが、アメリカも米西戦争では宣戦布告なしに戦争をした前歴があります。

ハルノートを日本に突きつけた時点で開戦を覚悟し、戦争準備をしていたはず。現に真珠湾でも、砲側に炸裂弾を用意して臨戦態勢になっていて、第一次の雷撃隊からも被害が出ています。

それを「だまし討ち」などというのは、日本側の実力を過小評価していたため、予想外の被害を出してしまった。責任のがれの言い訳に過ぎないと思います。そもそも、戦争に「だまし討ち」などないんだ〉（『零戦　最後の証言　大空に戦ったゼロファイターたちの風貌2』）

なるほど、納得がいく。

もとより不戦を誓って当選した米フランクリン・ルーズベルト大統領は、ナチスドイツに蹂躙されつつあったヨーロッパ戦線に参戦する口実を得るために、当時ドイツの同盟国であった日本に先に手を出させようとしていたとする陰謀説がある。

その囮《おとり》として、ハワイ真珠湾の太平洋艦隊基地が犠牲になったと指摘されているのだが、いずれにせよ、日本がハワイを騙し討ちにしたなどというのはアメリカ側のプロパガンダだったとみるべきだろう。米政府は当時、そうすることでヨーロッパ戦線に堂々と派兵することができ、また進藤氏が指摘するように、あまりの被害の大きさに驚き、その責任逃れのための方便だったとみるのが正しい。

大戦果をあげた真珠湾攻撃――しかし肝心の空母「エンタープライズ」「レキシントン」が不在であったことは口惜しい。このことがその後の戦いに与えた影響は決して小さくなかった。また真珠湾攻撃で沈没した戦艦の多くが修理の後に戦線復帰を果たしたこともまた予想外であった。だが、それは米軍の工業力の問題であり、真珠湾攻撃の赫々たる戦果はいささかも揺るぐことはない。

昭和16年12月8日、日本軍は、ありったけの力を結集して勇猛果敢に戦い、そして米軍の予想をはるかに超える大戦果をあげたのだった。

「マレー電撃戦・シンガポール攻略戦」の真実

山下奉文中将率いる帝国陸軍第25軍は、海軍による真珠湾攻撃に合わせて、英領マレー半島に上陸作戦を開始した。以降、南北1千キロのマレー半島を驚くべきスピードで攻略、難攻不落の要塞シンガポールに迫った！

自転車で移動した「銀輪部隊」

第25軍を率いた山下奉文中将

スコールに紛れてゴム林を戦車で奇襲

〝ヒノデハ　ヤマガタ〟

開戦日は12月8日であることを伝える暗号電文が、山下奉文《ともゆき》中将のもとに飛び込んできた。

海南島から14隻の輸送船に分乗した山下中将率いる第25軍（近衛師団・第5師団・第18師団他）は、海軍の小沢治三郎中将の南遣艦隊に護衛されてタイ領南部のシンゴラとパタニおよび英領マレーのコタバルに上陸作戦を敢行した。

昭和16年（1941）12月8日午前1時35分（日本時間）、コタバルのサバク海岸沖合で上陸用舟艇に乗り込んだ侘美浩《たくみ》少将率いる「侘美支隊」約6千名の将兵が上陸地点目指して突進、同午前2時15分に戦闘が始まった。これは、海軍航空隊によるハワイ真珠湾攻撃より約1時間も早かった。コタバル上陸時間である午前2時15分（日本時間）と、ハワイ真珠湾攻撃開始時間である午前3時25分（日本時間）を比較すると1時間10分の差でマレー上陸作戦が先行していたことになる。

つまり、大東亜戦争は真珠湾攻撃ではなく、マレー半島上陸戦で幕を開けたのだった。

「大本営陸海軍部発表、十二月八日十一時五十分、我ガ軍ハ陸海緊密ナル共同ノモトニ、本八日早朝、マレー半島方面ノ奇襲上陸作戦ヲ敢行シ、着々戦果ヲ拡張中ナリ！」

対米英開戦を告げる大本営発表に引き続き、昭和16年12月8日のラジオ放送は、マレー半島上陸作戦の成功を力強く伝えた。山下中将は、部隊の一部を英領マレーのコタバルに向かわせる一方で、本

■「マレー作戦」概要図

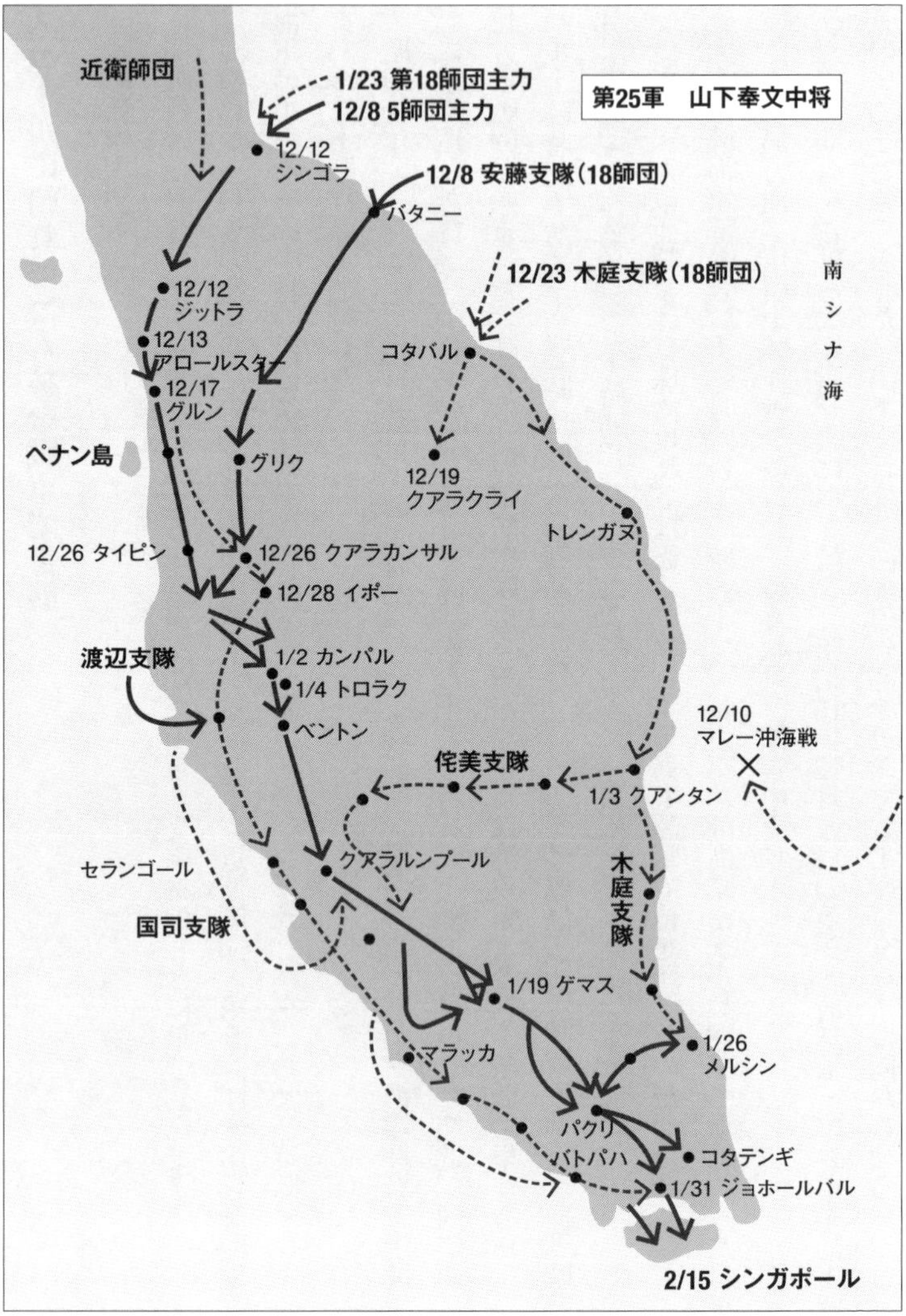

参考／『戦史叢書』

隊を、タイ領のシンゴラとパタニに上陸させてマレー半島1100キロを一気に南下して英軍の牙城シンガポール目指して進撃を開始したのである。

当時、アメリカが主導した対日経済封鎖網〝ABCD包囲網〟によって、日本は、あらゆる工業資源の輸入の道を断たれていたため、イギリス領のマレー半島を攻略し、その先にあるオランダ領のインドネシア（蘭印）の石油資源を確保する以外に日本が独立国として生き残る道はなかったのだ。つまり、大東亜戦争は日本の自存自衛の戦いであり、侵略戦争などでは断じてなかったのである。

またこの戦争で、イギリス領の香港とインドの中間点に位置し、東洋支配の中心であったシンガポールからイギリスを追い出すことは、アジア解放の第一歩となる。マレー攻略戦は、日本の自存自衛とアジア植民地の解放という大東亜戦争の大義そのものだった。当時、英国の圧政に苦しんでいたマレー人にとっても英軍を駆逐する日本軍が〝解放者〟として映ったことは言うまでもない。

だが、要衝シンガポールを陥落させ、南方の石油を確保するためには、南北約1千キロものマレー半島をできるだけ早く南下しなければならなかった。敵に防御態勢を固めさせる余裕を与えてはならなかったからだ。そこで陸軍は、悪路を迅速に機動できる戦車部隊を投入したのである。

山下奉文中将の率いる第25軍は、近衛師団・第5師団・第18師団を主力として、野戦重砲連隊2個および大隊1個、独立臼砲大隊1個、独立工兵連隊3個に加えて第3戦車団を擁する大部隊であった。

マレー半島に上陸した日本軍は、戦車部隊を先頭に突き進んだ。あっという間に英軍の第11インド師団が守る堅陣ジットラに襲いかかるや、インド兵たちは猛進する日本軍戦車に恐れをなして逃げ出す始末であった。インド兵はこれまで戦車と戦ったことなどなかったのである。日本軍戦車部隊は、現地の自然環境を見方につけて攻撃を仕掛け、敵を翻弄し続けた。ある戦闘では、突然の猛烈なスコールに紛れて攻撃を仕掛けた。

〈炎熱に喘ぐ地上いっさいの生物への無二の慈雨だ。敵も味方も、戦いから解放してくれる滝のような雨である。視界はほんの眼の先だけだ。

「そうだ、やるならいまだ」

戦車隊長は、深い息を吸いこむと同時にこう決心した。

さっそく、付近にはいつくばっていた車外員や、捜索隊の兵たちを戦車上に乗り込ませ、「行くぞ」と令するや、大胆不敵の敵陣突破の壮挙が開始されたのだ。

それは何人も予期しなかった、一瞬のできごとだった。戦車の轟音とその姿は、スコールのために完全にかき消され、敵兵はゴム林の木陰に、合羽をすっぽりとかぶって雨宿りをしていた。

敵陣に入るや、路傍に並んでいる敵の戦車や牽引車や自動車群に、急射を加えながら奥へ奥へと突進して行く。そのうちに事態の急を知った敵兵が右往左往しはじめる。機銃がそれを薙ぎ倒してゆく〉（『丸エキストラ戦史と旅⑧』潮書房）

戦車エンジン音をスコールで隠すなど、誰が考え付くだろうか。このような奇策は他に類例をみない。この戦車による夜襲は、天才指揮官の島田少佐が連隊長に提案した作戦だった。敵の意表をついて混乱させ、かつ敵の頼みの対戦車砲を封印しながら歩兵とともに一気に敵陣を制圧する戦法というわけだ。これをヨーロッパのような大草原で行うのならともかく、ゴム林の中でやってのけようというのだから相当の覚悟が必要だった。

闇夜の中を我が歩兵・工兵と協同し、時速8キロというゆっくりとしたスピードでゴム林の中を進撃する島田戦車隊の97式中戦車を、敵兵はどのような気持ちで迎え撃ったのだろうか。さぞや恐ろしかったに違いない。戦車による夜襲の様子を島田少佐は次ように記録している。

〈第二線鉄条網を圧倒する。バリッバリッバリッ。撃った、そのときだ。雷雨にいなずまがさしたように、敵陣はパッと昼のように明るくなった。ゴム林は金砂、銀砂を一面にふりかけたような敵の発射光につつまれたかとみるまに、彼我の銃砲声は、一瞬にして全戦場を興奮のるつぼにたたき込んだ。戦車はあふりをくってガクンとゆれた。敵弾は、私の頭のまわりの砲塔に、カチカチガァンガァンと当っている。見渡すかぎりの敵陣からは、青や緑や黄の曳光弾がふきだして、戦車めがけて集中してくる。それを押しかえすように戦車砲弾が敵陣めがけて火の雨をそそぐ。全車全力の一斉射撃だ。隊長車も本部車輌も、総力を上げての連続発射だ。

私は送話器をほうりだすと、車長にかえって砲手に号令した。

「十一時の方向、アカ、うてっ」

砲手が左前の十時の方向に散在する、こまかい密集火光をめがけて射撃を加えていたのだが、その少し右寄りに突如、赤黄色の大きな発射火光をみとめたのだ。速射砲だ。アカと略称していた。

（中略）砲手は射向を移すが早いか、ダァーンとうちあげた。地雷でも炸裂したように戦車砲弾が速射砲のすぐ手前に炸裂した。土砂もろとも、まっ赤に染めて、敵は人も砲も吹き上げられた。

砲手は、すぐにまた青白い密集火光に射撃を移した。その着弾するごとに、敵兵や機銃がふっとぶのが炸裂火光に映しだされた。そのたびに、そこを中心とした半径十メートル内外の火光が、パッと消えてもとの闇と化した〉（島田豊作著『島田戦車隊』光人社）

「夜襲」とはこのような凄まじい戦闘だったのだ。日本軍は、地元マレーの人々の絶大なる支援と協力によってこうして次々と英軍の要衝を攻略していったのである。

快進撃を続けた日本軍は、主都クアラルンプールの防波堤となる要衝スリムリバーへと迫った。そこで英軍は、巧みに構築した陣地に2個師団の大兵力を配置して日本軍を待ち構えた。

一方、先陣をきって南下を続ける戦車第6連隊長・島田豊作少佐は、わずか十数両の戦車と100名の歩兵・工兵による夜襲でこの堅塁を突破しようと考えていた。そして奇襲は見事に成功した。なんと日本軍は、わずか十数両の戦車と100名の兵員で2個旅団の英軍を粉砕したのである。

島田少佐はこのときの戦闘をこう記している。

〈暁とともにわが鉄獅子の捨身の猛襲は、完全に敵の虚をついた。敵の狼狽はその極に達し、その威力を発揮することができず、無惨にもスリム河畔を朱に染めて、潰滅の運命をたどったのである。

すなわち、第一線兵団の急を知って、増援に急進してきた敵自動車群に満載されていた一個連隊の歩兵は、わが戦車砲、機関銃のすれちがいざまの射撃につぎつぎと自動車もろとも粉砕された。

さらにゴム林内に露営中の歩兵、砲兵、戦車群は、天幕からとび出すまもなく、とび込んだ我が戦車隊の砲撃の餌食となった。

また、ゴムの木もろとも、戦車の圧倒蹂躙に身を委ね、砲兵群は、整然と並んだ砲車に近づくひまもなく、わが銃撃に薙ぎたおされ、砲車はのしかかった戦車の下敷きになってつぶれた〉（『丸エキストラ戦史と旅⑧』）

敵の司令部は、出発点から約15キロ離れた町にあったという。この間、15キロのゴム林はすべて、敵、敵、敵の露営地であったというから驚きだ。それでも日本軍戦車隊は、その敵陣を鬼神のごとく突進していったのだった。

〈やがて町の十字路にひときわ高い洋館が建っているのが望見されたが、これがめざす司令部であるとは、哨兵と国旗と、将校用の自動車が庭前に居並んでいることで、一目瞭然であった。

その前にピタリと止まった十数両のわが戦車は、砲塔を窓に向けると一斉射撃に移った。敵師団長をはじめ幕僚たちが、枕を並べて討死するには五分とはかからなかった〉（前掲書）

マレー攻略作戦の成功は、日本軍戦車部隊の果敢な電撃戦にあったのだ。

そしてもう一つ、マレー電撃戦の功労者が〝自転車〟であったことも忘れてはならない。

進撃速度が求められたこの戦いでは、日本軍は、歩兵を自転車で進撃させるという奇想天外な自転車機動部隊（通称〝銀輪部隊〟）を編成してマレー半島を一気に南下していったのだった。

戦車部隊と軽快な銀輪部隊はマレーの密林を驀進した。その進撃速度は凄まじく、鉄壁の守りとされたジットラやアロールスターなどの英軍陣地を次々と突破していった。そんな日本軍の勇姿に地元民は感動し、そして拍手喝采したという。こんなエピソードがある。

当時の未舗装の悪路を長らく自転車で走っていると、しばしばタイヤがパンクしてしまった。それでも自転車を走らせていると金属音が響きはじめる。なんとある戦線では、密林に潜む英軍兵士らが、その自転車が発する金属音を戦車部隊の行軍と間違えて撤退した例もあったというから面白い。

また、歩兵第5連隊長・岩畔豪雄《いわくろひでお》大佐は、こんなエピソードも紹介している。

〈パンクは、ゴムの木から取った生ゴム液を、ゴム片に塗り、蝋燭の火で暖めれば簡単に修理できることが、ささやかな発明家によって考案されると、その日のうちに隊内に普及していった。そして性能のわるい自転車に乗っている者は、マレーの村に行って新しい車（自転車）と交換した。

マレー人は、わが軍に対し、いつも非常に協力的だったので、自分の自転車を無条件で交換してくれたばかりでなく、華僑の家に案内して、かくしている新しい車（自転車）を見つけてくれさえした。そのおかげで、銀輪部隊の自転車は、一日一日と新しくなり、落伍者がほとんど出ないようになった〉（岩畔豪雄著『シンガポール総攻撃』光人社NF文庫）

マレー人の日本軍に対する協力は、日本兵が驚くほどのものだったという。

〈ある者はバナナの葉につつんだナシ・ゴレン（マレイ風焼飯）とココナッツ・ヤシの果水を差し出し、ある者は南方のさまざまな果物を大きな籠に盛ってささげ、若者たちは先を争うようにして日本軍の弾薬箱を担ぎ運び、泥道で走行不能となったトラックを押し、ジャングルの獣道をたどる近道を先頭になって案内をひきうけた。日本軍将兵はとまどい驚いたが、やがてマレイ人の歓迎と協力の真摯な

態度を知り、戦塵で荒んでいた気分をなごませ、感動し感激した〉（土生良樹『神本利男とマレーのハリマオ』展転社）

いったいこれはどういうことなのか。むろん、イギリスの植民地支配に苦しむ彼らが、日本の力を借りてイギリスの過酷な統治から解放されたいと強く願っていたからなのだが、それだけではなかったのだ。実は、この地に古くから伝わる「ジョヨボヨの予言」なる神話があり、これが大きな影響を及ぼしていたのだ。

ジョヨボヨの予言とは、〈北方の黄色い人たちが、いつかこの地へ来て、悪魔にもひとしい白い支配者を追い払い、ジャゴン（とうもろこし）の花が散って実が育つ短い期間、この地を白い悪魔にかわって支配する。だが、やがて黄色い人たちは北へ帰り、とうもろこしの実が枯れるころ、正義の女神に祝福される平和な繁栄の世の中が完成する〉（前掲書）というもの。

つまり、ここで言う〝黄色い人〟とは日本人を、〝白い支配者〟がイギリス人を指しているわけだ。マレー人は、その神話の通り白い支配者を打ち倒してゆく北方からやってきた黄色い日本軍を、予言に登場する〝神〟として歓迎したのである。

また日本軍は、人跡未踏の密林を駆け抜け、あるときは撤退する敵軍を追い抜い抜いてしまったというから傑作だ。河川湖沼にぶつかればトラックを分解して渡し、再び組み立てて走らせたため、英軍将兵は、いつの間にか目の前に現れた〝幽霊トラック〟に驚愕したという。この漫画のようなエピソードには、思わず吹き出しそうになる。

マレー作戦は、退く英軍とこれを追う日本軍の追撃戦だった。英軍は、南北1千キロの半島に架けられた250もの橋梁を次々と爆破しつつ南部へ撤退した。そして日本軍工兵隊は、破壊された橋を次々と修復して敵を追撃した。平均すれば4キロごとに橋があったことになり、橋を補修したり新たに架けたりする工兵隊の活躍なくしてマレー作戦の成功はあり得なかったのだ。

こうして日本軍は、まるで〝ハードル走競技〟のように次々と英軍の防御網を突破して昭和17年1月31日の夕刻、ついにマレー半島最南端のジョホール・バルに到達した。

山下中将率いる陸軍第25軍が、1100キロのマレー半島を縦断するのに要した日数はわずか55日。さらに驚くべきは、わずか3万5000人の日本陸軍が、約8万8000人の英連邦軍を打ち負かしたことだ。しかも55日間の交戦回数は95回で、これを平均化すれば1日に約2回の戦闘を行った計算になる。この戦闘で日本軍は、英軍に2万5000人の損害を与え、5個旅団を壊滅せしめた。一方、日本軍の被害は、戦死1793人、戦傷2772人にとどまった。

日本軍の完全勝利だった。

日本軍の進撃速度は、1日平均約20キロ／時であった。日本軍は、雨天や敵の睡眠時を狙って奇襲をかけ、不可能と思われた渡河地点から川を渡り、そして想像もできない未踏のジャングルを突破していったのである。英軍は神出鬼没の日本軍に恐れをなして撤退していったという。

山下奉文中将の賭け

圧倒的なスピードでジョホール・バルに到着した日本軍は、幅1キロの水道を挟んで対岸にあるシンガポールに王手をかけた。ところが、この時点で日本軍の弾薬・食糧は、底を尽きかけていたのだ。そこで、〝マレーの虎〟と呼ばれた山下奉文中将は大きな賭けに出た。山下中将は日本軍の弾薬は無尽蔵であるように見せかけるため、あえて手持ちのありったけの砲弾をシンガポールの敵陣地へ叩き込んだのだ。後に山下中将はこうふり返っている。

〈わたしのシンガポール砲撃はハッタリ──うまく的中したハッタリであった。わが軍の兵力は三万で、敵の三分の一以下であった。シンガポール攻略に手まどれば日本軍の負けであることはよく判っていた〉（ジョーン・D・ポッター著・江崎伸夫訳『マレーの虎　山下奉文の生涯』恒文社）

この大博打は〝吉〟と出るか〝凶〟と出るか。

大量の砲弾がシンガポール島に布陣するオーストラリア軍の頭上から降り注ぎ、これに呼応するかのように日本軍航空部隊がシンガポールの軍事施設を爆撃し始めた。すると英軍の最高指揮官アーサー・パーシバル中将は、日本軍は英軍よりも砲・弾薬を豊富に保有しているものと思い込んでしまったのである。昭和17年（1942）2月8日夜半、ついに日本軍上陸部隊は、シンガポール目指してジョホール水道の渡河作戦を開始した。

第25軍作戦参謀だった國武輝人元陸軍少佐はこのときの様子をこのように回想している。

〈二百年にわたり、東洋に覇をとなえた英国の拠点シンガポールも、わが連日の砲爆撃で、数箇所の油貯蔵所から火災を起こし、黒煙が数千メートルに達して天を蔽い、凄惨の気がみなぎっている。

この日、航空部隊の爆撃とともに軍、師団砲兵が午前十一時からあいついで射撃を開始し、ほぼ敵を制圧したかに見えた。

午後二時からスコールが襲って、全天が油煙をまじえて真っ黒になり、嵐の前を思わせた。しかし、午前六時には晴れわたって絶好の上陸日和となった。

熾烈な掩護射撃のもと、部隊は午前零時に発進、その二十分後には、第五、第十八師団正面に上陸成功の青吊星が上がった。まさに感激の一瞬である〉(『丸』別冊―戦勝の日々　潮書房)

マレーシアとシンガポールを結ぶ陸路コーズウェイもあったが、あえて日本軍は舟艇に分乗してシンガポール島北部の西側から敵前上陸を行ったのである。背水の陣で臨んだ英軍も必死に抵抗したが、彼らにはもう後がなかった。

日本軍を待ち受けていたのは、勇猛で知られた英軍の中のオーストラリア軍であった。そのため彼らの激しい抵抗を受けた日本軍は大きな損害を被った。だが、日本軍将兵は怯むことなく突進を続け、3方向からシンガポールの中心部に迫っていった。敵の抵抗も熾烈を極めた。だが貯水池を日本軍に抑えられ、袋の鼠となった英軍は、もはやこれ以上の戦闘継続が困難となった。

昭和17年2月11日の紀元節、テンガー飛行場に司令部を移した山下中将は悩んでいた。

市街戦となれば、日英両軍はもとより市民にもその巻き添えとなって犠牲者が出る。山下中将はこれをどうしても避けたかった。しかも、日本軍にはもはや弾と食糧が底をつきかけていた。そこで山下中将は、またもやある奇策を思いついた。それは敵将パーシバル中将への降伏勧告だった。山下中将は、無駄な抵抗は止めて直ちに降伏するよう記した手紙を通信筒に入れて、英軍司令部の上空から投下したのである。

英軍側も、将兵の士気は低下し部隊としての統率が困難になりつつあった。だがパーシバル中将は、山下中将の降伏勧告を拒否。だが彼は揺れていた。部下たちが「降伏すべし」と最高司令官に具申したこともあって、パーシバル中将は内々にジャワ島のウェーベル大将に最終決断の裁量権を求めたのだった。だがウェーベル大将からは〝継戦〟の命令が返ってきた。そのため日本軍は、やむなく3方向からシンガポールの中心を目指して進撃を続けた。

そして迎えた2月15日、ついに英軍の軍使が白旗を掲げて日本軍陣地を訪れたのである。すぐさま、日英両将が顔を付き合わせ、フォード工場の会議室で降伏について交渉が始まった。

「イエスかノーか!」山下中将は、敵将パーシバル中将に無条件降伏を迫ると、敵将パーシバルは山下将軍の無条件降伏の勧告を受け入れ、イギリスが東洋に築き上げた難攻不落の要塞シンガポールはここに陥落したのである。

このシンガポール陥落時の様子を、歩兵第5連隊長・岩畔大佐はこう回想している。

〈将校斥候に出した今井准尉が息をはずませながら帰ってきた。

「シンガポール陥落です。敵は全面的に降伏しました」

にわかに起こる感激の声―将兵はみんな泣いている。この涙こそ戦う者にとって、すべての人間にとって最高の涙ではないだろうか。あちらこちらで肩から戦友の遺骨をおろし、生ける者に話すように小さな箱に向かって戦勝を告げている。
東洋の牙城シンガポール。バンコック出発以来、一日として忘れることのできなかったシンガポール。それがいま、一時間前までの戦闘はどこかに忘れてしまったように、まったく静寂にかわって、われわれの手中に帰したのである。なぜか知らないが、ひとりでに、涙がとめどもなく流れた。だれもかれも泣いている。上官も部下も、思い思い、それぞれの感激にむせんでいる。われわれは遂に勝ったのだ〉（『シンガポール総攻撃』）

シンガポール占領後、山下中将は、激戦地であったブキバトックの丘陵に、日本軍戦没者を慰霊するため「昭南忠霊塔」を建立した。

だがそれだけではなかった。山下中将はこの忠魂塔の裏側に、高さ約3メートルもの大きな十字架を建てて英軍兵士の霊を弔うことも忘れなかった。このエピソードは、シンガポールの中学2年の『現代シンガポールの社会経済史』（1985年版）で紹介されているという。その教科書には、マレー半島南部のゲマスにおける戦闘について次のような記述がある。

〈オーストラリア兵達の勇気は、日本兵、特に彼らの指導者によって称賛された。敬意のあかしとして、彼らは、ジェマールアンのはずれの丘の斜面の、オーストラリア兵二百人の大規模な墓の上に、一本の巨大な木製の十字架をたてることを命じた。十字架には、「私たちの勇敢な敵、オーストラリア兵士のために」という言葉が書かれていた〉（名越二荒之助編『世界からみた大東亜戦争』展転社）

まさしく武士道精神である。近現代における日本軍人の振る舞いの一端が窺える。かつてマレー半島で、対戦車砲をもって日本軍と戦ったオーストラリア軍のケニス・ハリスン軍曹は、その著書『あっぱれ日本兵』（塚田敏夫訳、成山堂書店）でこう述べている。

〈年がたつにつれ、ちょっと意外なことが起こった。日本兵を著しく称賛するようになった自分に気づいて、いくら力んでみても、私は彼らに対する憎しみを何一ひとつ見いだせなかった。それどころか私はますます日本兵の基本的長所—忠誠、清潔、勇気、を思い出し、本を読めば読むほどに、彼らは並はずれて勇敢な兵士だったと確信するに至った〉

こうした事実を多くの日本人は知らされていない。

【コラム】大成功を収めていた日本軍のインテリジェンス

かつてドイツのヴィルヘルム皇帝をして、「明石1人で、大山巌大将率いる20万の日本軍に匹敵する戦果をあげた」とまで言わしめた傑物こそ、誰あろう陸軍大佐（当時）明石元二郎《もとじろう》である。

明石元二郎とは、かの日露戦争の最中に欧州各地でレーニンら革命運動家と接触を重ね、ロシア革命を煽動してロシア国内を混乱に陥れることで、日露戦争を勝利に導いたその大功労者である。

1904年、明石大佐はスイスのジュネーブでロシアの革命家ウラジミール・レーニンと面会し、ロシアのロマノフ王朝を倒すための運動に対して日本政府が資金援助すると申し入れた。当時の金で100万円、現在なら数百億円に相当する莫大な工作資金を背景に、明石大佐は、レーニンにロシア革命の実行を迫った。明石大佐は、現代の米ＣＩＡ顔負けの謀略・諜報戦をロシアに仕掛けたわけだ。

当初レーニンは、それは祖国への裏切り行為になるとして申し入れを辞退したが、交渉術に長けた明石大佐の説得に遂には受け入れたのである。レーニンが後に「明石大佐には感謝状を出したいくらいである」と語っていることが、彼の工作の大成功を物語っている。

つまり、陸軍大佐・明石元二郎は、今で言う〝官房機密費〟を有効に使い、巧みな交渉術で敵国の革命家レーニンを動かし祖国日本の危機を救ったわけである。その遺伝子が大東亜戦争にも受け継がれていたことはほとんど知られていない。あまつさえ、〝情報戦〟に敗れたため、戦にも敗れた——とする言説が流布する大東亜戦争だが、実は日本軍は欧米列強が驚嘆する大掛かりな謀略・諜報戦に成功していたのだ。

敵軍の中の植民地兵を寝返らせ我が戦力にするという、催眠術師のような離れ業をやってのけたのが藤原岩市少佐であった。マレー・シンガポール攻略作戦を前に、日本軍は藤原少佐を長とする諜報工作の特務機関「Ｆ機関」（Friend, Freedom そして Fujiwara の頭文字）を編成してこれに備えた。

Ｆ機関の任務は、マレー半島に布陣する英軍の7割を占めるインド兵に投降を呼びかけ、彼らをインド独立のために立ち上がらせることであった。その構成メンバーは、民間人を含めて10余名。スパイ養成機関として知られる陸軍中野学校出身の中でも優秀な若手将校をはじめ、マレー語に堪能な60歳近い実業家までと幅広かった。

かつてF機関で藤原少佐とともに工作活動にあたり、後にチャンドラ・ボースの通訳を務めた国塚一乗《かずのり》中尉は、藤原少佐についてこう語る。

「一言で言えば、藤原さんは〝情〟の人です。そりゃ情の深い人でした。とにかく我々部下を我が子のようにかわいがってくれましたから、部下はみな藤原機関長のためなら命を捧げようと考えておりましたよ」

開戦後間もなくして、英領マラヤ北端のアロールスター近郊のゴム園にインド兵が大勢潜んでいるという情報が入った。そこで、藤原少佐は彼らにこちらの真意を理解してもらうため、武器を携帯せずに現地に急行したという。そしてインド兵に誠意をもって日本の戦争目的と大東亜戦争の大義を説き、インド独立のために戦おうと呼びかけた。インド兵は藤原少佐の説得に感動し、日本軍とともに戦うことを決意したのである。

この中に、後に「インド国民軍」（ＩＮＡ）を組織して日本軍とともに英軍と戦うことになるモン・シン大尉がいた。意気投合した藤原少佐とモン・シン大尉は、インド独立のために共闘することを誓い、転向インド兵数名とF機関員1名が1チームとなって英軍内のインド兵を次々と説得していったのである。すると、まるでドミノ倒しのように各地でインド兵達が次々と寝返っていったという。世界戦史上、かくも見事な諜報戦で敵を寝返らせた例は他に類を見ない。日本軍は史上最大級の諜報戦を成功させ、大英帝国を崩壊させたのである。

もうひとつ、マレー電撃戦成功の裏に2人の日本人がいたことをも忘れてはならない。

〝ハリマオ〟こと谷豊（30）と神本《かもと》利男（33）という日本人青年である。

父の仕事で英領マレー半島に移り住んだ谷豊は、当地で理髪店を経営する父の仕事を手伝っていた。その後、彼が単身で日本へ帰国中に華僑による排日運動が起こり、そのとき、幼い妹が惨殺されてしまったのである。深い悲しみの中でマレーに戻った谷豊は、同時に華僑の犯人を無罪放免にした大英帝国への復讐を誓ったという。

まるで活劇映画のような話だが、千人以上ものマレー人を従え、裕福なイギリス人や華僑を次々と襲っていった谷豊の存在は、たちまちマレー半島全域に知れわたり、いつしか彼は民衆からも畏敬の念を込めてマレー語で「虎」を意味する〝ハリマオ〟と呼ばれるようになったのである。

そんなハリマオと接触したのが、陸軍中野学校出身の神本利男だった。神本は、満州国をはじめ各地を渡り歩いて諜報活動を行い、その生涯をアジア解放のために捧げた民間人であった。

当時大東亜戦争が目前に迫っていたが、日本軍はマレー半島の詳細地図をはじめ英軍の戦力に関する現地情報に乏しかった。そこで当地を知り尽くしたハリマオの協力が必要だったのだ。神本は熱心に説いた。そしてついに、ハリマオは神本に協力することを決心する。

ハリマオの一団は早速、マレー人労働者になりすまして英軍最大の防御陣地ジットラの工事現場に潜入し、敵陣地およびその周辺の地図など貴重な軍事情報が次々と日本軍のもとに届けた。ハリマオらは、英軍陣地の築城工事を遅らせるためにトーチカ陣地を造るのに不可欠なセメントを盗んでは沼地に沈め、あるいは建設機械を故障させるなど、あらゆる手段を使って妨害工作を行った。こうした工作活動は、日本軍の進撃を助け、そして最終的な局面における日本軍の勝利に大きく貢献したという。

〝ハリマオ〟こと谷豊と神本利男という若い2人の民間人が日本軍の電撃戦を陰で支え、マレー電撃作戦そしてシンガポール攻略戦を成功に導いていたのである――。

世界が驚愕した「マレー沖海戦」

昭和16年（1941）12月10日、日本海軍航空隊は英海軍の東洋艦隊を攻撃した。マレー半島北部に上陸した陸軍第25軍の戦闘をマレー電撃戦と呼ぶのに対し、マレー沖海戦はマレー周辺の制海権をめぐる戦闘である。日本海軍の主力は96式陸上攻撃機と一式陸上攻撃機であった。両機とも対艦攻撃用の爆弾や800キロ魚雷を搭載することができた。「航空機による航行中の戦艦撃沈は不可能」とされていた当時の常識を覆した海戦の真実——。

日本軍の雷撃から逃れるべく回避行動をとる英戦艦「プリンス・オブ・ウェールズ」(左手前)と「レパルス」

マレー沖海戦で戦果をあげた一式陸攻

敵艦水兵の顔が見えるほどの接近戦

〈私は独りであることに感謝した。戦争の全期間を通じて、これほどの強い衝撃を受けたことはなかった――〉

イギリスの首相ウインストン・チャーチルは、戦後、その著書『第二次世界大戦回顧録』でマレー沖海戦の大敗北をこう回想している。

昭和16年（1941）12月10日、英戦艦「プリンス・オブ・ウェールズ」および「レパルス」は、マレー半島東岸のクワンタン沖で日本の海軍航空隊によって撃沈され、英東洋艦隊は開戦3日目にして壊滅した。マレー沖海戦はチャーチル首相にとって天地がひっくり返るほどの衝撃だったのである。激闘およそ2時間、大英帝国のアジア支配の象徴ともいうべき「プリンス・オブ・ウェールズ」は、僚艦「レパルス」と共に、空からの爆・雷撃を受けて波間に消えていった。

昭和16年12月8日、日本軍がマレー半島に上陸したことを受け、英トーマス・フィリップス提督率いる英東洋艦隊は、戦艦「プリンス・オブ・ウェールズ」および「レパルス」を主力として駆逐艦「エレクトラ」「エクスプレス」「テネドス」、豪駆逐艦「バンパイア」の4隻を加えた「Z部隊」を編成して、シンガポールから日本軍輸送船団攻撃に向かった。翌日、日本海軍の伊65潜水艦がこれを発見し、ただちに小沢治三郎中将率いる重巡洋艦「鳥海」旗艦の南遣艦隊が急行した。だが、惜しくも会敵することはできなかった。

迎えた12月10日、今度は伊58潜水艦がZ部隊を発見。この敵発見の報を受け、ベトナムのサイゴンに司令部を置く海軍第22航空戦隊（松永貞市少将）が索敵機を飛ばして索敵に努めた。

午前11時45分、ついにマレー半島クアンタン沖に敵艦隊を発見し、第22航空戦隊の元山・美幌・鹿屋の各航空隊の一式陸上攻撃機と96式陸上攻撃機の合計85機が攻撃を開始した。かくして航空機対高速航行中の戦艦の史上初の決戦が始まった。

まずは美幌空の白井中隊8機の96式陸攻が、それぞれ2発ずつ積んだ２５０キロ爆弾を投下すると1発が「レパルス」に命中した。続いて元山空が現場に到着。元山空の第1中隊2番機として本海戦に参加した大竹典夫一等飛行兵曹は、飛行隊長中西少佐が乗り込んだ石原大尉の第1中隊長機が、敵艦を発見したときの様子についてこう記録している。

〈分隊長が左前方を指している。中西隊長が窓に顔をすり寄せるようにして、双眼鏡で見ている。分隊長が私に手信号で左前方を見よ、と指差しているが、私の席からは自分の飛行機がじゃまになって、見えない。富田兵曹が大声で、

「機長、敵艦です」

ほとんど同時に山本兵曹が、

「機長、ト連送」（突撃電報のこと）

一番機は左右に大きくバンクし、右に変針しつつ突っ込んでいった。私も、

「突撃だ、戦闘機に注意」

■「マレー沖海戦」概要図

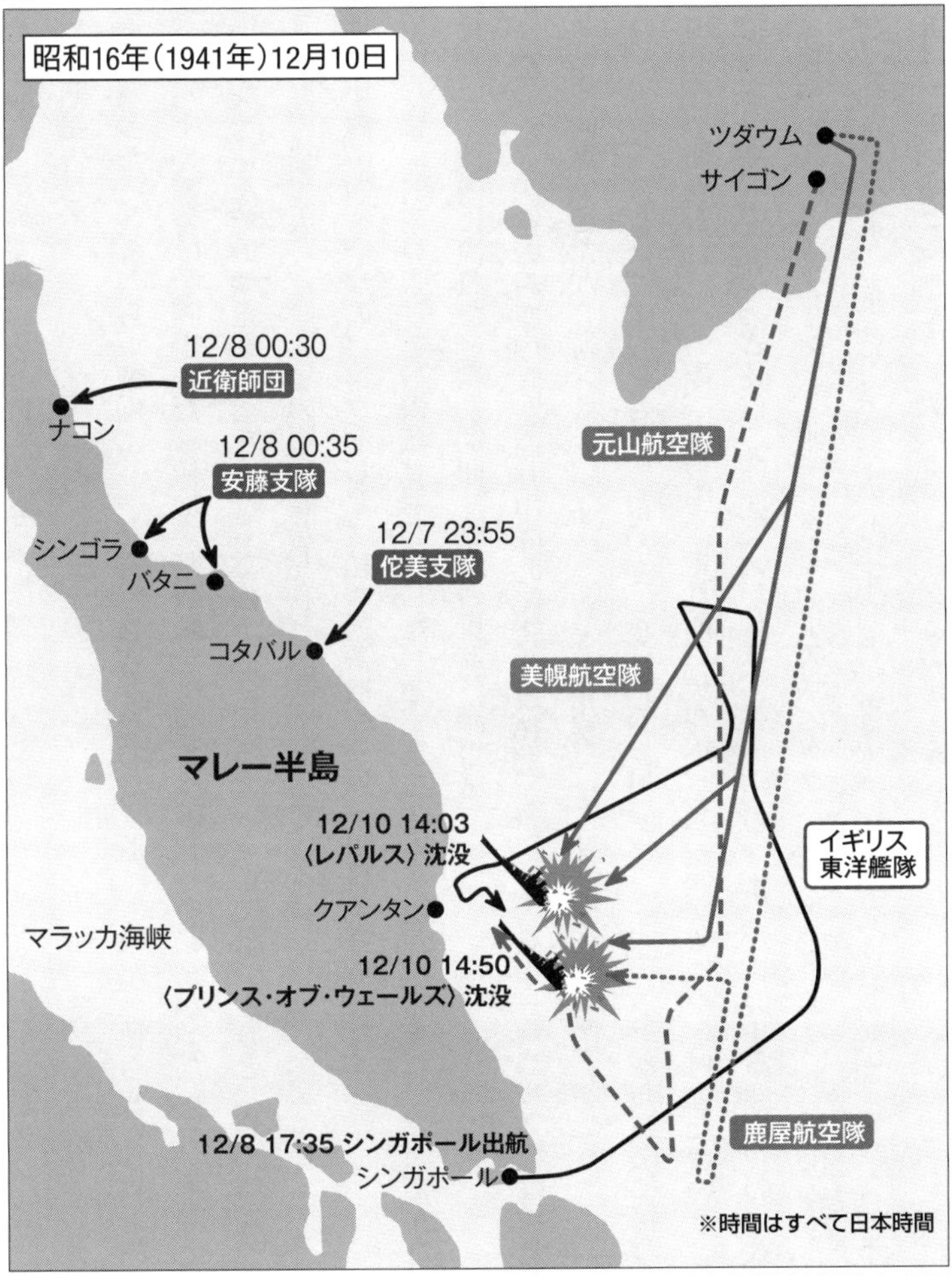

『激闘! 太平洋戦争全海戦』(小社刊)より転用

と大声で叫んで、一番機につづいた。さらに、

「攻撃の手順報告しろ」

大声でどなった。各人から「準備よし」が富田兵曹をとおして返って来た。私もACレバーを戻し、エンジンレバーの締付けを固定した。私はまだ敵艦をはっきり確認していなかったが、一番機にピッタリついて突っ込んでいった。断雲をぬけて雲の下側に出ると、そこにはっきりと二隻の戦艦が南進しているのが、目に入った。三隻の駆逐艦を左右と前衛に配している。

一番機が小隊解散、突撃のバンクをした。私も三番機も一瞬、距離をひらいた。

私は富田兵曹に対空見張りと各機銃試射を命じた。と、まもなく各銃から勇ましい発射音がひびき、火薬のにおいが機内に流れた〉(『丸別冊　戦勝の日々』潮書房)

魚雷を抱いた元山空の石原中隊と高井中隊の96式陸攻16機が雷撃するや、「レパルス」は放たれた8本の魚雷を回避できたが、「プリンス・オブ・ウェールズ」には魚雷2発が命中した。

雷撃後、大竹一飛曹は、離脱するため右90度に変針し、「レパルス」のマストが右翼端に接触するほどの低高度で航過した。その際、甲板上を走り回る英海軍水兵の姿が眼に焼き付いたという。

次に美幌空の高橋中隊の96式陸攻8機が襲いかかり、さらに宮内少佐が指揮する鹿屋空の一式陸攻26機が「レパルス」と「プリンス・オブ・ウェールズ」に次々と魚雷を命中させて、午後2時3分に「レパルス」が沈没した。加えて美幌空の武田中隊と大平中隊の96式陸攻17機が「プリンス・オブ・ウェールズ」にとどめを刺したのだった。

このときの戦いはどのようなものだったのだろうか。鹿屋航空隊の雷撃隊第2小隊長だった須藤朔《はじめ》中尉は、敵艦攻撃時の凄まじい対空砲火の様子を生々しく記している。

〈指揮官機が、翼を左右に二回ふる。「全軍突撃せよ！」ときに一三四八。ダダン、ダダダダン。目のまえ、上下左右、あたり一面にたちまち無数の炸裂弾。機体はガクガクあおられる。トタンのなまこ板を竹箒で威勢よくこするような唸りをたてて、弾片が機体をかすめてゆく。キナ臭い火薬の匂いが、どこからともなく機内に吹き込んできた。夕立の池の面のように弾片が無数のしぶきを上げていた〉（須藤朔著『マレー沖海戦』新装版戦記文庫）

イギリス戦艦が搭載していた対空機関砲は「ポンポン砲」と呼ばれるもので、強力な40ミリ機関砲を複数本束ねて多連装機関砲としており猛烈な弾幕射撃ができた。我が航空隊は、そんな弾幕の中を突っ込んでいったのだった。戦闘に臨んだ宮内七三少佐は、魚雷発射時に攻撃機が敵艦の上空を航過してゆく生々しい戦闘の模様をこう回顧している。

〈魚雷が機体を離れた瞬間、機は浮く。その軽いショックを感ずると同時に海面スレスレに突っ込む。補助偵察員佐々木為雄一飛が、機首の七・七ミリ機銃で敵艦上を掃射しはじめたが、発射音は、二十発とはつづかなかった。目標が死角に入ったからであろう。

巨大な敵艦の横っ腹が、おおいかぶさってくるのを感じた。機銃を操作する見なれぬヘルメットの下に、緊張したイギリス兵の赤ら顔があった〉（前掲書）

低空で魚雷攻撃を行なう雷撃隊は、艦上の敵兵の顔が見えるほど接近していたのであった。しかも搭載している機銃で敵艦を銃撃するなど、まさに近接戦闘だったことがよく分かる。当初、宮内少佐は、この海戦で搭乗員の3分の1は生還は果たせないものと考えていたようだ。そのため、2隻の戦艦を沈めたとき、機内では「バンザイ!」が連呼され、皆は手を握り合って泣いたという。

また、「レパルス」に魚雷を命中させた鹿屋空・第三中隊長・壱岐春雄大尉は、そのときの様子を報道写真家・神立尚紀氏のインタヴューでこう答えている。

〈この時の雷撃高度は三十メートル。敵艦に七百メートルまで肉薄して、魚雷を投下しました。そして『レパルス』の左舷から、機銃を撃ちまくりながらいっぱいに左旋回して退避、全速で高度をとりました。『レパルス』の甲板上で、死んでいるのかどうかわかりませんでしたが、雨衣を着た兵隊が伏せているのが見えました。そのうちに、もう一人の偵察員・前川保一飛曹が、『(魚雷が) 当たりました!』と機内に響くような歓声、続いて『また当たりました!』と大声を張り上げました〉(神立尚紀著『戦士の肖像』文春ネスコ)

「レパルス」が左舷後方から沈んでいったとき、機内では、

〈その瞬間、機内はバンザイの声に包まれました。手を離してバンザイ!です。機上で、不時着用に積んであったワインをホーローのコップに注いで、乾杯をしました〉(前掲書)

「レパルス」に続いて「プリンス・オブ・ウェールズ」が午後2時50分に沈没。この瞬間の様子を鹿屋空の第2小隊長・須藤朔中尉はこう綴っている。

〈ときまさに一四五〇、飛行機と戦艦の、運命の対決に終止符が打たれた。

この瞬間を目撃した三番索敵機乗員は、呆然として、しばらくの間、だれ一人としてものを言わなかった。あまりにも深い感激のため、涙をうかべジッと仲間の蒼白な顔を見つめていたが、ふとわれにかえって「バンザイ」を三唱した〉(『マレー沖海戦』)

高速航行中の戦艦を航空機だけで撃沈するという快挙は世界戦史上初の出来事であり、それゆえに世界中を驚愕させた。とりわけ、主として海軍力をもって日本軍と対決しなければならなかったアメリカは、その3日前に自ら体験した真珠湾の〝悪夢〟が単なる偶然や奇跡でないことを思い知らされ、あらためて日本の航空戦力に震え上がったのである。1941年当時、日本の航空戦力は世界一だったのだ。

イギリス敗北の要因のひとつには、日本の航空戦力を甘く見ていた〝戦力誤認〟もあった。

〈フィリップス長官は、日本機の性能を過小評価していたようだ。戦闘機のそれはイタリア機とほぼ同じ、ドイツ機よりはるかに劣る。また雷撃機と急降下爆撃機の行動半径は、三六〇キロ程度で、水平爆撃機はより航続力があるが、これはかわせる――と判断していたのである〉(前掲書)

しかし、英東洋艦隊司令長官の淡い期待は見事にうち砕かれたのだった。

武士道と騎士道の戦い

ところで、このマレー沖海戦では、イギリスの誇る2戦艦が一挙に葬り去られたという事象だけが語り継がれており、日本軍の被害が軽微だった点が忘れられている。これだけの大戦果にもかかわらず、日本海軍航空隊の損害はわずかに3機（戦死者21名）でしかなかった。つまり、マレー沖海戦は日本海軍の〝パーフェクト・ゲーム〟だったわけである。

本海戦に参加した元山・美幌・鹿屋各航空隊の一式陸上攻撃機および96式陸上攻撃機合わせて75機が新型対空火器「ポムポム砲」の弾幕をかいくぐり、高速で回避運動中の戦艦に魚雷49発を放って20発を命中させている。その命中率は実に40・8％だった。現代のように高度な誘導武器や火器管制システムもない時代に、海面すれすれの低空で肉迫し、かくも高い命中率を記録したというのは、まさに〝神業〟であり、厳しい訓練の賜物といえよう。しかも損害はわずかに3機。一式陸攻および96式陸攻という大型機が、猛烈な弾幕を張る新型対空機関砲を見事にかわし、不死鳥のごとく飛びまわる日本軍機の姿に、英軍水兵は筆舌に尽くし難い恐怖を感じたであろう。

日英両軍が死力を尽くして戦ったマレー沖海戦。この世紀の一戦には知られざる美談があった。

日本軍の猛攻を受け、洋上の松明《たいまつ》と化した「レパルス」に、駆逐艦「バンパイア」と「エレクトラ」が生存者救出のために急行した。米軍ならば、この駆逐艦をも攻撃対象として血祭りに上げるところだが、日本軍はそうではなかった。日本機は、救助中の2隻の英駆逐艦にこう打電した。

〝我れの任務は完了せり。救助活動を続行されたし！〟

なんと素晴らしい〝武士の情け〟であろう。そして、次なる標的となった「プリンス・オブ・ウェールズ」が炎に包まれ、駆逐艦「エクスプレス」が生存者救助のため横付けしたときも、日本機は攻撃を中止してその救助活動を助けたのだった。日本軍人が苛烈な戦場で見せた〝武士道〟であった。食うか食われるか、殺るか殺られるかの戦場にありながら、武士の情をかけた日本軍人は立派であった。むろん日本軍人のこの正々堂々たる姿勢は、さぞやイギリス海軍将兵を感動させたことだろう。

一方、イギリス軍人も騎士道を貫いた。

総員退艦の命令が出され、横付けした駆逐艦「エクスプレス」への移乗が進むなか、「プリンス・オブ・ウェールズ」の艦橋にあった英東洋艦隊司令トーマス・フリップ提督は、部下の退鑑を促す声に笑顔でこう応えた。

「ノー・サンキュー」

フィリップ提督の傍らに立つリーチ艦長も退艦の催促を断り、そして部下に言った。

「グッド・バイ。サンキュー。諸君、元気で。神の御加護を祈る!」

午後2時50分、戦艦「プリンス・オブ・ウェールズ」は、フィリップ提督とリーチ艦長とともにマレー半島クワンタン沖の波間に消えていった。

その後、1機の日本軍機が現場海域に飛来し、海上に2つの花束を投下して飛び去っていった。それは、散華した3機の陸攻乗員と、最期まで勇敢に戦ったイギリス海軍将兵と2隻の戦艦に手向けられたものだったという。実は、この機こそ「レパルス」に魚雷を命中させて葬った鹿屋空第3中隊長・壱岐春雄大尉の乗機だった。大海戦から8日後の12月18日、マレー沖のアンナバス島の通信施設の爆撃のために出撃したときの出来事である。

壱岐春雄氏はこう回想する。

〈途中、二隻を沈めた戦場を通るから、前川一飛曹に、基地の近くの店で花束を二つ用意させました。爆撃を終えての帰途、自分の中隊を率いて高度三百メートルで旧戦場に行くと、その日は波もおだやかで、沈んでいる艦影が黒く見えました。はじめに、『レパルス』の近くに戦死した部下、戦友の冥福を祈って花束を投下、さらに『プリンス・オブ・ウェールズ』の上に飛んで花束を落とし、イギリスの将兵の霊に対して敬礼しました〉（『戦士の肖像』）

マレー沖海戦、それは〝武士道と騎士道の戦い〟だった。この日本軍による英東洋艦隊殲滅という超特大ニュースは、瞬く間に世界中を駆け巡り、世界中が衝撃に包まれた。

その38年前には世界最強のロシア・バルチック艦隊を壊滅させ、そしてつい3日前には米太平洋艦隊を一挙に葬った新興の日本海軍が、こともあろうに今度は、これまで七つの海を制覇してきた大英帝国海軍の東洋艦隊をわずか2時間で壊滅させたのだから、それも無理からぬことだろう。

またこの大戦果は、これまで大英帝国の植民地統治に苦しんできたアジアの人々を狂喜乱舞させたことは言うまでもない。当時、第5師団の兵士としてマレー電撃作戦に参加していたASEANセンター理事の中島慎三郎氏（故人）は次のように回想している。

〈プリンス・オブ・ウェールズとレパルスという世界第一級の新鋭戦艦を轟沈し、われわれ日本人も感激しましたが、この朗報にマレイ人、タイ人、インドネシア人、インド人、そして親日中国人が飛びあがって喜ぶ姿を、われわれはあっけにとられて見ていたものです。そのとき、われわれ兵隊は

『ああ良かった、いい戦争をしたんだ、生けるしるしあり』と、ほんとうにそう思いましたよ〉(『アジアに生きる大東亜戦争』展転社)

当時敵国であったイギリスの歴史学者アーノルド・J・トインビーもこう述べている。

〈英国最新最良の戦艦二隻が日本空軍(注—海軍航空隊)によって撃沈されたことは、特別にセンセーションをまき起こすでき事であった。それはまた、永続的な重要性を持つでき事であった。なぜなら一八四〇年のアヘン戦争以来、東アジアにおける英国の力は、この地域における西洋全体の支配を象徴してきていたからである。一九四一年、日本はすべての非西洋国民に対し、西洋は無敵ではないことを決定的に示した。この啓示がアジア人の志気に及ぼした恒久的な影響は、一九六七年のベトナムに明らかである〉(『世界から見た大東亜戦争』展転社)

マレー沖海戦——この戦いはアジア解放の曙だったのである。

ABDA艦隊を撃滅した「スラバヤ沖海戦」

昭和17年（1942）2月27日からおよそ2日間にわたり蘭印（現インドネシア）海域で繰り広げられた連合軍艦隊との大海戦。この海戦に勝利した日本海軍は同海域の制海権を掌握し、続くジャワ島上陸作戦を成功に導いた。

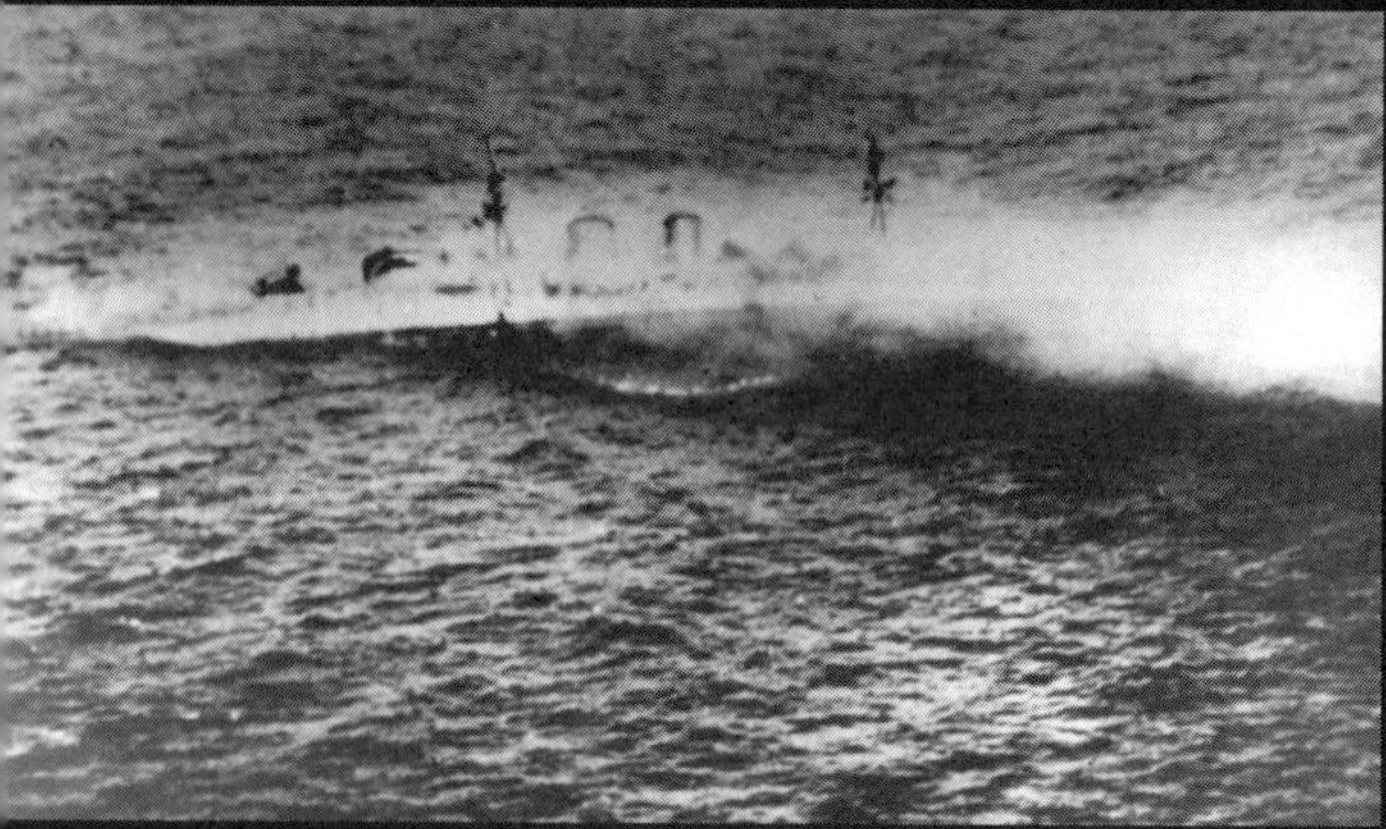

沈没寸前の英重巡「エグゼター」

世界最強性能を誇った日本海軍の93式魚雷

マレー半島およびシンガポールの攻略に成功した日本軍は、大東亜戦争のクライマックスともいうべき蘭印（オランダ領インドネシア）攻略戦に着手した。空から落下傘部隊が降下し、海から陸海軍の精鋭部隊が周辺の島々に上陸して次々と占領していった日本軍は、連合軍の中枢であったジャワ島に迫った。

こうした状況下、連合軍の「ＡＢＤＡ艦隊」（アメリカ・イギリス・オランダ・オーストラリア）が、日本軍上陸部隊を阻止せんと、洋上で決戦を挑んできたのである。

昭和17年（１９４２）２月３日、まずはジャワ島攻略戦を前に各航空基地に進出してきた我が海軍航空隊が、ジャワ東部の敵航空部隊に大打撃を与え、その翌日にはＡＢＤＡ艦隊にも打撃を与えた。

このジャワ攻略戦を前に戦われたバリクパパン沖海戦（１月24日）では、米蘭連合艦隊の攻撃を受けてボルネオ島バリクパパン上陸部隊の輸送船５隻を失ったものの、日本軍はバリクパパン攻略に成功した。

続く「バリ島沖海戦」（２月20日）は、飛行場建設のためバリ島へ上陸部隊を送り届けた第８駆逐隊（阿部俊雄大佐）の駆逐艦４隻と、蘭海軍カレル・ドールマン少将率いる軽巡洋艦３隻・駆逐艦７隻の米蘭連合艦隊との激突となった。この海戦では、我が方も駆逐艦「満潮」と「大潮」が被害を受けたが、蘭駆逐艦「ピートハイン」を撃沈し、蘭軽巡洋艦「トロンプ」を中破、米駆逐艦「スチュワート」を小破せしめ、この戦いは日本海軍に軍配が上がった。

そして迎えた2月27日、日本艦隊と連合国艦隊の一大決戦「スラバヤ沖海戦」が勃発した。日本軍のジャワ島上陸を阻止するため出撃したオランダ海軍カレル・ドールマン少将率いるABDA艦隊と、高橋伊望中将率いる日本海軍第3艦隊がスラバヤ沖で激突したのである。

ドールマン少将のABDA艦隊は、文字通り米・英・蘭・豪海軍艦艇15隻からなる連合艦隊で、その陣容は次の通りであった。

【オランダ】

軽巡洋艦「デ・ロイテル」「ジャワ」

駆逐艦「コルテノール」「ヴィテ・デ・ヴィット」

【アメリカ】

重巡洋艦「ヒューストン」

駆逐艦「ポープ」「ジョン・D・エドワーズ」「ポール・ジョーンズ」「ジョン・D・フォード」「アルデン」

【イギリス】

重巡洋艦「エクゼター」

駆逐艦「エンカウンター」「エレクトラ」「ジュピター」

■「スラバヤ沖海戦」概要図

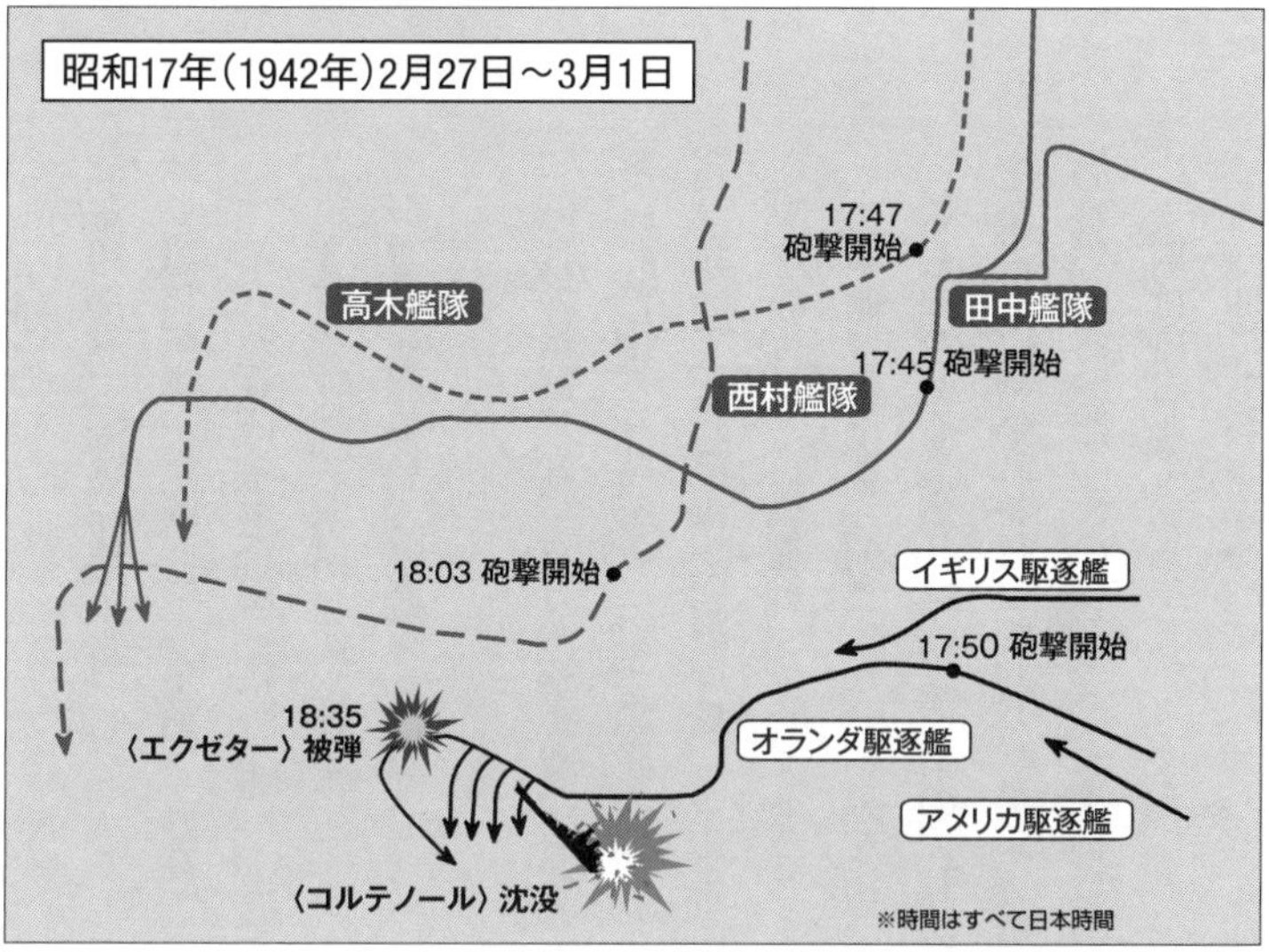

『激闘! 太平洋戦争全海戦』(小社刊)より転用

【オーストラリア】
軽巡洋艦「パース」

この大艦隊に対する日本艦隊は、第3艦隊司令長官・高橋伊望《いぼう》中将率いる25隻だった。

【第5戦隊】(高木武雄少将)
重巡洋艦「那智」「羽黒」
第7駆逐隊・駆逐艦「潮」「漣」
第24駆逐隊・駆逐艦「山風」「江風」
【第4水雷戦隊】(西村祥治少将)
軽巡洋艦「那珂」
第2駆逐隊・駆逐艦「村雨」「五月雨」「春雨」「夕立」
第9駆逐隊・駆逐艦「朝雲」「峯雲」
【第2水雷戦隊】(田中頼三少将)
軽巡洋艦「神通」
第16駆逐隊・駆逐艦「雪風」「時津風」「初風」

「天津風」
【蘭印部隊】（高橋伊望中将）
第16戦隊　重巡洋艦「足柄」「妙高」
第6駆逐隊・駆逐艦「雷」「電」「曙」
【第4航空戦隊】（角田覚治少将）
空母「龍驤」　駆逐艦「汐風」

海戦の緒戦では、双方が遠距離から撃ち合ったため、砲弾も魚雷も届かず時間だけが過ぎていった。そうした中、18時35分に日本艦隊の放った20チセン砲弾が英重巡「エクゼター」に命中、速力を低下させた。続いて93式魚雷が蘭駆逐艦「コルテノール」に命中して同艦は沈没した。これを機に日本艦隊は突撃を敢行し、英駆逐艦「エレクトラ」も撃沈している。

日本側は駆逐艦「朝雲」が命中弾を浴びて大きな被害が出たが、第9駆逐隊の猛烈な突撃は特筆されるものがある。第9駆逐隊司令の佐藤康夫大佐は、降りそそぐ敵弾をものともせず敵艦隊に肉迫して凄まじい砲撃戦を行っており、英駆逐艦「エレクトラ」の撃沈はこの第9駆逐隊の勇猛果敢な突撃の戦果であった。この様子を、水上偵察機で上空から観測していた重巡「羽黒」の飛行長・宇都宮道生大尉は証言している。

〈二時間にもおよぶ砲戦に、いっこうに命中弾がない。

ただ一発、敵二番艦に黒煙があがり、急に速度がおちた。これは英艦エクゼターへの貴重な命中弾で、このため敵の陣形は大きくくずれた。記録によると、ほぼ同時刻、味方魚雷によって駆逐艦コルテノールが沈没したとなっているが、これには気づかなかった。味方水雷戦隊が一時、敵方に向かって突撃の態勢に入ったが、ずいぶん遠い距離から魚雷を発射して反転した。(中略)

このとき、水雷戦隊のなかから二隻の駆逐艦(朝雲、峯雲)と、これまた勇敢に迎えうつ敵駆逐艦とのあいだに、舷々相摩す戦闘がはじまった。

機上から声援するが、直接支援することもできない。そのうち、味方の一艦(朝雲)は艦尾に被弾して、停止した。僚艦はこの四囲をまわって奮戦する。敵方も相当な損害を受けているようだ(駆逐艦一隻沈没)〉(『丸別冊 戦勝の日々』潮書房)

日没を迎え夜戦に突入する。闇夜をつんざく砲雷撃の炸裂音と飛び交う閃光の中を日本艦隊は勇猛果敢に突っ込んでいった。敵艦隊は照明弾を打ち上げ、日本艦隊を闇夜に浮かび上がらせて主砲を撃ち込んでくる。日本艦隊も主砲で応戦する。だが、日本の巡洋艦には敵艦が装備していない魚雷発射管があった。日本艦隊は、魚雷発射管を敵艦の方角へ向けて次々と世界最強の93式魚雷を発射した。

日本海軍の93式魚雷は、「酸素魚雷」と呼ばれる世界一の性能を誇る長射程魚雷で、米英海軍魚雷の5〜10キロをはるかに上回る20〜40キロという長大な射程を誇り、遠距離からの攻撃が可能であった。

第5戦隊の重巡「那智」「羽黒」が放った魚雷が、蘭軽巡洋艦「デ・ロイテル」と「ジャワ」に見事に命中し、両艦は相次いで沈没した。このとき旗艦「デ・ロイテル」に乗っていたABDA艦隊司令官ドールマン少将も戦死した。

重巡「那智」の高角砲分隊長・田中常治少佐はこのときの様子を振り返る。

〈「よしッ、発射はじめ」

命令一下、魚雷は舷側を離れて水中に踊り込んだ。那智八本、羽黒四本。時に零時五十三分。

敵はまだわが魚雷発射に気づかず、四隻がきれいに目刺のように並んで、おあつらえ向きの発射目標を示しながら、直進している。こちらは、敵を真っすぐに走らせて、まんまと魚雷を命中させるために、気の抜けた主砲砲戦の相手をしている。

魚雷の到達はまだか、まだか。一分、二分、三分……なんと待ち遠しいことよ。やがて到達予定時刻になった。午前一時六分。ピカリ。敵方に命中したらしい閃光がひらめいた。

つづいてボーッと真っ赤な火炎が天に沖して、敵の一番艦は大爆発を起こした。

「ウァーッ、ヤッタゾッ」

思わず上がる歓声、望遠鏡に映った敵の旗艦デ・ロイテルは、巨体を棒立ちにして海中に没した。

「一番艦轟沈」

臍の緒切ってはじめて見る壮絶な光景に、乗員一同思わず唾をのみ、手に汗を握った。ついでまたピカリ、敵の四番艦に命中の閃光がひらめいた。時に一時十分。

間もなく、猛烈な火炎がドッとあがって、これまた海中にその巨体を没した。

「四番艦轟沈」

引き続く天下の奇観に、乗員一同、手の舞い足の踏むところを知らず、ただ茫然としてこれに見とれていた。沈没した敵艦の重油は海面に漂い、それに火がついて、えんえんたる火炎は海面を明々と照らしている〉(『丸エキストラ　戦史と旅④』潮書房)

1番艦「デ・ロイテル」、4番艦「ジャワ」は轟沈だった。

実は昼間の戦闘で魚雷攻撃を行なったとき、重巡「那智」の魚雷が人為的なミスから発射できないというアクシデントがあった。だが逆にそのお陰で、結果的に温存された8発の魚雷をこの夜戦で敵艦に発射することができたのだった。我が日本艦隊は、暗闇に照らし出された敵艦を次々と葬っていったのである。

この戦いで日本艦隊は、蘭軽巡洋艦「デ・ロイテル」「ジャワ」に続いて、蘭駆逐艦「コルテノール」、英駆逐艦「エレクトラ」の4隻を撃沈し、イギリス駆逐艦「ジュピター」がオランダ軍の機雷に触雷して沈没した。一方、日本艦隊の損害は、駆逐艦「朝雲」が中破したにとどまり、この大海戦は日本海軍の圧勝だった。

ここに上陸を待つ陸軍部隊の目撃談がある。

海戦時、輸送船上にあった戦車第4連隊第3中隊第1小隊長・岩田義泰中尉（当時＝終戦時は少佐）は、私のインタヴューにこう応えてくれた。

「ジャワに近づいたところスラバヤ沖海戦が始まったんです。我々は味方海軍艦艇に導かれて湾で待機することになりました。あれは夜間でしたが、世を徹して双方が撃ちあう轟音が遠くに聞こえてきました。『グゥワーン、グゥワーン』『ヒューン、バーン』……といった具合でした。その間、我々は甲板をあっちに行ったりこっちにいたりしてましたよ。甲板上の我々は、どうすることもできなかったんですよ」

その翌日の3月1日、ジャワ島攻略部隊の陸軍第16軍の将兵を乗せた56隻もの大輸送船団を護衛していた原顕三郎少将率いる軽巡洋艦「名取」以下、駆逐艦12隻からなる第3護衛隊と、オーストラリア軽巡洋艦「パース」、アメリカ重巡洋艦「ヒューストン」、オランダ駆逐艦「エヴェルトセン」からなるABDA艦隊が激突し、これに第7戦隊の重巡洋艦「三隈」「最上」および駆逐艦「敷波」が加わって激しい海上戦闘が繰り広げられた。世に言う「バタビア沖海戦」である。

ジャワ島を目指す日本軍輸送船団を発見したABDA艦隊が砲撃を開始し戦端が開かれた同海戦の結果、日本艦隊は、「パース」と「ヒューストン」を撃沈し、「エヴェルトセン」も沈没した。さらにこの日の昼間、日本艦隊は、イギリス重巡洋艦「エクゼター」、イギリス駆逐艦「エンカウンター」、アメリカ駆逐艦「ポープ」を撃沈し、日本海軍はこの海域の制海権を握ったのである。

前出の「羽黒」飛行長・宇都宮大尉はこの海戦も偵察機上から観測していた。

〈この戦闘でとくに記憶に残るのは、満身創痍のエクゼターが、最後まで射撃を止めなかったことである。そしてエクゼターが最後に停止すると、一隻の駆逐艦（英エンカウンター）はこれを守るようにその前面に立ちはだかって、応戦をつづけたことであった〉（『丸別冊　戦勝の日々』）

海で漂流する敵兵422名を救出した日本海軍

この一連の海戦では世界戦史に輝く美談が生まれている。

元海上自衛官でジャーナリストの恵隆之介氏は、その著書『海の武士道』（産経新聞出版）で、駆逐艦「電《いなづま》」および「雷《いかづち》」が、日本艦隊によって撃沈されて海に漂流するイギリス重巡洋艦「エクゼター」および駆逐艦「エンカウンター」の敵兵を次々と救助した美談を紹介している。

「エクゼター」の乗員376名を救助した「電」の元乗員・岡田正明氏はこう証言している。

〈本艦による魚雷発射は一条、二条、白い航跡を残して一直線に進む。もの凄い水柱があがった。見事命中、重巡「エクゼター」は右舷に傾きはじめた。一秒、二秒、刻一刻と傾いていく。『沈みゆく敵艦に敬礼』、館内放送によって甲板上にいた私達は、一斉に挙手の敬礼をした。

忘れられない一瞬だった。友軍機が二機、三機、沈みゆく敵艦の上空を低空で飛んでいた。そして、間もなく「エクゼター」は船尾から南海にその姿を没した。（間もなく）『海上ニ浮遊スル敵兵ヲ救助セヨ』の命を受けた〉（『海の武士道』）

また驚いたことに、「電」に救助された「エクゼター」乗員はこんな証言をしていたのだった。

〈「エクゼター」では、士官が兵に対し『万一の時は、日本艦の近くに泳いでいけ、必ず救助してくれる』といつも話していた〉（前掲書）

日本海軍の捕虜の扱いの良さはイギリス海軍内で知れ渡っており、自艦沈没時のいわゆる〝対処マニュアル〟となっていたのである。これは、別項で紹介した開戦劈頭昭和16年（1941）12月10日のマレー沖海戦における日本海軍機の高貴な行動も影響していたのだろう。

イギリス重巡洋艦「エクゼター」が沈没し、乗組員の救助が行われている海域に急行した我が駆逐艦「雷」も、工藤俊作艦長指揮の下に献身的な敵兵救助活動を行った。

〈「雷」乗員の胸を打ったのは、浮遊木材にしがみついていた重傷者が、最後の力を振り絞って、「雷」舷側に泳ぎ着く光景であった。彼らはロープを握る力もないため、取りあえず乗員が支える竿を垂直に降ろし、これに抱き着かせて、「雷」乗員が内火艇で救助しようとした。ところが、その殆んどは竹竿に触れるや、安堵したのか次々と力尽き、水面下に静かに沈んで行くのだ。

日頃、艦内のいじめ役とされた強者たちも涙声になり、声をからして、「頑張れ！」「頑張れ！」と甲板上から連呼するようになる。この光景を見かねて、2番砲塔の斉藤光1等水兵（秋田県出身）が、独断で海中に飛び込み、立ち泳ぎをしながら、重傷英兵の体や腕にロープを巻き始めた。

先任下士官が、「こら、命令違反だぞ！　誰が飛び込めと言った」と、怒号を発したが、これに2人が続いて、また飛び込む。

一方、ラッタル中途で力尽きる英海軍将兵もいた。当然あとがつかえた。放置すると後続者の体力がやがて尽きる。そこで中野2等兵曹がかけつけ、ラッタル中途の重傷者を抱きかかえて昇った。呆気にとられていた日本海軍水兵は、この中野兵曹の指示に従った。

艦橋からこの情景を見ていた工藤は決断した。

「先任将校！　重傷者は内火艇で艦尾左舷に誘導して、デリック（弾薬移送用）を使って網で後甲板に吊り上げろ！」

もう、ここまでくれば敵も味方もない。まして海軍軍人というのは、日頃、敵と戦う以前に狭い艦内で、昼夜大自然と戦っている。この思いから、国籍を超えた独特の同胞意識が芽生えるのだ〉（前掲書）

この献身的な救助活動は友軍兵士に対してではなく、つい先ほどまで銃火を交えていた敵兵に対して行われたのだ。このような戦闘中の敵兵救助を命懸けでやるのは、世界の軍隊の中でも日本軍だけだろう。これがアメリカ海軍ならば、日本の軍艦や輸送船が沈没した後も、海上に浮遊する無力の日本軍兵士に容赦なく銃砲弾を浴びせて皆殺しにする。

では救助された側の英軍兵士は、この日本海軍による救助活動をどのように見ていたのだろうか。英駆逐艦「エンカウンター」の乗員で、工藤艦長の「雷」に救助されたサムエル・フォール卿はこう回想している。

〈駆逐艦の甲板上では大騒ぎが起こっていました。水兵達は舷側から縄梯子を次々と降ろし、微笑を浮かべ、白い防暑服とカーキ色の服を着けた小柄な褐色に日焼けした乗組員が我々を温かく見つめてくれていたのです。我々は艦に近づき、縄梯子を伝ってどうにか甲板に上がることができました。我々は油や汚物にまみれていましたが、水兵達は我々を取り囲み、嫌悪せず、元気づけるように物珍しげに見守っていました。

それから木綿のウエス（ボロ布）と、アルコールをもって来て我々の体についた油を拭き取ってくれました。しっかりと、しかも優しく、それは全く思いもよらなかったことだったのです。

友情あふれる歓迎でした。私は緑色のシャツ、カーキ色の半ズボンと、運動靴を支給されました。これが終わって甲板中央の広い処に案内され、丁重に籐椅子に導かれ熱いミルク、ビール、ビスケットの接待を受けました。私は、まさに「奇跡」が起こったと思い、これは夢ではないかと、自分の手をつねったのです〉（前掲書）

フォール卿のいう「水兵達」とは、大日本帝国海軍の若き水兵のことである。その後も駆逐艦「雷」は生存者救助のために周辺海域の捜索を続け、実にその日だけで422人の敵国たる英海軍軍人を救助したのである。日本海軍が見せた武士道精神に基づく敵兵救助は、駆逐艦「雷」「電」だけではなかった。実は、このとき重巡「羽黒」も同様に敵兵を救助して同じく救助していたのである。

かつての「羽黒」の主計長である大野健雄氏の著書『なぜ天皇を尊敬するか—その哲学と憲法』には次のように記されている。

〈「溺者あり、救助乞う」一番艦からの信号である。水兵でも落ちたのかと、内心思っていると、救助に向かったボートから「敵兵は如何にすべきや」「全員救助すべし」という訳で、我が艦もやがて裸の白人兵二十名程収容することとなった。見ると大きな奴が鼻から重油を垂れながら、へたへたと上甲板に坐って元気がない。士官が多かった。オランダ人が多いが、英国人の中尉もいた。

さてどう待遇するか。国際公法に則り、遺憾なきを期することとなった。すなわち士官には当方の士官の、下士官には下士官の、兵には兵の待遇を与えることである。さて士官連中を何処に入れるか。まさか士官室に入れるわけにもいかない。幸い羽黒には司令部が乗っていないので参謀予備室が空いている。「参謀予備室のシーツを取り替えよ」。全部洗濯したての真白なシーツに取替えられた。軍医にみせたり、体を洗い、折目ついた防暑服を支給した。食事の原則として士官と同じである。尤も日本食の時は困るだろうと、スープから始まるきちんとした洋食を支給した。連中はすぐに元気を回復した。（中略）

連中も非常によい所があった。礼に対して礼を以て応えた。軍艦旗の揚げ降ろしには、こちらは何も云わないのに全員起立して敬礼した〉

このように蘭印ジャワ島沖の海戦は、海軍とシーマンシップを英国海軍から学んだ日本海軍が、その師であった英国海軍を越えた戦いであった。フォール卿は、恵隆之介氏にこう語ったという。

「日本の武士道とは、勝者は奢ることなく敗者を労り、その健闘を称えることだと思います」

これが日本海軍の強さの秘訣だったのだ。

蘭軍を9日間で制圧した「ジャワ島攻略戦」

オランダは17世紀以降、約350年の長きにわたり蘭印（現在のインドネシア）を植民地支配してきた。同地の石油資源を確保することが死活問題であった日本軍は、昭和16年（1941）1月11日にボルネオ島、スラウェシ島に上陸したのを皮切りに快進撃を続け、蘭印の中枢であるジャワ島攻略に乗り出した。

ジャワ島西部に上陸を果たした日本軍

第16軍を率いた今村均中将

オランダ軍を悩まさせた〝錯覚〟

日本艦隊がスラバヤ沖海戦で蘭印方面にあったABDA（アメリカ・イギリス・オランダ・オーストラリア）連合艦隊を壊滅させたことを受け、今村均《ひとし》中将率いる陸軍の第16軍はオランダ領インドネシアの本丸ジャワ島に上陸を開始した。

ところが、実は3月1日の海戦で日本艦隊の放った魚雷が、あろうことかこの上陸部隊を乗せた味方の輸送船団に命中して輸送船1隻と掃海艇1隻が沈没。今村中将が乗っていた輸送船も損害を受けたため、なんと今村中将は海に飛び込んで、救命胴衣を着けておよそ3時間も漂流しながらジャワ島西部のバンタム湾に上陸するという事件も起こっていたのだ。

〝同士討ち〟というハプニングに遭いながらジャワ島に上陸を果たした日本軍攻略部隊は総勢約5万5千人。この日本軍を迎え撃つオランダ軍は6万5千人を擁し、加えてアメリカ・イギリス・オーストラリア軍1万6千人の総勢8万1千人であった。だがその内訳は、オランダ軍が4個歩兵連隊約2万5千人で他は植民地の現地兵であり、米英豪軍の主力は、アーサー・ブラックバーン准将率いる歩兵2個大隊を基幹とするオーストラリア軍部隊〝ブラック・フォース〟だった。

日本の第16軍隷下の丸山政男中将率いる第2師団は、ジャワ島西部のバンタム湾、カポ岬およびメラクに上陸し、ただちに進撃を開始して5日後の3月5日にはバタビア（現ジャカルタ）を占領した。

また、ジャワ島東部のクラガンには、土橋勇逸《ゆういつ》中将率いる第48師団および歩兵第146連隊主力の坂口支隊（坂口静夫少将）が上陸、3月8日にジャワ島東部の要衝スラバヤを占領した。同時に坂口支隊は、400キロの長距離をトラックで機動して蘭印軍陣地を次々と撃破してゆき、3月8日にはチラチャップを占領した。

また、第38師団の歩兵第230連隊第1、第2大隊基幹の東海林支隊（東海林俊成大佐）は、ジャワ島中西部のエレタンに上陸した3月1日のうちに要衝カリジャチ飛行場を奪取し、その後も敵の防御網を次々と突破して3月7日にはバンドン要塞を陥落させている。この要衝バンドンの攻略が、結果的にオランダ軍の全面降伏に繋がったのである。

前述したジャワ島中部のエレタンに上陸した約6000名の東海林支隊は、若松満則少佐率いる第1挺身隊と、江頭多少佐率いる第2挺身隊とに分かれて進撃した。第1挺身隊の目標は、島中央部に位置するオランダ軍のカリジャチ飛行場であり、いち早く敵航空基地を制圧して友軍航空部隊が利用できるようにすることであった。そのため第1挺進隊はエレタン上陸後速やかにカリジャチ飛行場に進撃し、ここを守るオランダ軍と戦闘を繰り広げ、その日のうちに同飛行場を占領したのである。まさに電撃戦だった。この時の様子を、第1挺身隊第7中隊の山野六郎氏および上杉忠蔵氏から聞いた話をまとめた第2挺身隊の原久吉軍曹は次のように記している。

〈先遣中隊は、敗走する敵戦車に追随して、早くも十一時すぎには飛行場入口に殺到した。

第二小隊が第一線、ついで一、三小隊がこれにつづき、飛行場周辺の樹林に散開、攻撃準備に入った。カリジャチ飛行場は、熱帯樹林が生い茂った密林の中にひろがっていた。

■「蘭印作戦」全体図

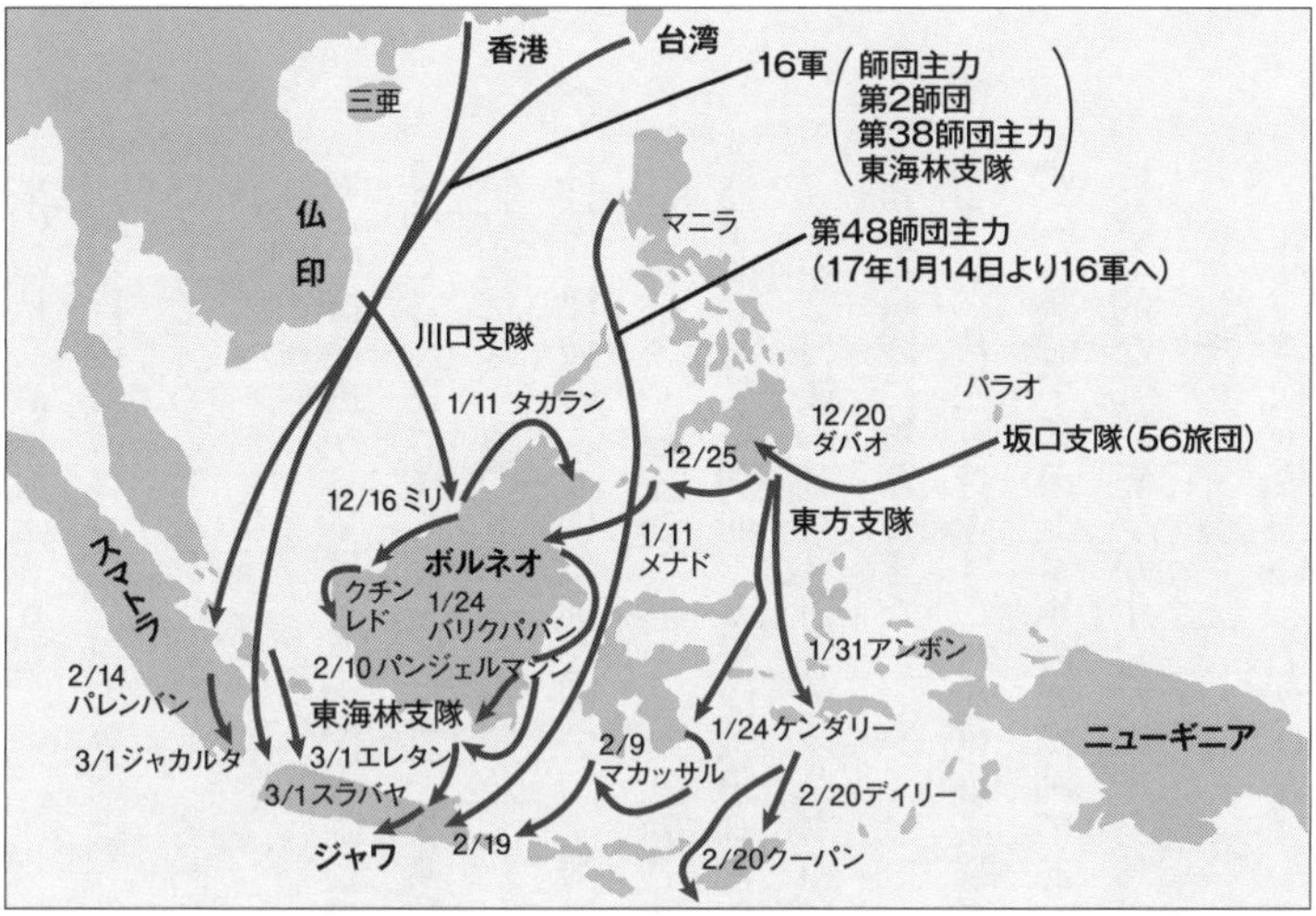

参考／『戦史叢書』

攻撃中隊は、その樹林のなかに広く散らばり、応急の壕を掘りあげ、攻撃の火ぶたを切った。椰子林をとおして兵舎や格納庫が見え、滑走路が芝生のなかに白く浮き上がって見えた。

敵兵は、この建物前の土嚢陣地に拠っており、射弾の雨を降りそそぎ、彼我の銃声は樹林をふるわせた。敵戦闘機が低空から掃射をくり返してくるが、椰子の樹が防弾の役目を果たしてくれた。敵の空陸からの攻撃がはげしくなり、死傷者が出はじめていた。

大沢隊長は、ここで一大決心をした。すなわち、背後に潜入し、後ろからの奇襲、攪乱戦法である。決死の一分隊（二小隊一分隊）が選ばれ、ひそかに兵舎裏に迂回すべく、樹林をぬって行動を開始した。そのとき、飛行場には弾薬や燃料を使い果たした敵機が三、四機、補給のために着陸してきた。そこで、これを着陸させては面倒とばかり、一小隊が猛射し軽、重機関銃もこれに加わった。結局、一機を舞い上がらせたが、他の敵機を破壊炎上させた。

敵の背後にまわった決死の分隊は、敵に気づかれぬまま兵舎裏に潜入した。そして、日本軍の攻撃に気もそぞろの警戒兵を刺殺し、さらに防戦に大わらわの敵陣を瞬時に混乱におとしいれてしまった。

「突撃!」

この機を逃がしては、と大沢大隊長の軍刀がひらめいた。中隊長は、喚声をあげて敵陣に殺到した。このころ、ようやく追及してきた挺身隊主力がこれに加わり、攻撃に拍車をかけた。この剣先をつらねた突撃は、敵のドギモを抜いた。しかも、背後には日本軍が回っていると思いこんでいる敵兵の動揺は、津波のように敵陣を覆い、支離滅裂となり、算を乱して敗走した。

時に三月一日午後一時三十分、日章旗が敵兵舎にひるがえった〉(原久吉「東海林支隊ジャワ奇襲攻略記」――『丸別冊 太平洋戦争証言シリーズ⑧ 戦勝の日々』潮書房)

その2日後の3月3日、オランダ軍は日本軍に占領された飛行場を奪還すべく、態勢を立て直して若松挺身隊に挑んできた。

だが、若松挺身隊はこれを見事に撃退した。敵の反撃を撃退した若松支隊は、これに留まらずその勢いに乗じてオランダ軍の本拠地であったバンドン要塞に攻め込んだ。このことによってオランダ軍に致命的な〝錯覚〟が生じたのである。そしてこの錯覚が、オランダ軍を降伏させる契機となったのだ。ではその〝錯覚〟とは何か。

実は、若松少佐率いる700人ばかりの第1挺身隊が、あまりにも早くバンドン要塞に攻め入ってきたため、当時3万5千人もいた蘭印軍は、この若松挺身隊の背後には日本軍の大部隊が控えているに違いないと勝手に思い込んでしまったのである。７００人がその50倍もの敵を屈服させたのだ。日本軍があまりにも強かったため、連合軍は次々と〝錯覚〟に陥ったのである。スバンでの戦闘では、こんな滑稽なエピソードがあった。

〈この戦闘で奮戦した第四中隊の早川正平軍曹は、
「敵の戦車が十メートルぐらいまで接近している前に、ちょうど洗濯してあった衣類が紐でつるしてあり、彼らはそれを見てあわてて引き返してしまった。きっと対戦車爆弾と思って引き返していったのであろう。洗濯物敵戦車を撃退す、というところだな」
と笑いながら話してくれた〉（前掲書）

6両の戦車を〝大部隊〟に見せかける

3月8日、日本軍によって占領されたカリジャチ飛行場内で、第16軍司令官・今村均中将と蘭印軍総司令官ハイン・テル・ポールテン中将との会見が行われ、今村中将の全面降伏の勧告に対して当初バンドンのみの降伏を主張したテン・ポールテン中将もついに蘭印軍の全面降伏を受け入れた。ここに３５０年にも及ぶオランダのインドネシア支配が終焉し、その圧政に苦しんできたインドネシア人は日本軍の勝利に狂喜乱舞した。

かつてこの蘭印の戦いで、ジャワ島東部の要衝スラバヤ攻略戦に参加した第48師団隷下の戦車第４

連隊第3中隊第1小隊長・岩田義泰中尉（終戦時は少佐）は、私のインタヴューにこう応えてくれた。スラバヤ沖海戦が日本軍の勝利のうちに終わり、ジャワ島クラガンに上陸し、部隊の先陣をきって威力偵察を行う尖兵部隊だった岩田中尉の戦車部隊は、ただちに戦車6両を率いてスラバヤを目指した。日本軍の先頭に立って敵中突破を続ける岩田小隊長は、敵大部隊との交戦による死も覚悟して突進を続けた。岩田氏は言う。

「蘭印軍の兵器はアメリカ製で、将校はオランダ兵。下士官はハーフで、兵隊は現地のインドネシア人が多かったんです。ところが地元の兵隊が、嫌々戦っていたのはみえみえでした。我々ととことん戦わないんですよ。それに地元の人々は我々を大歓迎してくれました。それには、こんな理由もあったんです。〝インドネシアが困ったときには、北の優秀な民族が応援に駆けつけてきてくれて治めてくれる〟といったような伝説が残っていたんです」

やはり、かつてマレー電撃戦を助け、蘭印攻略戦の口火を切ったセレベス島メナドおよびスマトラ島パレンバンへの空挺作戦時にも日本軍将兵を助けた『ジョヨボヨの予言』が、ジャワ島に上陸した日本軍地上部隊にも味方したのである。岩田戦車小隊は、地元民に大歓迎されてスラバヤに到着した。ところがウオノコロモ川の手前で部隊は進撃中止を余儀なくされたのだった。

「我々はやっと川の手前までやってきましたが、７００メートル向こうは敵ばかりでした。そこでスラバヤに突入する準備をしようとしていたところ、司令部から、3月9日を期して総攻撃をやるから貴隊は前進を停止せよという命令がきたのです。3月6日のことでした。それから今度は『戻ってこい』という命令がきたのです。最初は軍司令官からお褒めの言葉を頂いていたのに、こんどは、『行くな』というわけですからね。戦後、連隊長は、我々にどんな命令を出したらよいのか困ったということを言っておられました」（岩田氏）

そんな状況下、岩田中尉はある奇策を思いついた。それは、わずか6両の戦車小隊を〝大部隊〟に見せかける欺瞞戦術だった。

「戦後聞いた話ですが、オランダ軍は、『こんなに早く日本軍がスラバヤに来るはずがないのに、川の向こう側に日本軍の大戦車部隊がやって来た。この調子だともうもたない』と大混乱していたというんです。実はこれ、私が、楠木正成の〝千早城の戦法〟から思いついた戦術だったんですよ。わずか数量の戦車を大部隊に見せるために、夜になって暗くなったら戦車をあちこちに移動させて、そこここでエンジンを全開させ、そこで主砲を撃ったり、わざとドラム缶を機関銃で撃ったりして、とにかく音を立てて〝大部隊〟に見せかけたわけです。この作戦は大成功でした。

スラバヤを陥落させた後は、掃討作戦となったのですが、最初敵は軽く抵抗しますが、すぐに手をあげてきました。そして、次々と占領してゆく町々で地元民から大歓迎を受けたんです」

オランダ軍は、見事に岩田中尉の欺瞞作戦にひっかかったのである。

そして迎えた3月7日、オランダ軍東部兵団司令官イルヘン少将が降服し、ジャワ島東部の要衝スラバヤは日本軍の手に陥ちることとなった。

インドネシアのアラムシャ元第3副首相はこう述べている。

〈我々インドネシア人はオランダの鉄鎖を断ち切って独立すべく、三百五十年間に亘り、幾度か屍山血河の闘争を試みたが、オランダの狡智なスパイ網と、強靭な武力と、過酷な法律によって、圧倒され壊滅されてしまった。それを日本軍が到来するや、たちまちにしてオランダの鉄鎖を断ち切ってくれた。インドネシア人が歓喜雀躍し、感謝感激したのは当然である。（ASEANセンター編『アジアに生きる大東亜戦争』展転社）

このように、ジャワ島に上陸した日本軍各部隊は次々と敵部隊を撃破して要衝を占領し、上陸からわずか9日目の3月8日、オランダ軍をはじめ連合軍はあっさり降伏した。ここに、350年もの長きにわたるオランダによるインドネシアの植民地支配は終焉したのである――。

日本軍の急降下爆撃が炸裂した「セイロン沖海戦」

日本軍は開戦直後のマレー沖海戦でイギリス東洋艦隊を撃滅したが、東洋艦隊は次第に態勢を立て直しつつあった。そこで、再度、大規模な攻撃が実施され、日本軍はお家芸の空母機動部隊による攻撃で英空母を撃沈してみせた。

被弾炎上する英空母「ハーミス」

第1航空艦隊を率いた南雲忠一中将

マレー沖海戦に続き惨敗した英海軍

開戦を告げる昭和16年（1941）12月8日の真珠湾攻撃でハワイのアメリカ太平洋艦隊に未曾有の大損害を与え、その3日後のマレー沖海戦でイギリス東洋艦隊の主力を葬り、さらにその2カ月半後には蘭印方面でABDA艦隊（米・英・蘭・豪）を撃滅した日本海軍は、もはや向かうところ敵なしであった。その無敵の連合艦隊が次に狙った獲物は、態勢を立て直してインド洋に浮かぶセイロン島（現スリランカ）に拠点を移したイギリス東洋艦隊であった。

その陣容は、真珠湾攻撃時の南雲忠一中将率いる第1航空艦隊と南遣艦隊（小沢治三郎中将）の空母機動部隊であった。

【日本艦隊（司令長官　南雲忠一中将）】

空母「赤城」「蒼龍」「飛龍」「翔鶴」「瑞鶴」「龍驤」（※空母「加賀」は修理のため不参加）

戦艦「金剛」「榛名」「比叡」「霧島」

重巡洋艦「利根」「筑摩」「鳥海」「熊野」「三隈」「最上」

軽巡洋艦「阿武隈」「由良」「川内」

駆逐艦19隻

対するジェームズ・サマヴィル中将率いるイギリス東洋艦隊の陣容は以下の通りだった。

■「セイロン沖海戦」概要図

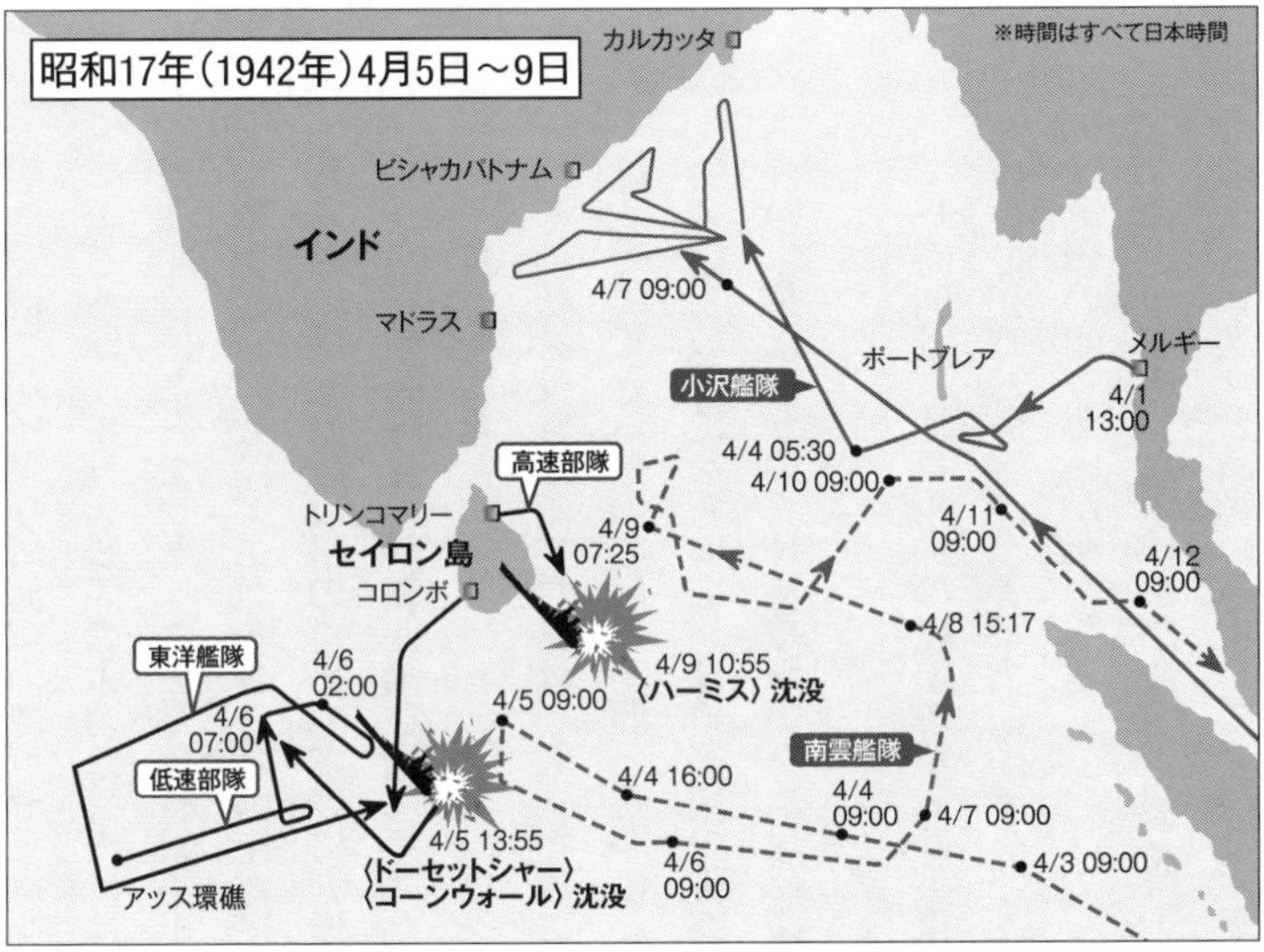

『激闘！　太平洋戦争全海戦』（小社刊）より転用

【イギリス東洋艦隊（司令官　ジェームズ・サマヴィル中将）】
空母「インドミタブル」「フォーミタブル」「ハーミス」
戦艦「ウォースパイト」「レゾリューション」「ラミリーズ」「ロイヤル・サブリン」「リベンジ」
重巡洋艦「コーンウォール」「ドーセットシャー」
軽巡洋艦「エンタープライズ」「エメラルド」「ダナエ」「ドラゴン」
駆逐艦14隻

大艦隊同士の激突も予想されたが、日本艦隊は先の真珠湾攻撃と同じように、空母艦載機による航空攻撃で敵艦隊の撃滅を狙ったのである。まずは昭和17年（１９４２）４月５日、空母「赤城」の真珠湾攻撃時の総隊長・淵田美津雄中佐率いる攻撃隊１２６機（零戦36機、99式艦上爆撃機38機、97式艦上攻撃機52機）がイギリス海軍の拠点セイロン島のコロンボを空襲した。

ところがイギリス艦隊の主力は湾内にはおらず、駆逐艦「テネドス」と仮装巡洋艦「ヘクター」を撃沈するにとどまった。このとき戦果不十分とみた淵田中佐は、第2次攻撃隊の必要を空母「赤城」の南雲長官に要請。これを受けて各空母では、敵艦攻撃準備中だった97式艦上攻撃機の魚雷を外して、ただちに地上施設攻撃のための爆装に転換を開始した。ところがこのとき、重巡「利根」の水上偵察機から、敵艦発見の情報が飛び込んできたのである。英重巡洋艦「ドーセットシャー」と「コーンウォール」だった。

その報を受けた南雲長官は、97式艦攻に積んだ爆弾を再び魚雷に転換させたのである。この再転換はすぐにできるものではなく手間と時間のかかる作業だった。そこで、魚雷への再転換作業で手間取る97式艦上攻撃機を置いて、江草隆繁少佐率いる99式艦上爆撃機隊が先行して次々と発艦していった。江草少佐は、かの真珠湾攻撃第2次攻撃隊（嶋崎重和少佐）の急降下爆撃隊を率いて戦った歴戦の勇士であった。

15時54分、江草少佐の艦上爆撃隊は英重巡洋艦「ドーセットシャー」と「コーンウォール」を発見。続いて16時29分、「突撃せよ、爆撃方向50度、風向230度　風速6メートル」を発信し、各機は上空から猛禽類の如く襲いかかった。

命中、命中、命中、また命中！　急降下爆撃隊の250キロ爆弾は、まるで磁石で誘導されているかのように次々と敵艦に命中していった。それはまさに〝神業〟だった。この戦闘に参加した空母「飛龍」の艦上爆撃隊の搭乗員・板津辰雄2等兵曹は、そのときの様子をこう記している。

〈突撃下令で、飛龍隊の十八機は、小林大尉機を先頭に単縦陣をつくりながら、敵艦の逃げる鼻先を押さえ込むように大きく左旋回しながら爆撃進路に入った。このとき、敵もようやくわれわれに気づいたらしく、白い航跡が長く伸びだした。速力を上げたのだ。約二十六ノット。死にもの狂いの全速だ。

小林大尉機が一番艦にねらいを定めて急降下に入った。敵艦から、パッ、パッと高角砲が撃ち上げてきた。しかし、たちまち初弾命中、火柱が上がった。三本ならんだ煙突の真後ろだ。二弾目もほぼ同じ。対空砲火は数分で沈黙して、あとはつぎつぎと二百五十キロ爆弾が吸い込まれるように直撃していった。

速力が急に衰えると、しばらくジグザグ航行していたが、やがて左回りに小さく円を描きだし、左に横倒しになって艦首から沈んで行った。初弾命中からわずか十三分だった。

二番艦も横倒しになり、艦尾から没しようとしていた。爆撃開始から二隻を撃沈するまで二十分間。われながら完璧な攻撃だった〉（『丸別冊　太平洋戦争証言シリーズ⑧　戦勝の日々』潮書房）

我が艦爆隊は、驚くべき精度の高い急降下爆撃によって、排水量約1万トン、全長約190メートルもの「ドーセットシャー」と「コーンウォール」をわずか20分で撃沈したのである。ちなみに、重巡「ドーセットシャー」は、魚雷攻撃によってドイツの戦艦「ビスマルク」にとどめを刺した武勲艦であった。ゆえに英軍の衝撃も大きかった。

英海軍はこのセイロン沖海戦のわずか4カ月前に、マレー沖でイギリス東洋艦隊の主力であった戦艦「プリンスウェールズ」と「レパルス」を日本海軍航空部隊によって沈められている。このショックから立ち直っていない状況下の惨劇に、イギリス海軍の受けた敗北感と日本軍に対する怖れは言い知れぬものがあった。事実、イギリス首相ウィンストン・チャーチルは、その著書『第二次大戦回顧録』にこう記している。

〈日本の海軍航空隊の成功と威力は真に恐るべきものであった。シャム湾ではわが第一級戦艦二隻が魚雷積載機により数分間で沈められた。いままた、二隻の大切な巡洋艦が急降下爆撃という、全然別な空襲のやり方によって沈められた。ドイツとイタリアの空軍を相手にした、わが地中海での戦争を通じて、こんなことはただの一度も起こっていない〉

世界一の命中精度を誇った日本海軍航空隊の急降下爆撃

この戦闘で、我が急降下爆撃隊は53発の爆弾を投下し、その内の実に47発を2隻の敵艦に命中させており、その命中率は「88%」という恐るべきものだった。ちなみにこの命中率は、現代のハイテク対艦誘導ミサイルとほとんど同じか、あるいはそれ以上である。

大成功した真珠湾攻撃でも急降下爆撃の目標に対する爆弾命中率は59%であり、後の珊瑚海海戦における空母「レキシントン」および「ヨークタウン」に対するそれは、それぞれ53%と64%であった。

一方、米軍の急降下爆撃の命中率は、かのミッドウェー海戦で日本空母へのそれがわずか36%であったことからも、このセイロン沖海戦における日本海軍急降下爆撃隊の命中率は群を抜いて高かったわけである。繰り返すが、日本海軍急降下爆撃隊の命中率は、目標に電子的にロックオンしてコンピュータによって誘導される現代のハイテク兵器並みだったのだ。

そして迎えた4月9日、南雲機動部隊は、再びセイロン島のトリンコマリーの港を空襲した。だが今回も前回のコロンボ空襲と同じく、英艦隊主力は不在であったため、港湾施設や飛行場の攻撃を実施した。ちょうどそのとき、戦艦「榛名」の水上偵察機が、空母1隻と駆逐艦1隻を発見した。

空母「ハーミス」と豪駆逐艦「バンパイア」だった。これを受けて99式艦上爆撃機の急降下爆撃隊が出撃し、次々と250キロ爆弾を叩きつけていったのである。命中、命中、命中！　2隻の重巡洋艦を葬ったときと同じであった。急降下爆撃隊は45発の爆弾を投下し、その内の実に37発を空母「ハーミス」に叩きつけたのである。命中率は、これまた脅威的な82％。面白いほどに命中する爆弾、それはまるで〝爆撃訓練〟の様であった。

空母「ハーミス」に直撃弾を食らわせた前出の板津辰雄2等兵曹はそのときの戦闘の模様を克明に記している。

〈「突撃隊形作レ」

各母艦艦爆隊は、めいめいに狙いを定めながら緩降下で、単縦陣をつくりながら目標上空を左へ左へと旋回をはじめた。「ハーミス」の甲板上には一機の飛行機もいない。前甲板には日の丸を記して偽装しているのが哀れだ。高角砲を撃ち上げてきた。

一番機が突っ込んで行った。初弾命中。艦尾から十五メートルぐらいの所に白煙が上がった。後続機の爆弾も一番機につづいて後甲板を直撃している。私は艦橋下部の火薬庫附近を直撃しようと思った（日本の空母ではそこに火薬庫がある）。

「前部の火薬庫をねらうぞ」

前席に声をかけて、左旋回しながら母艦に見入っていると、「カン」と音がした。前を見ると、エンジンの直前に砲煙が上がっている。もう五十メートルも前進していたら、直撃を受けるところだ。余裕はない。機をひねって降下して行った。爆弾は狙いどおり艦橋前に直撃した。

機を引き起こして旋回しながら、後続機の爆撃状況を見守った。新たに目標ができて、全弾が艦橋附近中央部に集中しはじめた。

敵空母はよろめくように左へ傾きはじめた。と、艦中央部から物凄い火柱が噴きあがった。大爆発だ。火薬庫が誘爆を起こしたのだろう。船体が真っ二つに折れて轟沈した。時計を見た。午後一時五十五分。初弾が命中してからわずか数分間である〉（『丸別冊　太平洋戦争証言シリーズ⑧　戦勝の日々』）

そして空母「ハーミス」に随伴していた豪駆逐艦「バンパイア」と哨戒艇「ホーリー」および2隻の商船にも急降下爆撃隊が襲いかかり、これら艦艇にも次々と爆弾が命中、海の藻屑と消えていったのだった。このときの旗艦空母「赤城」艦橋の様子を淵田美津雄中佐は、次のように記している。

〈やがて例の通り、江草隊長の簡潔明快な無電が入ってきた。

「突撃準備隊形作れ」

いよいよ降下爆撃隊がハーミスを認めたようである。つづいて、

「全軍突撃せよ」

赤城の敵信班は、ハーミスのわめき立てる電話が止んだと報じた。するとまもなく、江草隊長の無電が入る。

「ハーミス左に傾斜」

「ハーミス沈没」

艦橋でワッーと歓声があがる。

「残り駆逐艦をやれ」

「駆逐艦沈没」

「残り北の大型商船をやれ」

「大型商船沈没」

まことに、胸のすくような戦況であって、僅か二十分であった〉（『真珠湾攻撃総隊長の回想　淵田美津雄自叙伝』）

ちなみに、駆逐艦「バンパイア」へは16発が投弾されて13発が命中、命中率は81％であり、大型輸送船へは投弾された18発の爆弾の内、16発が命中してその命中率は88％と、恐ろしく高い命中率を記録したのである。

ヨーロッパ戦線を含めて第2次世界大戦を通して、かくも高い命中率を誇る急降下爆撃ができたのは日本海軍だけであった。

日本海軍の急降下爆撃隊の腕前は、紛れもなく〝世界一〟だったのである。

大東亜戦争の天王山だった「フィリピンの戦い」

開戦劈頭、本間雅晴中将率いる第14軍は、米軍の牙城フィリピンを攻略し、敵将マッカーサー将軍はコレヒドール島から逃亡した。日米両軍を率いた指揮官の資質の違いはあまりにも大きかった。

マニラに向けて進撃する日本軍戦車隊

第14軍を率いた本間雅晴中将

西部劇のような決闘をしてのけた岩田義泰中尉の武士道

昭和16年（１９４１）12月8日、真珠湾攻撃およびマレー半島への上陸と同時に実施された米領グアムへの空襲、そして米領フィリピンにも空襲が行われて米極東航空軍は壊滅的打撃を被った。日本の海軍航空隊は台湾から飛び立った零戦34機と陸上攻撃機53機が米軍クラーク飛行場を襲い、零戦51機と陸上攻撃機53機がイバ飛行場を攻撃して、Ｂ17爆撃機、Ｐ40戦闘機など１００機以上の米軍機を地上で撃破した。そしてその２日後には、マニラ湾の米艦艇を爆撃してフィリピン攻略戦の準備を整えたのだった。

こうして敵の航空戦力を叩いた後の昭和16年12月22日、本間雅晴中将率いる陸軍第14軍の第48師団（土橋勇逸中将）がリンガエン湾に敵前上陸を敢行した。ただし一部の部隊は、これより前にフィリピン各地に上陸しており、さらに24日には第16師団（森岡皐《すすむ》中将）がラモン湾に上陸し、ルソン島の西から挟撃するようにマニラを目指して進撃を開始した。

第14軍は、第16師団・第48師団・第65旅団・戦車第4、第7連隊・野戦重砲兵第1、第8連隊・独立工兵第3連隊・第5飛行集団で構成された精強部隊であった。これに対して米比軍は首都マニラで日本軍を迎え撃つことを諦め、首都マニラをオープンシティ（非武装都市）と宣言して放棄した。このため日本軍は、昭和17年（１９４２）1月2日にはマニラを無血占領することができたのだった。

そんなマニラへ部隊の先頭に立って進撃したのが、戦車第4連隊の第3中隊第1小隊長を務めた岩

■「フィリピン作戦」概要図

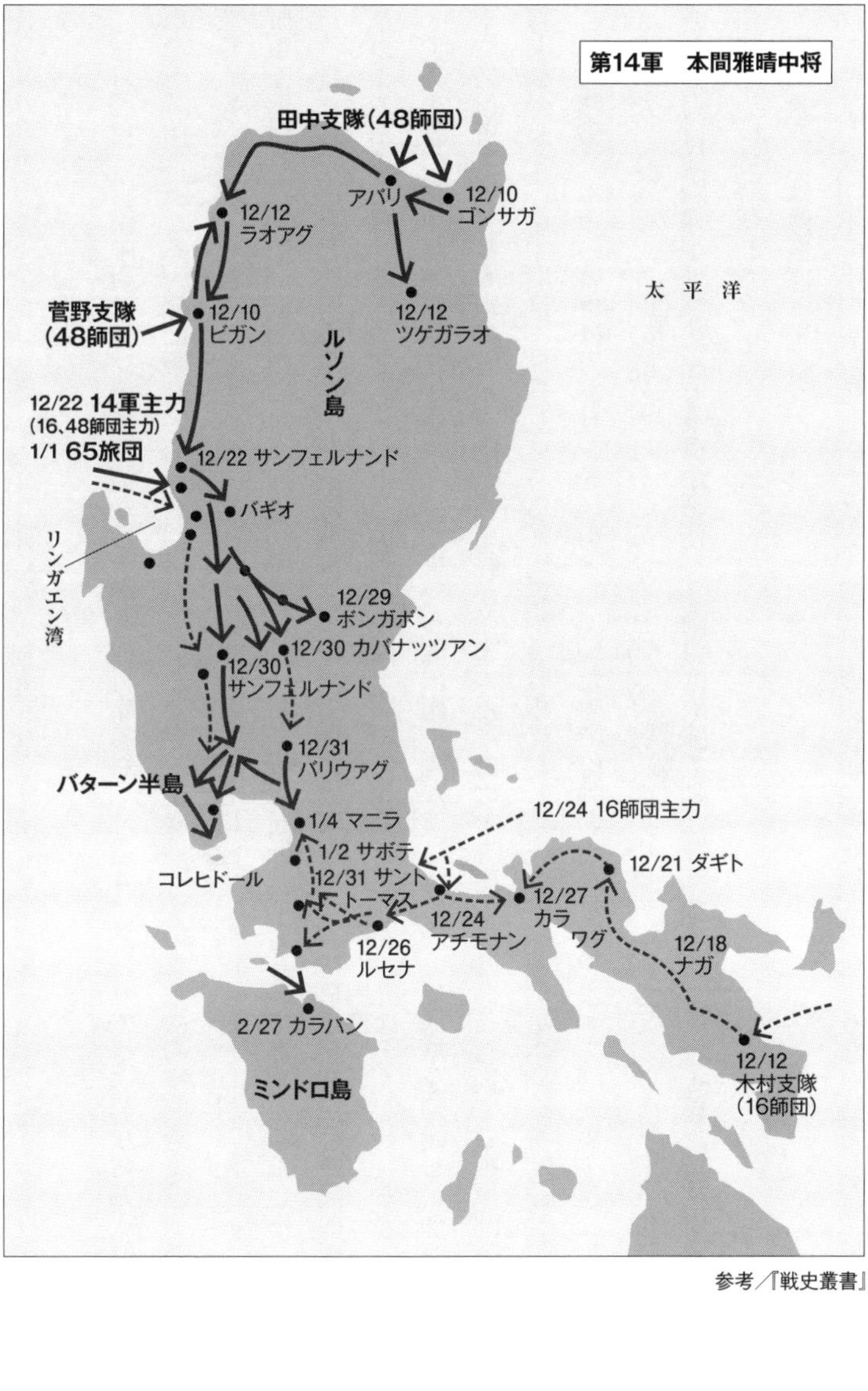

参考／『戦史叢書』

田義泰中尉だった。岩田中尉率いる第1小隊は、戦車による敵状偵察を兼ねた先兵であり、「尖兵小隊」と呼ばれた。

12月22日、岩田中尉はリンガエン湾から上陸を敢行するも、沖合4キロあたりで輸送船から95式軽戦車を上陸用舟艇たる大発に乗せて海岸を目指していたとき、生き残っていた敵機の空襲を受け、あえなく大発が戦車・乗員もろとも沈没。岩田中尉は乗員らとともに泳いで海岸にたどり着いたという。戦車が海没したため、岩田中尉は、連隊が準備していた予備車を回してもらって進撃することになった。ただし、軍刀と愛用のコルト拳銃は海水に浸かって使い物にならず、後日、父親から新品の軍刀とコルト拳銃を買って送ってもらったという。当時、将校の拳銃は私物だったようだ。

尖兵小隊の戦車が海没して予備車を待っている間に南小隊がマニラに向けて進撃を開始し、サントーマス付近でアメリカ軍の戦車部隊と戦車戦が始まった。このとき南小隊はある戦術で敵戦車部隊を打ち負かした。南中尉は、前進してくる10両のM3戦車に対し、先頭の3両に集中砲火を浴びせ見事これを撃破。米軍の戦車はガソリンを燃料としていたので砲弾の当たり所によっては火災を起こしやすかった。なるほど先頭の隊長車はその計算通り95式軽戦車の集中砲火を浴びて炎上、天蓋を開けていた2両目は砲弾が飛び込んで乗員が戦死、3両目は故障で動かなくなった。これを見た後続車両は白旗を揚げて降伏したという。

岩田義泰氏は感慨深げに言う。

「この話を同期生の南中尉から聞いたとき、アメリカ軍の戦い方を垣間見たような気持でした。日本軍のように、彼らは最後の一兵まで戦おうとはしないんだと……」

これが日本軍とアメリカ軍の史上初の戦車戦であり、日本軍に軍配が上がったのである。勝利した南小隊は米軍M3戦車を5両鹵獲《ろかく》し、第4戦車連隊の予備戦力として編入した。

「のちに、この鹵獲したM3戦車の内の1両を私が使うことになるんです。ただしこのM3に乗るときは行軍のときだけです。いざ戦闘になるときはもちろん、日本の95式軽戦車に乗り換えました。そりゃ、戦死したときアメリカ軍の戦車に乗っていたなんて恥ですからね」(岩田氏)

日本軍人は死ぬときも潔くありたいと願っていたのだ。

昭和16年12月24日のクリスマスイブ、尖兵小隊を率いた岩田中尉がビナロナン付近で敵部隊と遭遇した。岩田氏は、道路脇に縦隊で止めた戦車部隊の写真を私に見せながら話してくれた。

「ビナロナンに着いたときは夕方で、あたりはもう薄暗かったですね。その時、ビナロナンには敵の大部隊がいることは分かっていたので、ひとまず道路脇に私の小隊の戦車を止めたんです。するとアメリカ軍のトラックやら装甲車がこっちに向かってきたんです。彼らはどんどんと道路脇に止めた我々とすれちがって行きました。リンガエン湾に向かった日本軍を迎え撃つべく大部隊で移動しているのでなかなか車列が途切れません。後続部隊が次々とやって来るんですよ。

そのうちに暗闇で見分けがつかない我々に向かって『アメリカン or ジャパニーズ?』なんて聞いてきたんです。そこで私が大きな声で『アメリカン!』と答えると、連中は満足げに『オーケー!』と返して、そのまま通り過ぎていったんです。そのとき私の尖兵小隊には鹵獲した敵のM3戦車もありました。彼等もまさか日本軍がこんなに早くやって来ているとは思わなかったんでしょうね」

岩田中尉らの尖兵小隊は、敵の懐深く侵入していたのである。だが、鹵獲したM３戦車がカモフラージュになったのだろう。日本軍戦車部隊を味方と勘違いして安心して通り過ぎていったのだった。まるで映画のワンシーンのような出来事である。

岩田中尉は、〝荒野のガンマン〟のようなピストルによる一対一の決闘も演じている。

「敵の地図を手に入れて見たんですが、よく分からない。私は、ロシア語には長けていたのですが英語はさっぱりでした。我々は、敵中突破して敵のど真ん中にいたわけですから、状況把握に努める必要がある。そこで私は、下士官３人を連れてジャングルに分け入って偵察を行ったんです。そうしたら舗装道路を十数台の敵のトラックが我々の方へ向かって来る。リンガエン湾に向かおうとしていたのでしょう。そのせいで我々は道路に止めた戦車に戻れなくなってしまったんです。

そこで私は、『いざというときは、お前たちが小銃で援護してくれ』と言って、部下達の制止を振り切って、一人で道路へ偵察に出ていったんです。すると敵のトラックが急に止まって、敵兵が偵察に降りてきました。一番先頭にいたのが指揮官の中尉でした。向こうもびっくりしたと思いますよ。まさかこんなところに、すでに日本兵がいるとは思わなかったでしょうからね。

敵のトラックから１００メートルくらい離れたところで、敵の指揮官が私に向けて先にピストルを撃ってきました。私も撃ち返しました。この指揮官と一対一に向き合って、まるで西部劇のような一対一の決闘になってしまったんですよ」

岩田中尉は、片手でピストルを持つ仕草をしながら当時の決闘の場面に舞い戻って話を続けた。

「互いの距離は50メートルくらいだったんですが、弾が当たらないんですよ。平素の射撃訓練の成績は良かったんですがね。弾をムダにしないようにしっかりと狙って撃ったのですがそれでも当たりませんでした。相手の発射音を聞いて身をよじって避けるのですが、実際はそれでは遅い。けどそれが人間の本能なんですね。相手のピストルもコルトだったと思うんですが、撃ち合いを続けて敵の最後の6発目が私の股の下を飛び抜けていった。それで弾がなくなって敵が予備弾倉を装填しようとしゃがんだとき、私が最後の1発を、絶対に外すまいと、しっかり狙いをつけて撃ったんです。するとその1発が敵の眉間に命中して彼は後ろに吹っ飛んで倒れました」

敵兵が最初に撃ってきたので、交互に撃ち合えば同じ数の弾倉なら相手が先に弾切れになる。だが岩田中尉には最後の1発が残っていた。この最後の1発で敵を仕留めたのだった。まさに西部劇の映画のようなシーンである。

この一騎打ちの様子を助太刀せずに観ていた敵兵は、現場から逃げようとしてトラックを反転させるなどし始めたという。岩田中尉はこのチャンスを逃さず、ジャングルからとび出して停車させていた自分の戦車に飛び乗るや、車載の機関銃で敵を掃射した。戦車には対空用の機銃を含めて正面に2挺の機銃が搭載されていたので、10両の戦車ならば20挺となる。この20挺の機関銃で一斉射撃したのだ。敵兵は、トラックから飛び降りてクモの子を散らすように逃げていったという。

「敵がいなくなったあと、私は倒した米兵のもとへ行きました。そして戦死した彼に『お互い名も知らず、国のために戦ったんだよな。君にも家族がいるんだろう…』と語りかけました。彼のポケットから携帯コーヒーと彼女の写真が出てきました。そして部下に手伝ってもらって、この米兵の亡骸をゴムの木の根元に寄りかからせるように安置して、『後続日本軍部隊に告ぐ　この勇士は祖国のために戦へり。後続部隊は丁重に扱われたし　尖兵小隊長　岩田中尉』と書いた木の札を掛けて弔いました」（岩田氏）

なんという武士道精神であろう。ついさきほどまで命がけの決闘を演じた敵兵の亡骸に対して、その武勇を称えかくも丁重に弔うとは。これぞ日本軍人なり。

昭和17年1月2日、米軍はバターン半島に退却し、ついにオープンシティとなった首都マニラに日本軍が入城した。岩田中尉らは、首都マニラに一番乗りを果たした最初の戦車部隊であった。

彼は、ただちにマニラホテルにあった米極東軍司令官・ダグラス・マッカーサーの執務室に踏み込んだという。

「何が起きるか分からなかったので、マニラホテルの前に戦車を並べ、いつでも撃てるようにしてホテルの5階にあるマッカーサーの執務室に入ったんです。しかしすでにマッカーサーはおらず、隣の私室には、靴がちらかって、帽子が踏み潰され、電話線が切られていました。残されて捕虜になった米兵に聞いたら、数日前にマッカーサーは参謀長らと共に家族を連れてコレヒドール島へ逃げて行ったということでした」（岩田氏）

ここにも日本軍と米軍の指揮官の違いが見て取れる。マッカーサーとはその程度の男だったのだ。

後に岩田中尉は、この部屋で見つけたマッカーサーの帽子をもって進撃したが、途中でどこかに失くしてしまったと残念がっていた。

甚大な被害を出したバターン半島攻略戦

マニラを占領するや第14軍司令官・本間雅晴中将は、第14軍管轄の将校800人をマニラホテル前の大広場に集めて演説した。

『日本軍が敵の首都を占領したのは初めてである。であるから皇軍としての名誉を汚すようなことは絶対にするな！　焼くな、女性を犯すな、奪うな、これを犯した者は厳罰に処す！』と、1時間にわたって皇軍として襟を正すべきを演説されたことをよく覚えています」（岩田氏）

日本軍の最高指揮官たる本間雅晴中将は、部下に対して厳正に振る舞うよう指導するなど実に立派な人であった。マニラ陥落後、大本営の命により第14軍最強の第48師団が蘭印攻略作戦のために抽出され、岩田中尉ら第4戦車連隊も輸送船に乗ってオランダ領インドネシアへ転戦していった。代わって軽装備の第65旅団（奈良晃中将）がバターン半島に逃げ込んだ敵の追撃を開始したが、米軍は密林に覆われたバターン半島に幾重もの防御陣地を構築しており、日本軍は手痛い打撃を被ることになったのである。第65旅団は、半島南部にそびえるサマット山の攻防戦で兵力の60％を失ったという。

というのも、そもそも第65旅団はマニラ占領後の警備を担任する目的で送り込まれた軽装備の部隊であり、険しいジャングルに分け入って敵と本格的な戦闘をすることを想定していなかったうえに、将校以下の多くが応召者であり、しかもトラックなどが少なく機動力がなかった。そんな部隊が密林の中に分け入って、敵の堅固な防御陣地に正面攻撃を仕掛け、あるいはドラム缶を針金で束ねて原始的な筏を作って海上を機動しなければならなかったのである。

そんな状況下でも将兵はよく戦った。第65旅団歩兵第122連隊の大隊砲小隊長の中西康夫中尉は、ルソン島西部のバヤンダイのジャングルでの激しい白兵戦の様子を記している。

〈翌二十一日の黎明を迎えると、大隊砲、機関銃、軽機関銃、擲弾筒、小銃にいたるまで全火力をもって一斉射撃を実施した。大隊砲の零距離射撃ははじめてのことである。

中隊長の「突撃、進め、突っ込め」の号令で、日の丸の旗を先頭に、喊声をあげて突撃する。敵はこの勢いに呑まれたのか、大あわてで退却し、難なく占領に成功する。あとには戦死者数名と兵器等が散乱していた。大成功である。

兵隊さんは現金なもので、昨夜の沈んだ気分はどこかへ吹き飛んだ様子である。稜線上に日の丸の旗が翻った。連隊長も、大きな喊声に突撃が成功したものと察し、間もなく第一線に出てこられた。一兵の損失もなく、バヤンダイの黎明攻撃は成功した〉（『丸別冊　戦勝の日々』潮書房）

こんな痛快な話もある。第16師団参謀の太田庄次少佐は言う。

〈モウバン付近の戦闘において、多数の兵器を鹵獲したが、その中に十五センチ加農砲（カノン）や十五センチ榴弾砲等があった。これら重砲は、木村支隊のオロンガポからモロンにいたるあいだ、われわれを猛射して前進を妨げ、将兵をして、ドラム缶がとんでくると悩ませたものであった。これを鹵獲後、野砲隊はその砲口を敵方に向けて、敵陣を射撃し、溜飲を下げたものである〉（前掲書）

　このように、フィリピンの戦いでは大量の米軍火砲や機関銃などを鹵獲し、前出の第４戦車連隊の岩田義泰中尉のように利用して戦ったケースが多かったという。

　だが、最初のバターン半島攻略戦では、木村大隊および恒広大隊のように大隊規模で玉砕するなど、開戦劈頭のあの快進撃の最中、日本軍が大損害を受けていたことはあまり知られていない。第１次バターン攻略戦が失敗したことを重くみた大本営は、砲兵・航空部隊など兵力を大幅に増強して第２次総攻撃に備えた。そして15センチ榴弾砲、10センチ加農砲、山砲、迫撃砲など大小３００門もの大砲が増強され、さらに爆撃機１００機が加勢して第２次総攻撃が実施されたのである。前出の大隊砲小隊長であった中西康夫中尉によると、第２次総攻撃の特徴は比島砲兵司令官の統一指揮のもとに、空前の規模で全軍の重砲を撃ち込むことだったという。

　こうして昭和17年４月３日、サマット山に立て籠もる米比軍に朝から猛烈な射撃が開始され、第22飛行集団の爆撃機が爆弾の雨を降らせ、サマット山の北西麓の陣地を制圧したのだった。

　この攻撃準備射撃の凄まじい様子を中西中尉は生々しくこう綴っている。

〈今日はいままでと全然ちがい、友軍の独断場で、敵砲兵は沈黙したままである。わが陣地内に二十四センチ特殊臼砲が陣地侵入し、射撃を開始する。弾丸が大きくて、一発の弾丸を二人で天秤で運んでいる。

射距離は千五百メートルぐらいしか飛びそうにないが、敵の突角陣地を射撃してくれる。射撃というより爆撃している感じである。弾着も良好、破壊力も抜群で、大きな土のかたまりが中天に舞い上がっているのがよく見える。弾丸は大きく、速力が遅いので、弾道がよく見える。魚雷が空中飛行しているようなものである。双眼鏡で見ると、突角陣地の敵兵は浮き足立って逃走している者もいる。敵陣地にたいする爆撃も効果的で、威勢のよいことこの上ない。戦闘は勢いであることをつくづく感じた。これまでの苦労も吹き飛んだ気持である。

七・五センチ以上の三百門の集中攻撃により、チャウェル河谷一帯が鳴動し、砂塵がまきあがり、サマット山頂を包んで、そのさまは壮観そのものであった。この日の発射弾数は一万四千発にのぼった〉（前掲書）

激戦の末の昭和17年4月9日、ついにキング少将が降伏し、バターン半島は日本軍の手に陥ちた。半島最大の要衝マリベス山頂に日章旗が翻ると、歓喜の万歳は止むことがなかったという。

だがこの日本軍勝利の陰には、台湾の高砂義勇隊がいたことも忘れてはならない。大戦末期のフィリピンで、海軍軍人でありながら陸軍の戦車部隊と共に徹底抗戦したフィリピン戦友会々長の寺嶋芳彦氏は身を乗り出していう。

「それにしましてもね、フィリピンのジャングルの中では、台湾の高砂族の兵隊は、それはそれは強かった。ああ、彼らは本当に強かったですよ……。この人たちは、今でも教育勅語やら軍人勅諭をすらすら言える。日本人以上ですよ。本当に感謝しております」

つい昨日のことのように高砂義勇隊の武勇について語る寺嶋氏は、いまでも彼らの勇敢さが忘れられないという。詳細は別項に譲るが、台湾の高砂族の兵士達は、同じマレーポリネシアン系のフィリピン原住民と言葉が通じ、ジャングル戦闘では彼らのサバイバル術が多くの日本兵の生命を救った。とりわけフィリピン戦では、バターン半島攻略戦、これに続くコレヒドール島攻略戦など、主要な戦いで大活躍し、日本軍の勝利に大きく貢献している。

「バターン死の行軍」の真相

バターン半島を制圧した日本軍だったが、米比軍合わせて7万を超える兵士が続々と投降してきたため、その措置に悩まされた。中西康夫中尉は実際に捕虜を扱った経験を持つ。

〈六日朝、目がさめたあと、武装を解いたまま十メートルばかり下におりて小便をすませ、また壕へ帰ろうとすると、すぐ隣の壕に、逃げ遅れた敵兵が頭だけ出して、私の様子を見つめている。

私もアラッと思ったが、手ぶらであるので、私の方へ来るように手まねきする。彼は小銃に包帯をなびかせて近づき、私の足もとに膝まずいて拝むようにする。これが本当の降参かと思った。

（中略）昼ごろになると、中隊のところへ、来るわ、来るわ、何とも手のつけようのないほど多数の捕虜が現われた。五、六百名ぐらいはいたであろうか。中隊の数の三倍ほどで、しかもまだ戦闘の最中である。こんなに現れては、こちらが迷惑である〉（前掲書）

続々と投降してきた米兵達を今度は捕虜として捕虜収容所に収容せねばならなかった。それが〝バターン死の行進〟という悲劇の始まりだった。予想をはるかに超える膨大な数の捕虜をバターン半島南端からサンフェルナンドまで移動させねばならなかった日本軍には、充分なトラックがなかった。したがってその移動手段は、徒歩以外になかったのである。むろん体力が衰え、マラリアに罹患した捕虜にとって60キロもの行軍は過酷だった。炎天下の徒歩行進の途中に力尽きて息を引き取る者、脱走を試みるなどして銃殺される捕虜も出た。そうして1200名の米兵と1万6千名のフィリピン兵が亡くなったといわれている。誠に残念なことであった。

　これがいわゆる〝バターン死の行進〟であるが、日本軍は米比軍捕虜をサンフェルナンドから捕虜収容所のあるカパスまで汽車で護送しており、捕虜達を虐待するために故意に歩かせたわけではない。ところが戦後、サンフェルナンドからカパスまでの汽車による護送の事実は耳にすることがない。第14軍参謀長・和知鷹二《わちたかじ》中将は戦後次のように述懐している。

〈水筒一つの捕虜に比べ、護送役の日本兵は背嚢を背負い銃をかついで一緒に歩いた。できればトラックで輸送すべきであったろう。しかし次期作戦のコレヒドール島攻略準備にもトラックは事欠く実状だったのである。決して彼らを虐待したのではない〉（産経新聞社編『あの戦争』上）

　バターン半島の戦いが終わると、日本軍はコレヒドール島の攻略に乗り出した。

コレヒドール島は、バターン半島の南端から約2キロの海上に浮かぶ要塞島で、マニラ湾に入る船舶を監視するため、当時大小合わせて56門の大砲が並び、その他76門の高射砲および機関砲が配備されていた。昭和17年4月14日、米軍が籠城する難攻不落の要塞コレヒドール島をめぐる戦いが始まった。日本軍はバターン半島南端に160門を超える砲列を敷いて猛烈な射撃を実施した。と同時に空からは爆撃機が爆弾を叩きつけた。むろん、米軍もあらゆる火砲を動員して、対岸の日本軍陣地へ反撃した。バターン半島の南端からコレヒドール島までの距離はわずか2㌔。目と鼻の先にオタマジャクシのようなコレヒドール島がある。だからこそ、砲撃戦の巻き添えにならないようバターン半島南端で投降してきた米比軍捕虜を事前に北へ移動させなければならなかったのだ。こうした人道的見地から捕虜を移動させようとしたのは知将・本間中将ならではの判断ではなかったか。

5月5日、陸軍第4師団・歩兵第61連隊の2個大隊と戦車第7連隊がコレヒドール島に敵前上陸を敢行し激しい戦闘が繰り広げられた。そして5月7日、在比米軍司令官ウェーンライト中将はついに日本軍に降伏したのである。

ところが、そこにダグラス・マッカーサーの姿はなかった。

激しい戦闘が行われている最中の3月12日、マッカーサーは、妻子、幕僚、そしてフィリピン大統領マヌエル・ケソンら16名とともに、あろうことか部下を置き去りにして魚雷艇でコレヒドール島を抜け出し、ミンダナオ島から飛行機でオーストラリアへ脱出したのだった。

オーストラリアに着いたマッカーサーは新聞記者を前にこう嘯《うそぶ》いた。

〈大統領は私に、日本軍の前線を突破するように命じた。私の理解するところでは、それは日本にたいするアメリカの反攻を組織するためであり、その主たる目的はフィリピンの救出である。私は危機

を切りぬけてきたし、私はかならず帰る〉（半藤一利著『戦士の遺書』文春文庫）
この最後の「私はかならず帰る」が、かの有名な「I shall return」なのだが、実際は紛れもない〝敵前逃亡〟だった。『戦士の遺書』の著者である半藤一利氏は言う。
〈〝逃亡ではなく、敵の前線突破である〟といいだしたところに、実にマッカーサーらしい見栄の張りようがある〉
このマッカーサーの「I shall return」にはもう一つの理由があった。米陸軍士官学校を首席で卒業後、フィリピンを最初の赴任地に選んで以来、彼はフィリピンの米軍司令官（1928年）、フィリピン軍事顧問（1935年）、そして1941年にはアメリカ極東陸軍司令官としてフィリピンと関わり続けたのだ。上智大学助教授・豊島哲氏はこう指摘している。
〈『アイシャルリターン』と全世界に公約した手前、また金鉱山への秘密投資といった利権を持ち、マニラ・ホテルの共同経営者でもあり、ケソンらフィリピン政界人らが待つフィリピンへの早期進攻が遅れることを危惧したマッカーサーは、海軍の戦略にケチをつけた〉（『朝鮮戦争』上／学習研究社）
つまりマッカーサーのフィリピン反攻作戦は、自己の利権のためでもあったのだ。マッカーサーに関する多くの著書は、彼を「利己的」「自惚れ」「独裁者」「傲岸不遜」と批判し、「〝バターン死の行進〟の責任の一端はマッカーサーにある」というものまである。そしてまったくもって信じがたいのは、自らはオーストラリアに脱出後、逃亡先のオーストラリアからフィリピンに残してきた在比米軍司令官ウェーンライト中将に、「絶対に降伏してはならない」という身勝手極まりない命令を出していることだ。そして部下を救うためにやむなく降伏を決意したウェーンライト中将に対して激怒し、〈ウェーンライトは一時的に精神の安定を失い、そのため敵につけいられ利用されているものと信じている〉(『戦士の遺書』)と、ワシントンへ打電したというから呆れてものが言えない。

自分は敵前逃亡しておきながら、自らの保身のためなら平気で部下に責任転嫁する指揮官、それがダグラス・マッカーサーの実像なのだ。

虚栄心の塊だったマッカーサーの犠牲者たち

いわゆる東京裁判もマニラ軍事裁判も、この復讐裁判で殺された〝戦犯〟と呼ばれる日本軍将兵は皆、マッカーサーの虚栄心の犠牲者と言ってよいだろう。開戦劈頭のフィリピン攻略時の第14軍司令官・本間雅晴元中将もその一人だった。

昭和20年(1945)8月30日、厚木に降り立ち、横浜のホテル・ニューグランドについたマッカーサーは、すぐにエリオット・ソープ准将に命令した。

〈東条を捕らえよ、嶋田と本間もさがせ。そしてそのほかの戦犯リストを作れ〉(前掲書)

そもそも本間雅晴中将は、昭和17年8月31日のフィリピン戦終結後には比島方面軍司令官を解かれ予備役にあり、終戦時は民間人だったのである。それでもマッカーサーは自らの屈辱を晴らすためには、なりふり構わなかった。このときの訴因が、かの〝バターン死の行進〟だったのだ。マッカーサーは、自らの輝かしい軍歴に「敗北」「撤退」という泥を塗った本間中将が、どうしても許せなかったのだ。

〈元気な人間ならどうということない収容所までの距離を歩かせたことが『バターン死の行進』として、後々まで問題になってゆく。この悲劇を作った原因は、マッカーサーの状況判断の甘さであった。その自らの罪を、彼は、14軍司令官本間中将を糾弾することで、うやむやにさせたかった。マッカーサーの私的裁判と言うべきマニラ軍事法廷は、どうしても本間雅晴を銃殺刑にさせなければならなかったのである〉（『実録太平洋決戦』立風書房）

対米戦反対を唱えながらも米軍と戦いフィリピンの人々に対して善政を敷いた本間中将は、その処刑を前にこう遺した。

〈私はバターン半島事件で殺される。私が知りたいのは広島や長崎の何万もの無辜の市民の死は、いったい誰の責任なのかということだ。それはマッカーサーなのか、トルーマンなのか〉（『戦士の遺書』）

マッカーサーの私的な復讐劇裁判で殺されたのは本間中将だけではなかった。米軍によるフィリピンへの反攻直前の昭和19年（１９４４）10月になって第14軍司令官となった〝マレーの虎〟こと山下奉文大将である。終戦後、山下大将はあえて「生きて虜囚の辱め」を受けた理由を側近にこう語っていた。

〈私はルソンで敵味方や民衆を問わず多くの人々を殺している。この罪の償いをしなくてはならんだろう。祖国へ帰ることなど夢にも思っていないが、私がひとり先にいっては、責任をとるものがなくて残ったものに迷惑をかける。だから私は生きて責任を背負うつもりである。そして一人でも多くの部下を無事に日本へ帰したい。そして祖国再建のために大いに働いてもらいたい〉（前掲書）

山下大将はその思いをうたに込めた。

〝野山わけ　集むる兵士十余万　還りてなれよ　國の柱に〟

彼は、ただ十余万の部下を無事復員させることだけを考えていたのである。

「そりゃ、山下大将は素晴らしい司令官でしたよ…」

そう語ってくれたのは、前出の「フィリピン戦友会々長」の寺嶋芳彦氏である。数々の戦いを経験してきた寺嶋氏は、昭和19年9月26日に敵潜水艦と交戦の末、乗艦「蒼鷹」が沈没。救助されてフィリピンに上陸した。そして、翌年4月からは、なんと陸軍の戦車第2師団（撃兵団）に配属され、戦車部隊の一員として米軍と交戦。寺嶋氏は、戦車部隊壊滅の後も、戦車の車載銃を外して山中に籠り、終戦後の9月16日に下山するまで徹底抗戦を続けた類稀な歴戦の勇士だった。そんな寺嶋氏が山下将軍について語る。

「山下大将は、米軍に対して、『日本人を全員本国へ送還してもらいたい。そうでなければ降伏はしない』と言ってくれたんです。ですからフィリピンで戦った人は皆、山下大将を心から尊敬していますよ。私もこの山下大将のお言葉で9月16日になってようやく山を下りる決意をしたんです」

部下から蔑まれていたマッカーサーとは大きな違いである。

一方、マッカーサーは部下からこのように見られていた。

〈コレヒドール島の地下壕に籠もったマッカーサーは、兵士らを3ヶ月に一度しか見舞わなかったので、兵士らは『ダグアウト・ダグ（地下壕にいるダグラス）』という歌をつくってマッカーサーを嘲笑した〉（『朝鮮戦争』上）

山下大将を〝正義〟の美名の下に裁いて処刑したのは、部下を置き去りに敵前逃亡し、そして敗戦の責任を部下に押し付けたダグラス・マッカーサーだったのだ。マニラ軍事裁判で山下大将の弁護人であった米国人フランク・リールは、その著書『山下裁判』で次のように書いている。

〈祖国を愛するいかなるアメリカ人も消しがたく苦痛に満ちた恥ずかしさなしには、この裁判記録を読むことはできない…。われわれは不正であり、偽善的であり、復讐的であった〉（『教科書が教えない歴史②』産経新聞社──勝岡寛次「復讐劇だった山下・本間裁判」）

部下を思い自らの責任を貫いた誇り高き日本の最高指揮官と、部下を見棄て保身のためなら責任転嫁も平気でやってのける虚栄心と復讐心の塊だったアメリカの最高指揮官の違いはあまりにも大きい。

赴任当初から、〝マレーの虎〟山下将軍は、最大の島ルソン島で米軍を迎え撃とうと考えていた。ところが、そこへ台湾沖航空戦の〝大誤報〟が舞い込んできた。「巡洋艦2隻大破」でしかなかった実戦果が、「敵空母撃沈11隻を含む撃沈破45隻」と発表されてしまったのである。

大本営はいきり立った。神機到来と、誰もがこの大勝利を疑わなかった。そんな折、レイテ島に押し寄せて来た米軍を認めた大本営と南方軍総司令官・寺内寿一《ひさいち》元帥は、山下将軍の唱えるルソン決戦を黙殺し、決戦場をレイテ島へと切り替えてしまったのである。その結果、戦術的ミスも重なり投入された８万４千名の兵士のうち７万９千名が戦死した。それでも圧倒的物量を誇る米軍を前に、持てる力と叡智を振り絞って日本兵は戦った。残り少ない食料を分け合い、将兵は励ましあって戦った。寺嶋氏は回想する。

「…慣れてくるんですよ…そんな環境にいますとね。耳はとぎすまされて、目は夜でも百メートル先が見えるようになるんです…不思議なもんですわ。食べ物がなくなっても山には春菊やら、芋の葉がありましたから、これを塩茹でにして食べました。…鉄兜をくるっとひっくり返せば鍋になるんですよ（笑）」

フィリピンにおける日本の戦没者52万名は、大東亜戦争戦没者の約25％を占める。フィリピンはまさしく大東亜戦争の天王山だったのだ。ルソン島の奥地をはじめ、周辺の島々には日本軍の慰霊碑も数多く、フィリピン全体が日本兵の墓地のようにも思えてくる。52万もの将兵がこの地で戦死していながら、今も40万柱の英霊がフィリピンの山河で野ざらしのままである。

平成26年（２０１４）１月16日、元陸軍少尉・小野田寛郎氏が91歳で亡くなった。小野田元少尉は、大東亜戦争末期の昭和19年12月にフィリピンのルバング島に派遣されて以来同島のジャングルに潜伏して戦い続けた。そして終戦から30年後の昭和49年（１９７４）３月、かつての上官であった元陸軍少佐・谷口義美氏からの任務解除命令を受けて、ようやく矛を収めたのだった。最後まで帝国軍人であり続けた小野田寛郎少尉は、その著書『わが回想のルバング島』（朝日文庫）でそのときの心情についてこう語っている。

〈私は停戦の命令を受けてフィリピンを離れるまでは、あくまで陸軍少尉としての矜持を持続しつづけた〉

この精神力と使命感は、他のいかなる国の軍人にも真似ができるものではない。

不撓不屈の精神をもって30年もジャングルの中で戦い続けた英雄・小野田寛郎少尉こそ、日本軍人の姿そのものだったのである。

空の神兵「蘭印空挺作戦」の痛快無比

昭和17年（1942）1月11日、世界でも珍しい海軍落下傘部隊が、オランダ領セレベス島メナドへ空挺作戦を実施して飛行場を確保した。2月14日には、陸軍落下傘部隊がスマトラ島に空挺作戦を敢行して、パレンバンの大油田地帯を制圧した。これら空挺作戦成功の裏には何があったのか。

パレンバンに降下した
第1挺進団の精鋭

久米精一大佐率いる
陸軍第1挺進団はパレンバン製油所を急襲制圧した

堀内豊秋大佐率いる
海軍横須賀第1特別陸戦隊もメナドへ空挺降下しランゴアン飛行場を制圧している

100倍の戦力を擁する敵を撃破

第2次世界大戦の開戦劈頭、ヨーロッパではドイツ軍によるデンマークやベルギーなどへの攻略戦で、歩兵をパラシュートで降下させて強襲する空挺部隊（落下傘部隊）が投入された。その後、連合軍側もその効果に着目し、空挺部隊をシチリア島への上陸作戦、ノルマンディー上陸作戦、そしてマーケット・ガーデン作戦などにも投入した。練度の高い精強部隊を航空機から降下させる「エアボーン作戦」（空挺作戦）は、彼我の損害を最小限にとどめて短時間で戦略目標を制圧する軍事作戦として重要視され、空挺部隊は今や各国軍の虎の子戦力となっている。

そして日本軍もまた、世界を驚愕させる見事な空挺作戦を実施していた。

大東亜戦争前夜、日本を経済的に孤立させるために、アメリカ・イギリス・中華民国・オランダは「ABCD包囲網」で手を組んだ。このことによって石油や工業資源を入手できなくなった日本は、自力で資源を確保する必要に迫られ、当時、「蘭印」（オランダ領東インド）と呼ばれた現在のインドネシアの油田地帯の攻略作戦が計画された。当時の日本の存亡は、いかに迅速かつ無傷で油田地帯を制圧できるかにかかっていたのだ。

そこで日本軍は、久米精一大佐率いる陸軍第1挺進団によるスマトラ島のパレンバン製油所に対する空挺作戦（昭和17年2月14日）を実施したのである。

大東亜戦争の勝敗はこの一戦にかかっていた。パレンバン製油所のあるこの油田地帯を制圧して石

■「蘭印空挺作戦」概要図

油を確保できなければ、軍艦も航空機も戦車も動かすことはできない。当時の日本の石油消費量は軍民合わせて約3700万バレルで、その約8割をアメリカからの輸入に頼り、1割を蘭印から輸入していたのである。したがってABCD包囲網なる経済封鎖は、国民生活にも深刻な影響を与え始めていた。そしてこのまま対日経済制裁が続けば国家がたちゆかなくなくことは誰の目にも明らかだった。

繰り返すが、日本国の運命は、日本軍による石油資源の確保にかかっていたのだ。自存自衛のためには、当時オランダが植民地にしていたインドネシアの大油田地帯の確保が至上命題だったのである。

目標はスマトラ島のパレンバン製油所——。当時の蘭印の総石油産出量のおよそ6割がスマトラ島に集中し、その最大の油田がパレンバン製油所だった。久米大佐率いる陸軍第1挺進団の総勢は329人、厳しい訓練を重ねてきた精鋭揃いであった。昭和17年（1942）2月

14日、第1挺進団の329人は輸送機に分乗し、マレー半島のカハン基地とクルアン基地を飛び立って一路スマトラ島を目指した。

第1挺進団の甲村武雄少佐率いる降下部隊は製油所近くの飛行場制圧を行い、中尾中尉率いる降下部隊にはパレンバン製油所を強襲する任務が与えられていた。そこにはアメリカのNKPM社とイギリス・オランダ資本のBPM社があり、彼らが、日本軍の手に渡らぬよう自ら破壊する前にこれらの製油所を無傷で奪取する必要があったのだ。

精油所を襲う第1小隊を率いた徳永悦太郎中尉は戦後、出撃前のエピソードを綴っている。

〈基地を出発するとき、私たちは携帯口糧としてコンビーフの缶詰と乾パンをもらった。じつのところ、われわれはそれを出発前の酒のサカナにして食べてしまった。もちろん部下たちも食べた。そしてそのかわり、それだけ余計に弾丸をもった。そればかりではない。予備傘などは必要ないとして、傘をひっぱりだしてそこに弾丸をつめた〉（『丸エキストラ　戦史と旅⑧』潮書房）

降下隊員達は、何よりも敵を倒すことを優先していたのだった。それにしても、万が一のときの予備の落下傘を出して代わりに弾丸を詰めていたとは、あっぱれというほかない。午前11時過ぎ、加藤建夫中佐率いる第64戦隊、通称「加藤隼戦闘隊」の護衛を受けてスマトラ島パレンバンの上空に無事たどり着いた輸送機から第1挺進団の降下兵が次々と飛び出してゆき、パレンバン上空に無数の白い大輪の花を咲かせた。

それぞれの目標に向かって降下した隊員達は、落下傘が風で流されるなどしてジャングルや湿地帯に降りたため着地後の隊員集結に苦労したが、各部隊は割り当てられた目標を次々と制圧していった。

パレンバン製油所を守るために配置についていたのは、重装備のオランダ・イギリス・オーストラリア軍の総勢1千人の部隊であった。製油所を日本軍の手に渡すまいとする敵の抵抗は凄まじく陸軍落下傘部隊は苦戦した。そんな中、ＢＰＭ社の製油所を攻撃した徳永中尉率いる20人の小隊が敵の頑強な抵抗を排除しつつ製油所に突入し、攻防戦の最中に製油所の高所に日の丸を掲げたのである。徳永中尉は回想する。

〈こちらが射撃をやめたと知るや、また敵が撃ってきた。前から左から右からと息もつけぬほどの火網が、私たちを包み始めた。芝生に弾丸が突き刺さって土が散る。芝草がちぎれ飛ぶ。おそろしく低い弾道だ。しかし、ふしぎに敵は近づいてこなかった。かえってあとずさりしていくのを感じた。

「逃げるな」と、寺田はとっさに猛射をくわえ、竹原伍長が身をおどらせて、前進した。

ダダダダ…旋風が舞った。私はおもわず頭をふせた。芝生に頭がめりこむど、左耳を下にして…。

そのときだった――。チラッと視野の片すみにあざやかな赤と白が動いたのは――。

日章旗だ！

左手はるか一キロあまりのところにある中央トッピングに、大日章旗がひるがえるのを見た。

「おい、日章旗だぞ」

一瞬、私は敵弾下であることを忘れてあおいだ。一本、二本と日章旗が立っているではないか。

パレンバンの空には、雲がとざしていた。製油所の建物も灰色であった。トッピングの銀色もくすんで見えた。そのなかに血のような日の丸だけがくっきり空をくぎって、左のトッピングにも、右のクラッキングにも二流の日章旗が風になびいていた。

しばらくは声もなく、いつのまにか涙がほほをつたっていた。

小川、勝俣、黒田などの顔が、涙のなかにぼやけていった。よくやってくれた。ときに十四時十五分であった〉（前同）

NKPM社の製油所も長谷部正義少尉率いる第2小隊が制圧し、飛行場も甲村武雄少佐率いる挺進第2連隊によって占領され、勢いにのった第1挺進団は増援部隊とともに敵を追撃して最大の戦略目標パレンバンを占領したのであった。第1挺進団はこのパレンバン空挺作戦で戦死38人、戦傷50人を出したが、その尊い犠牲と引き換えに、国の存亡にかかわる油田地帯を確保したのである。陸海軍空挺部隊は「空の神兵」と呼ばれ、その名は『空の神兵』（作詩／梅本三郎、作曲／高木東六、昭和17年）の曲とともに全国に知れ渡った。

海軍落下傘部隊と堀内豊秋大佐

だがこの陸軍部隊によるパレンバン空挺作戦のおよそ1カ月前の昭和17年1月11日、海軍の堀内豊秋大佐率いる横須賀第1特別陸戦隊が、セレベス島メナドへ空挺作戦を実施してランゴアン飛行場を制圧、蘭印攻略の口火を切っていたのである。実はこれが日本軍の最初の空挺作戦だった。

昭和17年1月11日早朝、堀内豊秋大佐は命令を下した。

「本陸戦隊は1月11日、0930《まるきゅうさんまる》を期し、ランゴンワン飛行場に落下傘降下を敢行し、附近の敵を撃滅したる後、同飛行場及びカカス敵水上飛行基地を占領確保し、以て爾後航空作戦を容易ならしめんとす」

28機の96式陸上攻撃機に分乗した空挺隊員334名は、ダバオから南へ約650キロの蘭印のセレベス島を目指して飛び立った。ところがセレベス島に向かう途中、1機が故障で引き返し、さらに、あろうことか編隊の5番機が味方水上戦闘機の攻撃によって撃墜されてしまったのである。敵機の攻撃を受けて雲海の中を飛行中であった水上機母艦「瑞穂」の零式水上観測機は、雲を抜けたところにこの5番機が目に飛び込んできたため敵機と誤認して攻撃してしまったのだった。というのも、セレベス島への空挺作戦は味方にも秘匿されていたので、観測機は落下傘部隊を乗せた96式陸上攻撃機が飛んでいることなどまったく知らなかったのだ。

味方の誤認攻撃によって12人の降下要員と航空機が失われたため、第1次降下隊は96式陸上攻撃機26機と隊員312人となってしまった。迎えた午前9時50分、第1特別陸戦隊は次々とランゴンワン飛行場目がけて降下を開始し、大空に300余の真っ白い落下傘が浮かんだのだった。

ここに、日本軍によるインドネシア解放の戦いの火蓋が切って落とされた。地上のオランダ軍は、空に浮かぶ日本軍の落下傘めがけて機関銃や小銃を撃ち上げた。敵の対空射撃をくぐり抜けて着地した空挺隊員達は、ただちに地上戦闘に突入した。ところが彼らは、別に傘降下させた梱包を見つけて武器を取り出さねばならず、そのためしばらく拳銃と手榴弾だけで機関銃や装甲車を持つオランダ軍と戦わねばならなかった。まるで警察が軍隊と戦うような状況だったという。

　この作戦に参加した横須賀第1特別陸戦隊の石井璋明一等兵曹は、筆者のインタビューにこう語ってくれた。

「いや、それは物凄い攻撃でした。とにかく頭を上げられませんでした。が、私が降下した場所は草が全体に45センチほどに伸びていたんです。これは、身を隠すためには好都合でした。ところが敵状を見るには姿勢を高くせねばならず、そうすると敵に発見されやすくなって危険でした。実際に、戦友が私の3メートルほどのところで敵情を見ようとして膝立ちした途端に敵の狙撃を受けて『うっ！』という声を残して倒れたんです……。私の傍で戦友がやられた。それを私は目の当たりにしたわけですが、その直後から、それまで多少感じていた恐怖心が一気に吹き飛んで、猛然と敵に挑んでいったのを覚えています。『仇を取ってやるからな！』、まさに〝仇討〟の心境だったと思います。その直後に、誰かが擲弾筒を敵陣地に5、6発撃ち込むと敵が敗走を始めました」

　そして第6編隊の隊員が敵トーチカ附近に降下するや、それまで敵の弾幕射撃に身動きを制限されていた先着の隊員らが猛然と攻撃を始めた。第1特別陸戦隊の猛撃は敵兵をなぎ倒し、そしてトーチカを沈黙させていったのである。こうして日本軍はメナド飛行場を占領した。

　この作戦によって我が軍は、戦死者32人（うち12人は友軍機の誤射撃墜による）、戦傷者32人を出したが、ランゴンワン飛行場を奪取し、インドネシア解放の最初の凱歌が上がったのである。セレベス島に配置されていたオランダ軍は約3万5千人であり日本海軍落下傘部隊の100倍もの戦力だった。日本軍は圧倒的劣勢にありながら、優勢なる敵を打ち負かしたのである。

この他にも、横須賀第3特別陸戦隊700人がティモール島のクーパンに落下傘降下を行っているが、これら日本海軍落下傘部隊の空挺作戦の成功には、インドネシア人の歓迎と協力があったことを忘れてはならない。実は地元インドネシアに伝わる「ジョヨボヨの予言」なる神話が日本軍に味方したのだった。

神話が落下傘部隊に味方した

12世紀、東ジャワのクディィリ王国のジョヨボヨ王が遺した「バラタユダ」なる民族叙事詩の中に、〝空から黄色い人がやってきて、これまで支配していた白い人を追い払う〟といった内容が綴られている。中でも第1特別陸戦隊が落下傘部隊が降下したミナハサ地方には、〝民族が危機に瀕するとき、空から白馬の天使が舞い降りて助けにきてくれる〟という神話が語り継がれていたのだ。したがって、過酷なオランダの植民地支配に苦しんできた地元インドネシア民衆にとって日本軍落下傘部隊は、まさしくその神話に登場する救世主として映ったのだった。つまり白い落下傘で舞い降りてきた降下兵が、神話に登場する〝空から舞い降りる白馬の天使〟に重なったのである。

さらに言えば、日本軍人の地元インドネシア人に対する姿勢が彼らに感動を与え、日本軍は絶大なる信頼を勝ち取ったことも忘れてはならない。堀内大佐は常に地元民の話に耳を傾け、これまでの350年にわたるオランダ植民地支配で苦しんできたことを次々と改善していった。地元住民は日本の軍政を絶賛し大歓迎したが、堀内大佐の温情溢れる振る舞いは地元民に対してだけではなく、オランダ軍捕虜に対しても同様で、日本軍人の真骨頂ともいうべき武士道精神で接したという。

〈堀内には、汝の敵を愛せよというキリスト教の思想は武士道にも通じる、という自論があった。これは開明的な熊本の土壌や両親の感化にもよろうが、生得的な気質でもあった。

「投降してきた者はすでに敵ではない。投降兵にも住民にも人類愛をもって臨もう」と言って、投降者に対する暴行、虐待は厳重に禁止し、しばしば訓令を与えて捕虜、住民を保護する方針を打ち出している。捕虜の取り調べは、大尉以上に対しては堀内が直接当たり、丁重に対応した。

大隊付として終始堀内と行動をともにしていた坂田喜作によれば、捕虜のオランダ人将校たちは、堀内が借り受けた司令部近くの民家に個別に部屋を当てがわれ、食事なども優遇されていたという。堀内は、オランダ人将校たちの食事やお茶の時間に賓客となって、ときおり同じテーブルに着いて歓談した。また、彼らに風呂に入る便宜もはかった。殺伐に陥りやすい戦場心理に、彼は流されることはなかった〉(上原光晴著『落下傘隊長　堀内海軍大佐の生涯』光和堂)

日本軍は強かっただけでなく、どこの国の軍隊よりも紳士的であった。こうした堀内大佐の処遇はオランダ軍将兵を驚かせ、日本軍人に対する畏敬の念を抱かせたことはいうまでもない。そしてこのような見事な順法精神と武士道を目の当たりにし、オランダ兵はそこに日本軍の精強さを思い知ったことだろう。堀内大佐が捕虜となった650人ものインドネシア兵を周囲の反対を押し切って全員釈放し帰郷させたことは、おそらく世界軍事史上初めてのことではないだろうか。

かつて筆者もインタヴューした元海軍士官の杉田勘三氏は、こんなエピソードを明かしている。
〈昭和五十四年（一九七九）七月、現地の落下傘記念碑の前で慰霊祭が営まれた。大勢集まった人たちのなかには、旧蘭印軍に所属していたインドネシア兵士も多数いた。杉田が彼らの一人からの話をようやくしてくれたところによると、
「われわれは堀内部隊に降伏して幸せだった。キャプテンは非常に心の広い人で、われわれインドネシア人には、おとがめなしだった。塩ひと袋をお土産に、『いつまでもオランダの尻に敷かれていないで、自分たちの力で自分の国を作るように』と諭されて、即日帰郷させてくれた。このことは、まだ他の地域で戦っていた蘭印軍インドネシア兵士たちにもすぐ伝わり、降伏するならランゴアンに逃げてきて、堀内部隊に入れてもらおうということになった。私もその一人です」とのことだった〉
（前掲書）

まるでイソップ童話の『北風と太陽』のごときである。

これまた世界のいかなる国の軍隊もやったことのない武士道的〝戦術〟で、敵戦力を次々と弱体化させていったのだからお見事としか言いようがない。かつて日露戦争のとき、乃木希典《まれすけ》大将はロシア兵捕虜を手厚く処遇した話がロシア軍の中に広がり、日本軍への降伏を即決するロシア兵を増加させたというエピソードがあるが、捕虜を即日解放して何事もなかったように郷里に帰すことなど誰が想像できようか。堀内大佐の評判はたちまち人々の間に広がり、これまでのオランダの過酷な植民地支配に苦しんできたインドネシア人は、日本が〝アジア解放〟という大義のために戦っていることを確

信し、日本軍を〝解放軍〟として歓迎したのである。

その尖兵となったのが陸海軍落下傘部隊だった。インドネシアの戦いにおける日本軍の強さの秘訣は、〝ジョヨボヨの予言〟という地元に伝わる神話と、アジア解放という信念に燃えた日本軍将兵の武士道精神にあった――。

名将・山口多聞と「ミッドウェー海戦」

真珠湾攻撃時に討ち漏らした米空母をおびき出すために、日本海軍は戦力を結集。米艦隊に対し乾坤一擲の決戦を挑んだ。しかし、日本軍の行動を事前に察知していた米軍は手ぐすねを引いて待ち受けていた――。

孤軍奮闘した空母「飛龍」と山口多聞提督

〝弔い合戦〟を完遂した空母「飛龍」

真珠湾攻撃、マレー沖海戦、セイロン沖海戦、蘭印沖海戦と開戦劈頭から日本海軍は大勝利を収め続けた。しかし、ハワイで米空母を撃ち漏らしたことが気がかりだった。この撃ち漏らした米空母をおびき寄せるために企図された作戦が「ミッドウェー作戦」である。

米太平洋艦隊の本拠地ハワイに近いミッドウェー島が攻撃されれば、間違いなく米空母部隊が出てくる――こうして日本海軍始まって以来空前の大艦隊がミッドウェー島を目指して進撃した。主力は、空母4隻を中心とする第1航空艦隊である。一方、暗号解読によって日本艦隊の動きをあらかじめ察知していた米軍は、空母3隻からなる第16・第17機動部隊をもって日本艦隊を待ち構えていた。

【第1航空艦隊】（南雲忠一中将）
戦艦「比叡」「霧島」、空母「赤城」「加賀」「蒼龍」「飛龍」、重巡洋艦「利根」「筑摩」、軽巡洋艦「長良」、駆逐艦　第4・11・17駆逐隊合計12隻

【米第16機動部隊】（レイモンド・スプールアンス少将）
空母「エンタープライズ」「ホーネット」、重巡洋艦「ミネアポリス」「ニューオリンズ」「ノーザンプトン」「ペンサコラ」「ヴィンセンス」、軽巡洋艦「アトランタ」、駆逐艦10隻

■「ミッドウェー海戦」概要図

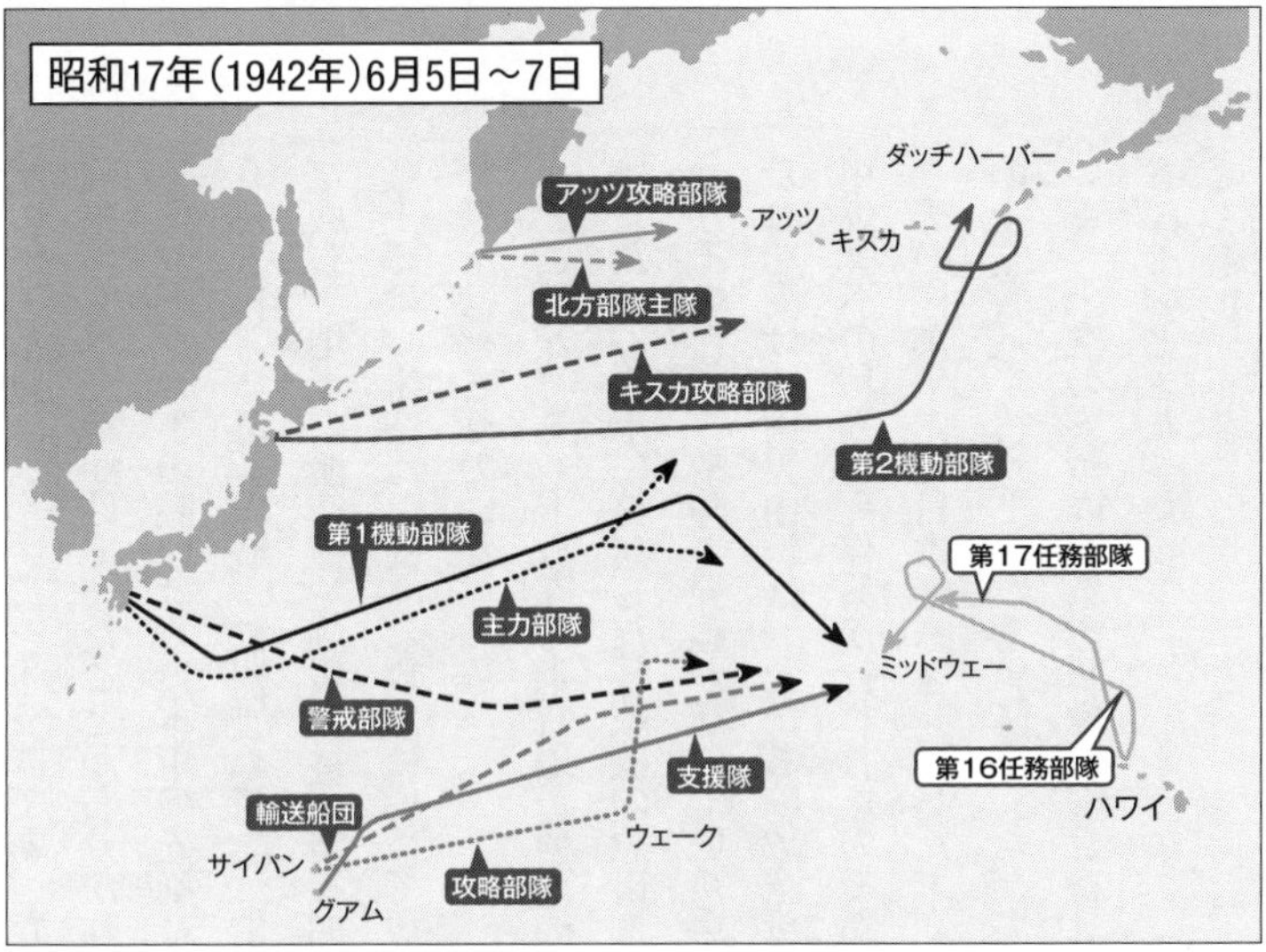

『激闘！　太平洋戦争全海戦』(小社刊)より転用

【米第17機動部隊】（フランク・フレッチャー少将）

空母「ヨークタウン」、重巡洋艦「アストリア」「ポートランド」、駆逐艦6隻

このほかにも、第1航空艦隊の後方に山本五十六連合艦隊司令長官が乗り込んだ戦艦「大和」をはじめ戦艦9隻、空母2隻、重巡洋艦8隻、軽巡洋艦5隻、駆逐艦39隻、水上機母艦4隻など、日本海軍艦艇を総動員した大艦隊が控えていた。さらに、潜水艦母艦5隻の支援を受けた潜水艦23隻が哨戒任務のために送り込まれていたのである。

この大艦隊の中には、ミッドウェー島攻略を行う陸海軍の上陸部隊も含まれており、18隻の輸送船に分乗していた。攻略部隊は、後の沖縄根拠地隊司令となる大田実大佐率いる第2連合特別陸戦隊と、後にガダルカナル島で壊滅することになる陸軍の一木清直大佐率いる一木支隊であった。この連合艦隊の陣容をみれば、日本軍がミッドウェー島攻略にすべてをかけていたことがお分かりいただけるだろう。

ミッドウェーの戦いは、日本軍の先制パンチでその幕が切っておとされた。昭和17年（1942）6月5日、空母「赤城」「加賀」「蒼龍」「飛龍」から飛び立った艦載機がミッドウェー島の飛行場を空襲し、地上の航空機や施設に猛爆撃を加えたのだ。その一方で、攻撃隊を送り出した4隻の空母の艦上では、米空母に対する攻撃に備えて魚雷と徹甲爆弾を搭載した97式艦上攻撃機および99式艦上爆撃機を待機させていた。

ところが、ミッドウェー飛行場攻撃に向かった攻撃隊から、「第2次攻撃の要あり」との打電を受けたため、艦上に整列した艦載機の魚雷と対艦用徹甲爆弾を対地攻撃用爆弾へ換装することとなった。だがそのとき、故障で発艦が送れていた重巡「利根」の偵察機から「敵空母発見！」の打電が入る。これを受けて南雲中将は、ただちに敵空母部隊攻撃を命じ、再び艦載機に対し対艦攻撃用の魚雷と徹甲爆弾への積み替え作業が行われたのである。

その作業中に、日本艦隊を発見した米空母から飛来した雷撃隊が低空で突っ込んできたのだ。艦隊の上空警戒を行っていた零戦隊は、ただちに米雷撃隊に向かって突進、次々と雷撃機を撃ち落としていく。上空の零戦隊が敵雷撃隊に引き寄せられ、艦隊上空がすっぽりと空いてしまったそのとき、まさにそのときだった――。

「急降下！」

上空を見上げた見張員が叫んだ。米軍のSBDドーントレス急降下爆撃機が直上から降ってきたのである。直上から降り注ぐ急降下爆撃機の500キロ爆弾が「赤城」「加賀」「蒼龍」の飛行甲板に次々と命中、3隻の空母は大爆発を起こしたのである。飛行甲板上には燃料満載の艦載機と換装中の魚雷や爆弾があった。2度にわたる兵装転換作業による出撃の遅れがあだとなり、魚雷や爆弾が次々と誘爆を起こし、もはや手が付けられない状況になってしまったのである。

かつて空母「加賀」の97式艦上攻撃機の搭乗員で、このとき左足の腿に爆弾の破片を受けて深い傷を負った前田武氏が、私のインタヴュー時にズボンをまくり上げて傷跡を示しながら、「もうどうすることもできなかった…」と言葉少なに語ってくれたことを思い出す。黒煙を噴き上げる3隻の空母の惨状は、将兵の戦意を著しく低下させた。空母「蒼龍」の戦闘機隊で零戦搭乗員だった原田要氏（当時一等飛行兵曹）は、報道写真家の神立尚紀氏にこう語っている。

〈三隻もやられるのを見ると、それはがっかりしますよ。戦意が急にしぼんでいくのを感じました。上空を見上げると、敵の急降下爆撃機が次々と攻撃態勢に入ってきます。あわてて機首をそちらに向けて、高度を取ろうとするけど、とてもじゃないが間に合わない。撃ってはみたけど、距離が遠くて当たらない。急降下してくる敵機とすれ違ったぐらいに終わってしまいました〉（神立尚紀著『戦士の肖像』文春ネスコ）

「赤城」「加賀」「蒼龍」が火炎に包まれる中、「飛龍」だけが健在だった。この「飛龍」の艦橋にあった第2航空戦隊司令官の山口多聞少将は、たった1隻で3隻の敵空母に対して仇討を決意したのである。山口少将は、第1次攻撃隊指揮官・小林道雄大尉に対して次のように訓示した。

〈味方の損害状況は見る通りである。皆とともに残念に堪えぬ。味方母艦の残りは飛龍のみ。飛龍は何としても敵機動部隊を徹底的にやっつけ仇を討たねばならぬ。攻撃隊はご苦労だが体当たりでやって来い。司令官も後から行くぞ〉

99式艦上爆撃機に乗り込んだ小林大尉は、99式艦爆18機と零戦6機を率い、怨敵必滅の信念に燃えて発艦した。まさにそれは、3隻の空母の〝弔い合戦〟であった。

小林大尉は米空母「ヨークタウン」を発見すると、ただちに攻撃を開始した。だが、日本軍機の来襲に備えて直掩に上がっていた米戦闘機F4Fワイルドキャットによって、零戦3機と99式艦爆10機が撃墜される。それでも飛龍攻撃隊は決死の攻撃で「ヨークタウン」の飛行甲板に執念の爆弾3発を命中させて航行不能に陥れる。小林大尉はこの攻撃で壮烈な戦死を遂げている。

続いて「飛龍」から、魚雷を抱いた97式艦上攻撃機10機と零戦6機からなる第2次攻撃隊が敵空母目指して出撃した。山口少将は、第2次攻撃隊指揮官・友永丈市大尉に対しても、「…全機激突の決意をもって、必ず敵空母をやっつけて来い。司令官も後から行くぞ」と告げていた。実は友永機は、ミッドウェー島攻撃時に燃料タンクを被弾して穴が開いていた。だが友永大尉は、生きて再び帰還することよりも敵空母撃滅を選び、片側タンクの燃料だけで飛び立っていったのである。なんという使命感であろう。この出撃時の様子を実松譲氏は「提督山口多聞　痛恨のミッドウェー沖に消ゆ」（『丸エキストラ版80』潮書房）で次のように描いている。

〈たしかに、燃料が片道分しかないことは、だれの目にも明らかであった。出発準備ができた。友永は橋本と戦闘機隊指揮所の森茂大尉とともに、山口司令官と加来艦長にあいさつした。

「ただいまから出発いたします」

山口と加来は、こもごもはげましその成功を祈った。

山口は、友永の手をシッカと握りしめ、言葉すくなに最後の別れを告げた。

「ミッドウェー攻撃につづいて、ほんとうにご苦労だ。おれも、あとから行くぞ…」

副長の鹿江隆中佐は、この情景を艦橋からジッとみつめていた。午前九時四十五分、尾部を黄色に塗り、赤三線の識別をつけた友永指揮官機を先頭に、雷撃隊一〇機は六機の戦闘機にまもられて「飛龍」の飛行甲板から飛び立つのを、感激の涙をこめ黙然として手をふった。

〝おれもあとから行く〟という言葉から察するに、部下を死地に投ずる山口司令官の胸中には、すでに覚悟がひめられているように思われた。

毅然として部下を死地に投ずる山口司令官、従容として命をうけて死地に向かう諸勇士。「飛龍」艦上の人びとは、戦いのきびしさを目のあたりにして言う言葉もなかった〉

祖国への忠誠心はもとより、任務完遂のためにその命を惜しまぬ決意と覚悟、そして指揮官としての決断とそれに対する責任感、日本軍人は、そのいずれもが他のいかなる国の軍人よりも優れていた。これが日本海軍の強さであった。出撃していった友永隊が攻撃したのは、第1次攻撃で航行不能になった「ヨークタウン」であった。

このとき友永隊として雷撃を行った中尾春水一飛曹は、敵戦闘機の攻撃を振り切って「ヨークタウン」に突進したときの凄まじい様子をこう述べている。

〈グラマンを振り切った時には、もう、全艦隊の砲火が、私の飛行機の一点に集中してくるような気がしました。敵の機銃弾が、スコールのように海面に水しぶきを上げる。その下をかいくぐって海面すれすれを、敵空母の左舷に向かって肉迫しました〉（『戦士の肖像』）

中尾兵曹は、距離３００メートルの距離で魚雷を発射し、そのまま「ヨークタウン」の真上を飛び越していったという。友永隊は「ヨークタウン」に肉迫攻撃を仕掛け2本の魚雷を命中させ、ついに総員退艦が発せられたのだった。この攻撃で被弾した友永大尉機は、そのまま「ヨークタウン」の艦橋に突入し、3名の搭乗員は壮烈なる戦死を遂げたという。3発目の命中弾は、この〝執念の肉弾攻撃〟だったのである。空母4隻を失って大敗を喫したことばかりが伝えられてきたミッドウェー海戦。だが3隻の空母が被弾した後も唯一健在だった「飛龍」の攻撃隊は、勇猛果敢に反撃して「ヨークタウン」を見事に討ち取ったのだった。このような〝仇討〟は、他国にその類例をみない。まさに日本海軍が海の戦場に咲かせた武士道であり、その戦いぶりは日本人の胸を打つものがある。

大破し航行不能に陥った「ヨークタウン」を沈めたのは「伊１６８」潜水艦だった。

「伊１６８」が放った2本の魚雷が「ヨークタウン」の左舷に命中し同艦は轟沈したのである。この「伊１６８」の攻撃は、まさしく〝介錯〟のような攻撃だった。だが戦果はそれだけではなかった。この魚雷攻撃で「ヨークタウン」に横付けしていた駆逐艦「ハンマン」にも1本の魚雷が命中して同時に撃沈したのである。「伊168」は、一挙に2隻を葬ったのだ。繰り返すが、このような圧倒的劣勢に陥りながらも、決死の覚悟で仇討を挑み、一矢を報いたという海戦はおそらく後にも先にもこのミッドウェー海戦だけだろう。

名将・山口多聞

だが、孤軍奮闘する「飛龍」にも最期のときがやってきた。またしても敵急降下爆撃機が襲いかかってきたのである。無念、ついに「飛龍」は敵機の攻撃に力尽きて、復旧作業むなしく総員退艦が令せられた。だが第2航空艦隊司令の立場にあった山口少将は、「飛龍」艦長・加来止男大佐とともに艦橋に残り、味方の駆逐艦の放った魚雷によってミッドウェーの海に散華したのであった。

山口少将は、「司令官も後から行くぞ」という部下との約束通りあとを追った。指揮官は部下だけを死なせなかったのである。その采配もさることながら、その最期も武人として実に立派であった。

かつて山口少将が戦艦「伊勢」の艦長であったときも、部下から「この艦長だったら一緒に死んでもよい」と慕われていたという。彼の「伊勢」着任最初の訓示は、「人の和と闘志旺盛」であった。

そんな山口少将は、中学で成績優秀だったにもかかわらず、一度は海軍兵学校不合格という挫折を味わっている。原因は「目」の検査であった。しかし彼は、決してめげることなくその翌年も再び海軍兵学校を目指して猛勉強に励むのだった。その旺盛な闘志は、兄・山口張雄氏に宛てた明治42年（1909）4月4日の葉書から読み取れる。

「（海軍兵学校が）だめなら一高（筆者注＝現東京大学）を受けます。僕は海軍にどうしても入れられぬ時は外交官になるつもりなんです。未来の東郷になる。それでなければビスマルクになるつもりです」

実にスケールの大きな夢だが、こうした生い立ちからも、軍人として、指揮官としてピンと背筋の伸びた山口多聞像が浮かんでくる。

【山口多聞提督のこと】

「…私の好きでたまらない華奢な人は、どうぞ淋しくても元気で丈夫で待って居てください。その代わり今度帰宅したらその細い腰がチギレル程、抱き潰して上げますから、折れないようにウント元気をつけて置きなさい。では又。貴方のことばかり考えて居る　多聞より

私の恋しい　孝子さんへ」

この差出人の「多聞」とは誰あろう、かのミッドウェー海戦で空母「飛龍」と運命を共にした第2航空艦隊司令・山口多聞少将（戦死後、中将に昇進）である。日本海軍きっての智将と言われ、当時の連合艦隊司令長官であった山本五十六大将が、いずれそのポストに就けたいと考えていたという帝国海軍きっての名将である。将来を嘱望された名将・山口多聞提督が、孝子夫人にこのような手紙を書き送っていたというのは正直言って驚きであり、何か照れくさいような戸惑いすら覚える。この手紙は、巡洋艦「五十鈴」の艦長時代の昭和12年（1937）9月3日に書き記されたものだが、山口

多聞提督の妻への手紙は実に250通を数え、その結びは常に夫人への甘い言葉で締めくくられている。

大東亜戦争開戦後も同様で、運命のミッドウェー海戦直前の昭和17年5月13日の手紙の最後もこう結ばれている。

「…貴女のように万年令嬢で何時までも姿も心も清く正しく美しい人と一緒に、何時までも若さを失わないで暮らしましょう。では、呉々も御身大切に。貴女の事ばかり考えて居る　多聞より
私の一番大切な人　孝子様へ」

私は、時間をかけて山口多聞提督の自筆の手紙を一通づつ丁寧に読ませていただく機会に恵まれたが、常に最後の言葉が気になって仕方なかった。提督の手紙の最後には、「あなたの多聞より　私の好きな好きな孝子様へ」とか「貴方の貴方の多聞より　私のいとしいいとしい孝子さんへ」といった激しい愛情表現が惜しげもなく使われていたからだ。

ところが、検閲を受けている手紙にはこうした甘い表現がどこにも見当たらない。むろん時局を鑑みればそうならざるを得ないのだが、手紙は、簡潔な言葉で親族の健康や家族を気遣う言葉に終始している。これらの手紙は、平成10年（1988）6月1日に孝子夫人が92歳で他界された後、遺品の整理中に三男の山口宗敏氏によって発見されたものである。山口宗敏氏はこう語る。

「正直言って驚きました。ご覧いただければお分かりのように、とても今の若者でも使わないような甘い言葉が綴られています。それらは、当時私の記憶にある厳格な父のイメージとは大きく異なるために、最初目にしたときはずいぶん戸惑いました。一方、留守を守った母からの手紙はすべて父と一

緒にミッドウェーに没したので一通も手元には残っておりません…」

ご子息ですら驚いたのだから、筆者が驚いたのも推して知るべしである。

「実は、山口孝子は私の実の母ではないんです。実の母は、敏子といいまして、末っ子の私を産んで2日後に亡くなりました。むろん私には母敏子の記憶はありませんが、ただ私の名前に忘れ形見として〝敏〟という文字がついており、それが私と母をつなぐ唯一の記憶なんです。生まれたばかりの私を含めて5人の幼子を残して母敏子が亡くなったとき、父は途方に暮れて、くる日も来る日も神楽坂で飲んだそうです。そんな姿を案じたある人が母孝子を再婚相手に薦めたんです。そのある人とは、のちの連合艦隊司令長官・山本五十六提督だったんです。ところが再婚して間もなく父はワシントン勤務となり、その後も軍艦勤務が続いたために、たまに家に帰っては来れたものの、母孝子とは手紙だけが唯一の音信だったのです」

愛妻を失った山口提督の心中がしのばれる。

「やはり父は、まだ幼い5人の前妻の子供を継母に預けていたことが気がかりで仕方なかったのでしょうね。事実、手紙の中には子供たちの様子を窺う言葉が必ずどこかにあります。むろん、賢く綺麗だった母孝子への愛情と、なかなか会えないもどかしさもあったでしょう。しかし何より、結婚するや突然5人の幼子の母親となったうえに、亭主とは離れ離れに暮らすことになって苦労を一身に背負った母孝子に対する労わりと、『子供たちを宜しくお願いします』という気持ちから、あのような甘い言葉が生まれてきたんじゃないでしょうか。

昭和17年6月5日、沈みゆく『飛龍』艦橋に加来艦長と共にあった父は最期まで家族のことが気がかりだったに違いありません。にもかかわらず、国のために立派に戦って散っていった部下のあとを追って、従容として死に就いた父を私は誇りに思っています。それに父は甘い言葉がちりばめられていたであろう母の手紙と一緒でしょうから、きっと淋しくはないでしょう」

山口宗敏氏は、加来艦長のご子息と連れ立って父親達に会うために頻繁に靖国神社を参拝しているのだという。名将・山口多聞が愛したものは、国という家族であり、海軍という家族であり、そして血を分けた家族であった——。

最強の戦友だった「高砂義勇隊」

終戦までに軍務に従事した台湾人は約8万人、軍属として徴用された者を入れると、約21万人が日本軍として戦った。うち、6千人は台湾の先住民である高砂族だった。南方戦線に投入され大活躍した彼らは勇猛かつ模範的な兵士であったという。南方で戦った日本兵の多くは高砂族の兵士を頼り、深い信頼関係が生まれた。

高砂族の日本兵。その手には「蕃刀」が握られている

密林の戦闘で大活躍した高砂義勇隊

日本軍は強かった。だが、そこに緒戦の快進撃を支えた台湾人志願兵の存在があったことを忘れてはならない。熊本県護國神社の境内には台湾軍の慰霊碑が建立されており、こう記されている。

〈我が台湾軍は　北白川宮能久親王を奉戴して台湾に進駐以来　全島の治安警備と南方第一線の重鎮として国防の任に当てきた。（中略）昭和十五年十一月　機械化部隊として陣容を整え　第四十八師団を編成し　大東亜戦争に突入するや間髪を入れずフィリッピンに進撃して首都マニラを制圧　息つく間もなくジャワ島スラバヤをこれ亦旬日にして一掃平定し　敵前上陸の台湾軍として勇名を轟かせた　その後濠北小スンダの諸島に進駐し　新鋭有力なる台湾志願兵を加えて戡定の任に就いた　しかし　戦局我に利あらず昭和二十年八月十五日の詔勅を拝するに至ったのである〉

石碑に記された開戦劈頭の蘭印攻略戦で忘れてはならないのが、「台湾軍」の存在なのだ。ジャワ島中部のクラガンに上陸した陸軍第48師団（土橋勇逸中将）は台湾軍の隷下部隊であり、台湾歩兵第1連隊および台湾歩兵第2連隊などが所属していた。それゆえに台湾出身者が多かった。

この第48師団は、開戦劈頭には第14軍の隷下部隊としてフィリピン攻略戦に参加した後、第16軍隷下部隊となって蘭印攻略戦で大活躍した。そしてジャワ島中部・東部の制圧という最も広い地域の制圧を担当し、先のスラバヤを占領したのもこの部隊であった。そしてこの碑文にある「新鋭有力なる台湾志願兵」とあるが、事実、台湾人志願兵の士気は高く忠誠心はすこぶる強かった。

昭和17年（１９４２）に陸軍特別志願兵制度が施行されるや、最終採用者１０２０名に対し、台湾の原住民「高砂族」の青年を含む40万人もの台湾人青年が応募し、その競争率は約４００倍となった。翌年の応募状況はこれを上回る６００倍の競争率を記録し、応募者の中には自らの血で入隊の気持ちを綴る血書嘆願者も多かった。インドネシアのチモール島で戦った鄭春河《ていしゅんが》氏もそんな血書嘆願して入隊した台湾人志願兵の一人だった。かつて私がインタヴューしたときも、鄭氏は大東亜戦争の正当性とかつての祖国・日本への思いを滔々と訴え続けた。その著書『台湾人元志願兵と大東亜戦争』（展転社）にもそんな終戦時の思いが綴られている。

〈戦に負けたからにはいかなる応報があらうとも、祖国と運命を共に、最後まで日本人でありたかつた〉〈私は生を日本に享けて僅か二十六年間の日本人なれど、あくまで祖国日本を愛します。特に自虐的罪悪感をもつ同胞に先づその反省を促したい。願はくは、一時も早く目覚めて大義名分を明らかにし、民族の誇りにかけて速やかに戦前の日本人―真の日本国民に戻つて下さい。そして、民族の発展と世界永遠の平和確立に貢献して下さい〉

鄭氏は〝2つの祖国〟を愛し続けた。

〈『義は台湾人、情は日本人』で今日まで生かされたのを限りなく感謝してゐる。二つの祖国に対しては『倒れてなほ止まぬ』天涯から地の底からでも常に祖国の弥栄をお祈りしてゐる〉

インドネシア解放の戦いにその青春を捧げ、そして２００５年にこの世を去った元日本兵・鄭春河氏はその言葉通り、黄泉の国よりかつての祖国・日本の弥栄を祈ってくれているだろう。

『台湾人と日本精神《リップンチェンシン》』（小学館）の著書で、文豪・司馬遼太郎氏から〝老台北《ラオタイペイ》〟と呼ばれた蔡焜燦《さいこんさん》氏は、昭和20年（１９４５）になって岐阜陸軍航空整備学校奈良教育隊に志願入隊するが、入隊前に同級生にその動機を聞かれこう答えている。

「俺は日本という国が好きだ。天皇陛下が好きだから、俺、立派に戦ってくる！」

そして待ちに待った出征の日には「お国のためだ、鬼畜英米をこの俺が退治してくれよう」という闘志を胸に台湾を後にしたという。現在も体調の許す限り、日本からやってくる著名人や大学教授らと意見を交わし、夜は、日本全国からやってくる日台交流団体に特上の台湾料理を振舞って懇談する日々を送っている。そのとき彼らにこう訴えかけるという。

「日本という国は、あなた方現代の日本人だけのものではありません。我々のような〝元日本人〟のものでもあるのです。日本人よ胸を張りなさい！　そして自分の国を愛しなさい！」

蔡焜燦氏は、自虐史観に取り付かれた現代の日本人に、かつての自信と誇りを取り戻してもらいたいと願ってエールを送り続けている。蔡氏ら台湾人志願兵の中でも「高砂義勇隊」なる原住民志願兵の活躍は際立っていた。当時「高砂族」と呼ばれたマレー・ポリネシアン系の言語を話す台湾原住民（アミ族、タイヤル族、パイワン族など少数部族の総称）の兵士らは、フィリピン、ボルネオ、インドネシア、ニューギニアなどの南方戦線で大活躍している。彼らはジャングル内での行動やサバイバル術に長けており、彼らの使うマレー・ポリネシアン系言語は、東南アジア各地で通じたことから一種の通訳も担う頼もしい存在だったのである。

高砂義勇隊の兵士達は、先祖伝来の「蕃刀《ばんとう》」を持って、ジャングルを切り拓き、台湾山地の密林で培われた鋭い感性をもってジャングルで日本軍の先頭に立った。そしていざ会敵すれば、日本軍兵士に優るとも劣らぬ勇敢さで敵に敢然と向かっていったのである。こうした高砂族の人々の民族性について、司馬遼太郎氏は、「非科学的な空想」としながらも、次のように分析している。

〈〝高砂族〟と日本時代によばれてきた台湾山地人の美質は、黒潮が洗っている鹿児島県（薩摩藩）や高知県（土佐藩）の明治までの美質に似ているのではないか。この黒潮の気質というべきものは、男は男らしく、戦に臨んでは剽悍で、生死に淡泊である、ということである〉（『街道をゆく40　台湾紀行』朝日新聞社）

当時の高砂族の総人口である15万人中、実に6千名が志願して大東亜戦争に参加。そしてその約半数が散華した。大東亜戦争開戦劈頭のフィリピン・バターン攻略戦も、それに引きつづくコレヒドール攻略戦も、高砂族の働きがその勝利に大きく貢献し、日本軍将兵は皆一様に「彼らがいたからこそ」という深い感銘を受けたという。

開戦劈頭のみならず、戦況悪化の一途を辿る昭和19年（1944）以降も高砂族の戦士達は南方の激戦地で勇敢に戦い、その武勇を馳せた。連合軍と死闘が繰り広げられたニューギニア戦線・ブナの戦闘でも高砂義勇隊の活躍は目を見張るものがあり、この地で散華した陸軍大佐・山本重省は、高砂義勇隊の忠誠と勇気を称えた遺書を残したほどである。ニューギニア戦線で高砂義勇隊500名とともに戦った第18軍参謀で元陸軍少佐の堀江正夫氏はこう回想する。

「高砂義勇隊の兵士らは、素直で純真、そして責任感がありました。ジャングルでは方向感覚に優れ、音を聞き分ける能力もあり、そして何より夜目が利くんです。だから潜入攻撃なんかはずば抜けていましたよ。そのほか食糧調達にも抜群の才覚がありましたね。とにかく彼らの飢えに耐えながらの武勲を忘れることはできません」

このように、ニューギニア戦線で戦った将兵の話には高砂義勇隊に対する感謝の言葉が溢れている。ジャングルで生きる智恵を高砂の兵士に学び、食糧調達から戦闘行動まで、高砂義勇隊なしでは何もできなかったというのだからその活躍の程がうかがえる。マラリアや飢えで体力がなくなった日本兵を支え、物資輸送を一手に引き受けた高砂義勇兵は、まさに生命の恩人だった。「この部隊には高砂義勇隊がいる」というだけで安心でき、日本兵はおおいに勇気付けられたという。

当時、世界最強と言われた日本軍人をしてそう言わしめるのだから、高砂義勇隊の精強さがお分かりいただけよう。

「私が死んだら靖国神社に入れますか?」

かつて私は、蘭印攻略戦に参加してボルネオ島のバリクパパンで戦った高砂義勇隊の兵士を取材したことがある。その兵士の名はアミ族の盧阿信《ろあしん》氏（日本名「武山吉治」）。彼は、日本陸軍に志願入隊して蘭印領ジャワ島およびボルネオ島、そしてフィリピンの各戦線で戦い抜いた英雄であった。大柄で上背のある盧氏は、蘭印領ボルネオで敵ゲリラと壮絶な白兵戦を演じている。

「あの時、相手の刀を素手で掴んで離さなかった。刃を直角に持てば切れないからね……。すると敵は、馬乗りになった私が背負っていた日本刀を片方の手で抜こうとした。しかし、日本刀は長いからなかなか抜けない……あと五寸のところで抜けなかった。そして素手で掴んでいた相手の刀を奪い取ってやっつけたんですよ」

また蘭印ボルネオのサンガサンガから南に下ったドンダンでは、突然出くわしたオーストラリア兵に突如「誰だ！」と大声を浴びせて相手の動きを止める大胆な手法を用い、その大声に怯んだ敵兵を捕虜にするという手柄も立てている。盧阿信氏は言う。

「私たちは、日本軍と共にあの戦争を一生懸命戦い抜きました。残念ながら戦争には負けましたが、私たちはいまでも〝大和魂〟を持っているんですよ！」

高砂義勇隊の兵士の忠誠心と勇猛さは日本軍将兵に優るとも劣らなかった。

前出の蔡焜燦氏は言う。

「高砂の兵隊は、忠誠心が強かった。ジャングルの生活に慣れた彼らは食料調達もやったんだよね。彼らは日本の兵隊に食べさせるために必死で食料を探したんです。この食料調達の途中で高砂の兵隊が餓死したことがありました。それも両手に食料を抱えたままね……。高砂の兵隊はそれを食べれば死なずにすんだのに食べなかった。日本の戦友に食べさせるものだから自分は手を付けずに餓死を選んだんですよ……戦友愛……それは立派でした」

高砂義勇隊の兵士スニヨン、日本名「中村輝夫」一等兵の逸話もまた、彼ら高砂族の忠誠心を如実に物語っている。昭和18年（1943）、高砂義勇隊に志願したアミ族出身の「中村輝夫」ことスニヨンは、フィリピン戦線に赴き各地を転戦、終戦時にはインドネシアのモロタイ島で遊撃戦を遂行中であった。モロタイ島の奥地で戦闘行動中であったため、彼には終戦の報は届かず、結局、昭和49年（1974）まで実に32年間もモロタイ島のジャングルの中で任務を遂行し続けたのである。スニヨンの帰還は、グアム島、フィリピン・ルバング島からそれぞれ帰還した横井庄一伍長、小野田寛郎少尉よりも後だったことから〝最後の皇軍兵士〟と呼ばれた。彼が発見されたとき、小銃はよく手入れされており、救出され収容された後も日課として、宮城（皇居）遥拝と体操を毎日欠かさなかったというから感服する。

〝世界最強の戦士〟――それはいまから70年ほど前、大和魂をもって南方の島々で勇敢に戦った台湾先住民の兵士に冠せられる称号である。台北から南東へ30キロの烏山には「台湾高砂義勇隊英魂碑」がある。この記念碑は、タイヤル族の酋長であった故・周麗梅《しゅうれいばい》氏が大東亜戦争で戦没した高砂族の勇気を称え、御霊を鎮めるため1992年（平成4年）に建立した鎮魂碑である（周氏の実兄も南方戦線で戦死されている）。

記念碑の下には、本間雅晴中将による高砂義勇隊への鎮魂の遺詠が刻まれている。

かくありて許さるべきや　密林のかなたに消えし　戦友をおもえば

本間中将は台湾軍司令官を歴任した後、高砂義勇隊が活躍したバターン半島攻略戦などフィリピン作戦を指揮したため、高砂義勇隊とは縁の深い将軍であった。

「台湾高砂義勇隊英魂碑」には李登輝総統の揮毫「霊安故郷」（霊は故郷に安ずる）という文字も刻まれている。李登輝総統も大東亜戦争に馳せ参じた元日本軍人として、高砂族の英霊にはひとかたならぬ思いがあるのだろう。また、李登輝総統の実兄・李登欽氏（日本名「岩里武則」）は、海軍機関上等兵としてフィリピンで戦死されており、台湾人戦没者2万7千余柱と共に九段の靖国神社に祀られていることも付記しておきたい。台湾人日本兵の靖國神社への思いは並大抵ではない。

当時、回天特攻隊員として訓練を受けた陳春栄氏（日本名「古田栄一」）は、生涯、日本海軍の軍装のまま過ごした元帝国海軍軍人だった。かつて私がインタヴューしたとき、持参してきた『軍艦マーチ』のカセット・テープをかけながら力強くこう言った。

「なぁ〜に、回天が10隻もあれば、アメリカの空母もやって見せますよ。ド真中に4隻、前部に3隻、後部に3隻が突入する。そしたらあんた、一発だよ！」

かつて人間魚雷「回天」の特攻隊員として訓練を受けた陳さんの心身には、今も不屈の大和魂が漲《みなぎ》っていた。なるほど陳さんの自宅には、今でも海軍の正装を身に着けた自身の絵画と大きな旭日旗が掲げられている。栄光の海軍時代を激しく語った陳さんは、突如思いつめたような表情に豹変し、ゆっくりとそして静かにこう言った。

「私ね、ただひとつだけ……靖国神社に入ることができなかったこと、それが残念でなりません。今からでも……私が死んだら靖国神社に入れますか？」

その靖国神社の神門は、実は台湾の阿里山の檜で作られている——。

数多くの撃墜王を生んだ「ラバウル航空隊」

ニューブリテン島（現在のパプアニューギニア）のラバウル基地に展開したラバウル航空隊は、東ニューギニア、ソロモン方面における作戦に大活躍した。連合軍は、腕利きのパイロットが多く所在したラバウルの航空隊の本拠を終戦まで占領できなかった。

つわもの揃いだったラバウル航空隊

過酷な空戦を戦い抜いた本田稔兵曹

ラバウル航空隊の死闘

大東亜戦争における日米航空戦の象徴ともいえる「ラバウル」――。その地名は誰もが一度は耳にしたことがあるだろう。ラバウルは、現在のパプア・ニューギニアを構成するニューブリテン島の北端ガゼル半島の東に位置する火山に取り囲まれた港町で、戦前はオーストラリアによって統治されていた。戦時中、同地はアメリカとオーストラリアの間に立ちはだかるソロモン諸島や連合軍の拠点の一つであったニューギニアのポートモレスビーに睨みをきかせる戦略上の要衝だった。

開戦翌月の昭和17年（1942）1月、日本海軍第1航空艦隊がラバウルを空襲して制圧し、ただちに水上機部隊が進駐したのが日本軍の同地への第一歩だった。そして旧式の96式艦上戦闘機18機がラバウルに進出した後、2月14日に第24航空戦隊司令部が進出して「ラバウル航空隊」が誕生した。しかし初の航空戦となる2月20日の米艦艇に対する攻撃では、17機の陸上攻撃機が出撃して15機を失う大損害を受けたのだった。その後、ラバウル基地には一式陸上攻撃機および96式陸上攻撃機で編成された第1中攻隊が進出してポートモレスビーへの攻撃を開始した。つまり、当初のラバウル航空隊は、陸上基地から発進する〝中攻〟と呼ばれた海軍の双発中型攻撃機が主要戦力だったのである。

昭和17年4月1日、第25航空戦隊が新たに編成され、これまでの第24航空戦隊に代わってラバウルに進出した。第25航空戦隊には歴戦の戦闘機パイロットを抱える台南航空隊（11月に第251航空隊に改称）をはじめ、中攻からなる第4航空隊、飛行艇の横浜航空隊が編入され、同方面の航空戦力は

■「ラバウル航空隊」作戦地域図

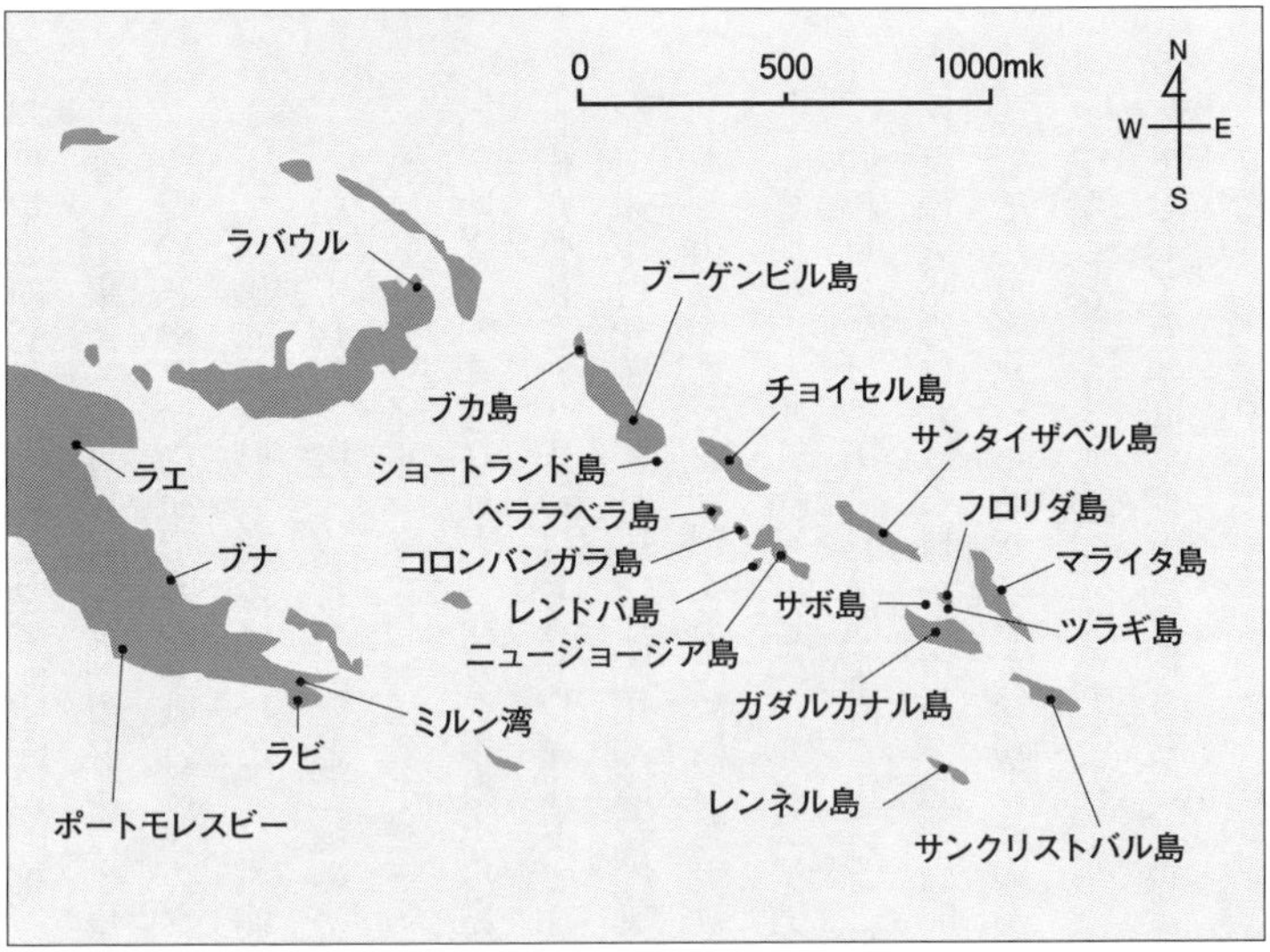

一層強化されてゆく。5月7日、史上初の空母同士の戦いとなった「珊瑚海海戦」には、ラバウル基地からも一式陸攻が投入されている。この海戦では、日本の空母艦載機が米空母「レキシントン」を撃沈し、空母「ヨークタウン」を中破せしめる大戦果をあげたが、我が軍も空母「祥鳳」沈没、空母「翔鶴」大破という大きな損害を被り、結果的に日本海軍はポートモレスビー攻略作戦を延期せざるを得なくなり、後に陸軍部隊のみで実施されることになったのである。

その3カ月後の8月7日、日本軍占領下のガダルカナル島へ米軍が上陸してきたことを受け、ラバウル航空隊はただちにガダルカナル島への攻撃を開始した。ちょうどこの日、99式艦上爆撃機と零戦32型で編成された第2航空隊（11月に582航空隊に改称）がラバウルに進出、同月21日には第6航空隊（同第204航空隊に改称）、9月には第3航空隊（同第202航空隊に改称）および鹿屋航空隊戦闘機隊（同第253航空隊に改称）がやって来た。9月12日には、ガダルカナル島における陸軍部隊の総攻撃に合わせて第2航空隊の陸上攻撃機25機と台南航空隊の零戦15機がガダルカナルを攻撃し、敵戦闘機を13機撃墜したほか20機を地上で撃破する大戦果をあげている。日本側の損害は、陸上攻撃機4機自爆、未帰還2機であった。

続いて14日、陸上攻撃機27機と直掩の零戦11機がガダルカナル島ヘンダーソン飛行場を爆撃し、零戦はF4Fワイルドキャット10機を撃墜する戦果をあげた。しかし、その4日後の18日、米海兵隊第7連隊（約4200人）がガダルカナル島に上陸してきたことで、米海兵隊のヘンダーソン基地の防備が強化され、米軍はF4Fワイルドキャット60機による迎撃態勢を整えた。以後、ガダルカナル島で米軍と死闘を繰り広げる陸軍部隊を援護すべく陸上攻撃機と戦闘機隊がガダルカナル島に連日攻撃を仕掛け、これを迎撃するために待ち受けたF4Fとの激しい空中戦が繰り広げられたのである。

同時にラバウル航空隊はニューギニア方面にも進出して、連合軍機と激しい空中戦闘が行われた。同年11月には、第202航空隊、第252航空隊が相次いでラバウルに進出するなどして、ラバウルは南太平洋における日本海軍航空隊の戦略拠点として一段とその重要度が高まっていったのである。

そんなラバウル航空隊で大活躍した撃墜王の一人が鹿屋航空隊（第253航空隊）の本田稔兵曹（大正12年＝1923年生まれ）だった。本田兵曹（終戦時＝少尉）は、帝国海軍の戦闘機パイロットとして6年間も操縦桿を握り続け、戦後も、航空自衛隊でジェット戦闘機のパイロットとして日本の空の守りを担いながらパイロットの教育を担任し、退官後も三菱重工業のテストパイロットとして

22年間も飛び続けた名パイロットである。総飛行時間は９８００時間に上る。

本田少尉の詳細については、拙著『最後のゼロファイター　本田稔・元海軍少尉「空戦の記録」』（双葉社）に譲るが、本田稔氏は、昭和14年（１９３９）に霞ヶ浦海軍航空隊に入隊後、昭和16年12月８日の開戦をもって台南の第22航空戦隊に配属され、ボルネオ、タイ、インドネシアを転戦して実戦経験を積んだ後、昭和17年９月にラバウルに着任した。

本田氏がラバウルに着任した翌日の夜、攻撃隊指揮官の中島少佐から訓示があった。

〈目的は、ガ島周辺に群がる敵艦船と飛行場の攻撃に向かう中攻隊の護衛である。片道４時間、距離１千キロ、空戦時間５～10分、帰路再び同じコースを帰り都合８時間15分、距離２千キロの飛行だ。飛んで行って帰ってくるだけでも相当な苦労である。おまけにこれまでに遭遇したことのない強力な敵戦闘機隊が待ち構えている。決して油断はならん。明日の出撃はすでに戦闘に参加した者が大部分であるから貴様たちは編隊を崩さぬようにガッチリついて来い〉（岡野充俊著『本田稔空戦記』光人社ＮＦ文庫）

翌朝４時、一式陸上攻撃機26機、これを護衛する零式艦上戦闘機21機がガダルカナル目指してラバウル基地を飛び立った。このガダルカナル攻撃に向った一式陸上攻撃機は、爆撃も雷撃もこなす７人乗りの海軍の主力攻撃機で、60キロ爆弾12発あるいは２５０キロ爆弾４発を搭載した状態で航続距離約２５００キロ（22型）を飛べたため、ラバウルからガダルカナルまでの１千キロの遠距離爆撃ミッションを十分こなすことができたのだった。前述したように、開戦劈頭の昭和16年12月10日には、マレー沖にて高速航行中のイギリス東洋艦隊の主力であった戦艦「プリンス・オブ・ウェールズ」および「レパルス」を撃沈する大戦果をあげており、その雷撃による魚雷の命中率は40・8％を記録しながら損害はわずかに3機だった。このことからも、一式陸上攻撃機の運動性が高かったことが証明されている。

ところが巷では、一式陸上攻撃機は防弾装備が脆弱で、被弾するとすぐに火を噴くことから〝ワンショット・ライター〟などと酷評されている。だが一式陸攻は、そうした初期の苦い経験から、その後は防弾タンクを装備するなど防弾性を大幅に改善しており、米軍機の攻撃に発火せずに逃げ切った例も報告されている。どうやら〝ワンショット・ライター〟というのは、一部の米軍パイロットによる初期の武勇伝が誇張され、戦後、同機への固定観念として定着したもののようだ。

その一式陸攻を護衛したのが零戦だった。7人乗りの一式陸攻とは異なり、狭いコクピットに座り続ける1人乗りの零戦パイロットの苦労はひとかたならないものがあった。本田稔氏は語る。

「とにかくラバウルからガダルカナルは遠かったです。片道4時間かかりましたからね。ですから敵機との空戦はせいぜい5分ぐらいにしないと帰りの燃料がなくなるんです。敵は、その途中の島々にウォッチャーを配置しており、我々の動きはすべて米軍に通報されていたんです。さらに敵は電探を持っていたので、上空で我々を待ち構えていました。

やはりこの長距離の洋上飛行では航法が心配でした。というのも、ガダルカナルで空戦をやってラバウルに帰るときはほとんどが単機ですからね……。だから行くときに目印となる島々や湾の形などを覚えておかねばならなかったんです」

本田兵曹がラバウルに着任した翌日の出撃では、ガダルカナル島の敵飛行場の上空に達するや、26機の一式陸上攻撃機が爆弾の雨を降らせ始めた。地上からは対空砲火が撃ち上げてくるが、本田兵曹らは一式陸攻の護衛を続けた。所定の目標に対する爆撃を成功させ帰途につこうとしたとき、本田兵曹の右手上空に何かが光ったという。米海軍のＦ４Ｆ戦闘機約30機だった。

敵機は2機でペアを組み、一式陸上攻撃機めがけて突進しながら機銃掃射して高速で退避する〝一撃離脱戦法〟による攻撃を繰り返したのである。だが護衛の零戦隊は、この敵機を次々と撃ち墜としていった。この日の零戦隊は、17機のＦ４Ｆを撃墜したが我が方も零戦４機を失った。

本田兵曹の乗機だった零式艦上戦闘機21型は、強力な破壊力をもつ20ミリ機関砲を両翼に1門ずつ合計2門と機首に７・７ミリ機銃2挺を搭載し、１０００馬力の栄エンジンを搭載してその最高速度は時速約５３０キロを誇った。そして驚くべきはその航続距離で、当時の戦闘機としては世界最長の約３３００キロを飛べた。この驚異的な長距離飛行性能によって、爆撃機を１０００キロ離れたガダルカナルまで護衛することができたのである。一方のグラマンＦ４Ｆワイルドキャットは、猛烈な弾幕を張れる12・７ミリ機銃を両翼に3挺ずつ搭載し、エンジンは零戦を上回る１２００馬力、最高速度は時速約５１５キロだったが、航続力は零戦の3分の1ほどの約１２００キロ程度であった。

Ｆ４Ｆワイルドキャットとの戦いを本田稔氏はこう述懐する。

「零戦とＦ４Ｆは戦い方が違うんです。敵は6挺の12・７ミリ機関銃を振り回して掛ってくるんです。そりゃ凄いですよ、その弾幕は。こちらは７・７ミリ機銃と20ミリ機関砲ですが、７・７ミリなんかまったく役に立たんのですよ。敵は防弾装甲を施していますから、7・7ミリ機銃弾が当たっても墜ちません。20ミリ機関砲で勝負するしかなかったんです。もちろん20ミリ機関砲弾は、1発当たればそれで撃墜できる威力がありましたが、最初の頃は、この20ミリ弾が一挺につき100発でしたから、空戦の時間も限られました。そこで確実に命中させるために、目いっぱい近づいて撃ちましたよ。だから空戦はもう、個人の技量がものを言ったんです。

零戦という戦闘機は、とにかく舵のききが素晴らしく良かった。だから〝横の戦闘〟（水平方向の空中戦）ならば零戦が勝ちます。もちろん相手に後ろにつかれないようにしなければいけないんですけど、こちらが敵機の後ろをとったときにはこちらの後方にも敵機がついているんです。こちらが撃ったときには自分の後ろについた敵機から撃たれるんですよ。だから、こちらが撃ってどう退避するかということが大切なんです」

インタヴュー時、本田氏は零戦のコクピットに収まっているかのように身振り手振りを交えながら再現してくれた。

「敵機と接近したら横の戦闘に入るか縦の戦闘に入るかで、その直後に勝負は決まります。敵機を追っているときは、必ず後方を見てから前方の敵機に20ミリ機関砲弾を1、2発撃って離脱しました。僕はいつもそうしていました。とにかく20ミリ機関砲を1発か2発撃っても墜ちなかったら、自機の後方についている敵機にやられますから、離脱しなければなりませんでしたね」

そんな両機だが本田氏の言葉にもあるように、零戦の運動性能はＦ４Ｆワイルドキャットよりもはるかに優れており、一騎打ちの空中戦いわゆる〝ドッグファイト〟では、零戦は優勢を保ち続けた。この頃の零戦は、防弾性能を除けば運動性・武装・航続距離のどれをとっても列国の戦闘機を凌駕しており、なによりパイロットの技量は世界ナンバーワンといっても過言ではなく、向かうところ敵なしの強さを誇っていた。米海軍F4Fワイルドキャットをはじめ、米陸軍のロッキードP38ライトニング、ベルP39エアコブラ、カーチスP40ウォーホークなど、米軍の繰り出してくる戦闘機に対して常に優勢な戦いを演じ、ラバウル航空隊は次々と戦果を重ねていったのである。

来る日も来る日もガダルカナルへの攻撃が実施され、本田兵曹は通い慣れた空の道を往復した。

「ガダルカナルに向かう往路は、緊張感がありましたが、空戦を終えてラバウルに帰る復路が危ないんです。緊張がほぐれて気が緩むと眠気がドッと出てくるんですよ。そうすると操縦しながら眠ってしまう。あるとき、一緒に飛んでいた僚機がフラフラし出して突然スーッと海面に向かって真っ逆さまに落ちていったんです。もうこうなると助けようがない。知らせようがないんですよ。ガダルカナルの戦いは、こうして優秀なパイロットが失われていきました。まさに疲労との戦いだったんですよ」

本田氏によれば、この睡魔との戦いこそが零戦パイロットに課せられたもう1つの戦いだったという。連続で8時間も操縦し続ければ体力の消耗は並大抵のものではない。現代のように自動操縦装置はなく、単純な水平飛行でも、操縦桿を握りしめラダーを操作し続けなければ真っ直ぐ飛ぶことすらできない。ガダルカナル攻撃ミッションには、相当の体力と忍耐力が求められたのだ。そのため、パイロット達は健康管理に細心の注意を払っていたという。本田兵曹もラバウル基地では、目に良いということでタマネギを食べていたそうで、日常のすべてを〝戦闘に勝つため〟に捧げていたといえる。そんなパイロットたちを襲ったのが、零戦有利の揺らぎだった。

「零戦が絶対優位に戦えたのは昭和18年2月頃まででした。2月以降は、敵機を墜としにくくなったんですよ。敵が戦法を変えたんです。敵機は運動性能に優れた零戦との巴戦を避けるようになり、高い高度から高速でダイブして攻撃をかけてそのまま下方に抜けてゆく、一撃離脱戦法を繰り返すようになったんです」（本田氏）

運動性能に劣るF4Fは、ドッグファイトを避けて、パワーを生かした一撃離脱戦法——つまり、撃って逃げるヒット・エンド・ラン戦法で対抗してきたのだった。F4Fワイルドキャットの重量3359キロに対して零戦21型の重量は1750キロと、およそ半分だったのである。零戦の格闘戦の強さに舌を巻いたアメリカ軍は、パイロットに対して3つの禁止事項を通達した。

①零戦と格闘戦をしてはならない。
②時速300マイル以下において、零戦と同じ運動をしてはならない。
③低速時には上昇中の零戦を追ってはならない。

敵もさるものである。両軍パイロットが技量と知恵をぶつけ合う——当時、ラバウル航空隊が米軍機を相手に繰り広げていた空戦は世界最高水準の戦いであった。

敵機69機撃墜、損害はゼロ

昭和18年2月7日、日本軍はガダルカナルから撤退したが、ラバウル航空隊による同方面およびニューギニア方面の航空作戦は続いた。あまり知られていないことだが、陸軍部隊のガダルカナル撤退の前月には、ラバウルに陸軍航空隊が進出しており、一式戦闘機「隼」や三式戦闘機「飛燕」、そして二式複座戦闘機「屠龍」などが海軍航空隊と共に大活躍している。

3月3日、本田兵曹の率いる2個小隊（6機）を含む計12機の零戦がラバウル基地を飛び立った。この日の任務は、ニューギニアのラエに向かう陸軍部隊約7千名の将兵を乗せた味方輸送船8隻と護衛の駆逐艦8隻の直掩だった。だが日本軍の動きを事前に察知していた米軍は、B17爆撃機、B24爆撃機、B25爆撃機、A20攻撃機などの大型爆撃機と、護衛機としてP38戦闘機を加えた１２０機の大部隊を送り込んできたのである。本田兵曹らの12機は、この10倍の敵と戦わねばならなかった。敵大編隊を発見した本田兵曹は6千メートル上空から急降下して突撃を開始した。

「多勢に無勢でした。上空にはP38がいっぱいおったんですが、列機小隊長の高橋1飛曹にこの敵の直掩戦闘機隊を任せ、私は爆撃隊に掛っていったんです」

本田兵曹が襲いかかった爆撃隊の先頭にはA20攻撃機がいた。この攻撃機は3人乗りの双発機で、対空防御用も含め10門の12・7ミリ機銃を備え、機首に12・7ミリ機銃を集中配置して地上攻撃機として運用されていた。

「（A20の火力は）〝地獄の花火〟とでも表現しておきましょうか。機首に集められた機銃の威力は、他の敵機とは比べものにならないほど強力で、撃ち出される弾に隙間がないほど。とにかく凄まじい弾幕でしたね」

この戦闘で、本田兵曹も敵爆撃機を護衛するP38から銃撃を受け7・7ミリ機銃に直撃したほか、別のP38からの攻撃で片方の主脚が飛び出してしまったという。それでも本田兵曹は、燃料が尽きるまで我が輸送船団に対する攻撃を妨害し続け、そしてどうにかガスマタに不時着している。この〝ダンピールの悲劇〟と呼ばれるビスマルク海海戦では、我が方の駆逐艦4隻と輸送船4隻が兵員約3千人と共に海に没したのだった。

そして昭和18年4月になると「い号作戦」が発動され、第2航空戦隊の空母「飛鷹」「隼鷹」の艦載機がラバウルに進出して航空作戦を展開した。4月18日、山本五十六連合艦隊司令長官は前線視察のため一式陸攻でラバウルの東飛行場を飛び立った。山本長官は1番機に、そして2番機には連合艦隊参謀長・宇垣纏中将が乗り込んで、護衛役の零戦6機を伴ってブーゲンビル島のブインを目指したのである。ブイン基地では、長官機の到着を待ちわびていた。そんなところに突如空襲警報が鳴り響いた。このときブイン基地に展開していた本田兵曹は、愛機に飛び乗って敵機迎撃のためにまっ先に離陸したという。ところが、本田兵曹が上空に上がったときには敵機の姿はすでになく、ジャングルから一条の黒煙が高く立ち上っていたという。その黒煙は、待ち構えていた16機のＰ38に撃墜された山本長官機のものであった。

その翌月のことだ。ある〝新型戦闘機〟が小園安名《こぞのやすな》中佐（当時）率いる第２５１航空隊とともにラバウルに再進出してきた。夜間戦闘機「月光」だった。この新型機は、夜間に飛来する米軍の大型爆撃機を下方と上方から狙い撃つ〝斜め射銃〟を搭載し、零戦と同じ栄21型エンジン（１１３０馬力）を2発積んだ双発戦闘機である。米軍の大型爆撃機の死角となる下方から忍び寄り、その位置から狙い撃つために上向き30度の角度をつけた20ミリ機銃2挺をコクピットの後ろに搭載し、同じく敵爆撃機の上方から撃ち下ろすために、下向き30度の角度をつけた20ミリ機銃2挺を胴体下部につけた変わり種機だったが、その効果は抜群だった。

月光は5月21日深夜、夜間爆撃のためにラバウルに来襲した2機のＢ17爆撃機を迎撃、これを見事撃墜し、その後も夜間に来襲してくるＢ17爆撃機を次々と血祭りに上げていったのだった。月光の接近に気付かないうちに20ミリ機関砲弾を浴びた米軍爆撃機の乗員は、さぞや恐怖を感じたことであろう。

翌月の6月30日、連合軍がニュージョージア諸島のレンドバ島に上陸してきたため、日本軍は7月、ラバウルの海軍航空隊の戦闘機部隊と陸軍の爆撃機部隊から成る陸海軍航空部隊による爆撃を実施した。7月からはラバウルの陸軍航空隊がニューギニア方面の航空作戦に本腰を入れるが、翌月にはニューギニアにある日本陸軍のウエワク基地が連合軍の奇襲攻撃を受けて１００機もの航空機が地上で撃破されるなどして陸軍航空部隊は壊滅的な打撃を被ったのである。

9月に入ると連合軍の攻勢は一層激しさを増し、ついに日本海軍航空隊は前進基地であったニュージョージア島のムンダ基地を放棄し、さらに10月にはブーゲンビル島のブイン基地も手放さざるを得ない状況に追い込まれたのだった。その間、ニューギニアのラエおよびサラモアに対する連合軍の攻勢によって日本軍地上部隊は、赤道直下にありながら頂上付近は気温氷点下にもなる標高4100メートルのサラワケット山系を越えてキアリまで撤退するなど、ソロモン諸島およびニューギニア方面の戦線は、連合軍の攻勢によってどんどんと押し上げられていった。日本軍の劣勢はもはや誰の目にも明らかだった。

それでも要衝ラバウルは健在だった。昭和18年11月1日、「ろ号作戦」（ブーゲンビル島に来襲した敵艦隊および輸送船団に対する航空作戦）が発動され、第1航空戦隊の空母艦載機がラバウルに到着。こうしてブーゲンビル島沖では数次にわたる激しい航空戦が行われ、ラバウル航空隊は善戦したが、気が付けば前線はブーゲンビル島にまで押し上げられていたのである。連合軍によって占領されたブーゲンビル島のタロキナに敵の航空基地ができると、ラバウルに対する攻撃は激しさを増し、12月から昭和19年2月までおよそ2カ月にわたる「ラバウル航空戦」が始まった。

これまで米軍は、精強なラバウル航空隊を恐れ、直接手を出さずにラバウルを孤立させる「カートホイール作戦」で臨んできたが、ついに米軍を中心とする連合軍は、日本陸海軍航空部隊の本丸ラバウルの攻略に乗り出してきたのだ。12月15日には、連合軍がラバウルのあるニューブリテン島に上陸を開始。これに対して日本軍は、ラバウルの零戦部隊が果敢に反撃し、またニューギニアのウエワクからも陸軍航空隊が飛来して連合軍上陸部隊に猛然と攻撃を仕掛けた。そんな矢先の12月23日には、連合軍はさらにニューブリテン島のガスマタへ上陸するなどしてきたため、ラバウル航空隊は決死の覚悟でこれを追い払うべく懸命に戦った。さらに、昭和19年に入ると、大編隊を組んで連日、しかも数次にわたってラバウルを攻撃してきた。それでもラバウル航空隊は怯むことなく勇猛果敢に立ち向かい、次々と敵機を撃ち落としていったのだ。

熾烈な迎撃戦が続いた昭和19年1月17日のことだ。ラバウルを襲った米軍機120機をラバウル航空隊の約80機が迎え撃ち、なんと敵機69機を撃墜し損害はゼロという〝パーフェクト・ゲーム〟をやってのけたのである。この大戦果は、昭和19年1月という日本軍が劣勢に立たされた時期であっただけに、消沈していた日本国内がおおいに湧きたち、ラバウル航空隊は御嘉賞されている。実はこの日の空戦は、日本映画社製作の日本ニュース第194号『南海決戦場』にしっかりと映像で記録されている。このニュース映像には、ラバウルの東飛行場から力強く飛び立ってゆく零戦の勇姿のほかに、来襲する米軍機と零戦の熾烈な空中戦の様子が見事に収められており、かなり貴重な記録フィルムである。その大勝利の1週間後、第2航空戦隊がラバウルに進出、戦況の悪化著しいこの時期にあっても、ラバウルには戦力の強化が図られていたのだ。

ところが2月17日、ラバウル航空隊の補給基地の役割も果たしていたトラック島が米軍機によって大空襲を受け、ラバウル向けの零戦270機が破壊されてしまう。2月20日、ラバウルの第253航空隊と第2航空戦隊はトラック島へ引き揚げ、ここにラバウル航空隊はその栄光の歴史に幕を下ろしたのだった――。

♪さらばラバウルよ
また来るまでは
しばし別れの涙がにじむ
恋し懐かし　あの島見れば
椰子の葉陰に　十字星

ラバウル「撃墜王」列伝

昭和19年2月20日まで勇戦敢闘を続けた「ラバウル航空隊」には、歴戦の航空隊が次々と進出し、そして数多くのエース・パイロット（通常5機撃墜でエースと呼ばれる）を輩出した。卓越した空戦技術で米軍パイロットに恐れられた**西澤広義**《ひろよし》**兵曹**（戦死後＝中尉）は、撃墜86機のスーパー・エースだった。公式撃墜数は86機となっているが、搭乗する輸送機が撃墜されて戦死したことを報じた当時の新聞には、西澤兵曹の撃墜数は150機以上とも記されており、今では〝日米両軍を通じてのトップ・エース〟という説もある。

昭和17年2月にラバウルにやって来て間もなく旧式の96式艦上戦闘機で敵飛行艇を撃墜したのを皮

切りに、零戦に乗り換えて以降は次々と敵機を血祭りに上げていった西澤兵曹は、８月７日のガダルカナルの上空でグラマンＦ４Ｆワイルドキャットを６機撃墜するなどその空戦技術は群を抜いていた。ラバウル航空戦の末期でも、強力なＦ４Ｕコルセアの４機編隊を相手に戦って、単独で3機を撃墜する離れ業をやってのけた文字通りの〝撃墜王〟だった。米軍機を次々と撃ち墜としてゆく西澤兵曹についた異名が〝ラバウルの魔王〟。西澤兵曹は、米ワシントンＤＣにあるスミソニアン博物館に、日本のエース・パイロットとして写真入りで紹介されており、その撃墜数は〝104 victories〟（１０４機撃墜）と記されている。つまりアメリカ側は、西澤兵曹の撃墜数を日本で伝えられている86機よりも多い１０４機とみているのだ。

　西澤兵曹とともにスミソニアン博物館に写真が展示されている**杉田庄一兵曹**（戦死後＝少尉）は、山本五十六司令長官機の護衛を務めた撃墜数１２０機を誇るスーパー・エースだった。この杉田兵曹の初戦果は昭和17年12月1日のブインの迎撃戦で、体当たりして右翼を切断し撃墜したＢ17爆撃機だった。「とにかく俺について来い！」が、杉田兵曹の部下に対する姿勢だったという。

　昭和17年４月にラバウルに着任した**笹井醇一《じゅんいち》中尉**（戦死後＝少佐）もまた、歴史にその名を残すスーパー・エースだった。〝ラバウルのリヒトホーフェン〟（筆者注＝マンフレッド・フォン・リヒトホーフェンは第1次世界大戦時に82機を撃墜し「レッド・バロン」と呼ばれたドイツの撃墜王）の異名を取った笹井中尉は、空中指揮官としてガダルカナルおよびニューギニアに連続出撃して戦い続け、８月26日にガダルカナル島上空で壮烈なる戦死を遂げるまでに撃墜数54機を記録した。その最期は、米海兵隊の撃墜王マリオン・カール大尉との一騎射ちの末の壮絶なる戦死だった。

この笹井中尉の2番機を務めたのが**太田敏夫兵曹**だった。太田兵曹は、先の西澤広義兵曹と坂井三郎兵曹と共に〝台南空の三羽烏〟と呼ばれた腕前の持ち主で、ボーイングB17爆撃機を含むグラマンF4Fワイルドキャット、ベルP39エアコブラなど34機を撃墜したラバウル航空隊の誇るエース・パイロットの1人だったが、昭和17年10月21日、ガダルカナル上空で壮烈な戦死を遂げた。

もうひとり笹井中尉の部下として活躍したのが〝大空のサムライ〟として知られる**坂井三郎兵曹**（終戦時＝中尉）で、その撃墜数は60機だったとされている。坂井兵曹は、昭和17年8月7日のガダルカナル島攻撃で、米軍ジェームズ・サザーランド中尉のF4Fワイルドキャットとの空戦で勝利したが、その後、急降下爆撃機SBDドーントレスの後部機銃に撃たれて負傷し意識朦朧となりながらもラバウルに奇跡的な帰還を果たしている。

西澤広義中尉に優るとも劣らぬ空戦技術で連合軍機を次々と撃墜し、米軍パイロットから怖れられた**岩本徹三上等飛行兵曹**（終戦時＝中尉）は、守勢に回るラバウル航空戦が始まった頃の昭和18年11月にラバウル基地に着任した。岩本兵曹は、米軍機と同様の一撃離脱戦法を得意とし、なんと202機もの敵機を撃墜した日本海軍のトップ・エースで〝零戦虎徹〟と呼ばれた。岩本兵曹は、支那事変においても14機撃墜をマークしており、大東亜戦争では、空母「瑞鶴」の搭乗員として真珠湾攻撃、インド洋作戦、珊瑚海海戦など主要作戦に参加して大活躍し、千島列島北端の幌筵《ほろむしろ》島を経てラバウルに着任している。

そんな歴戦の勇士・岩本徹三兵曹は、着任1週間後に米軍機の迎撃に上がり、味方に1機の損害も出さず敵機7機を撃墜し、このときの迎撃戦で52機撃墜という驚くべき大戦果をあげている。次々と米軍機を撃ち墜としてゆく無敵の岩本兵曹の空戦技術は〝神業〟と呼ぶべきもので、彼の機体に描かれた桜の撃墜マークは、後部胴体の日の丸の後ろにびっしりと描かれ、遠くからでもこれが岩本機であることははっきりと分かったという。当然米軍パイロットはその存在を怖れ、岩本機に会敵したときは震え上がったという。

岩本兵曹は、「3号爆弾」と呼ばれる空対空爆弾の名手でもあった。敵編隊の上空から投下すると子弾が燃えながら放射状に飛び散って敵機を撃ち落とす強力な爆弾で、大型爆撃機などにはかなり有効な兵器だった。ある記録によれば、岩本兵曹はこの爆弾で米海軍の急降下爆撃機16機を一挙に葬ったほか、同様に1発の3号爆弾で6機のB24爆撃機を撃墜するという快挙を成し遂げている。当時米軍は、ラバウルの航空戦力をそのあまりの強さに〝1000機〟と見積っていたというが、それにはこの無敵のスーパー・エース岩本兵曹の存在が大きかったと思われる。

岩本兵曹と同じく3号爆弾の名手だった**小町定**《こまちさだむ》**兵曹長**は、ラバウルで3号爆弾によるB24爆撃機編隊への勇猛果敢な攻撃で司令官表彰を受けている。ちなみに小町兵曹は、真珠湾攻撃からセイロン沖海戦、珊瑚海海戦、第2次ソロモン海戦、南太平洋海戦、ラバウル、マリアナ沖海戦などあらゆる戦いに参加しており、敵撃墜40機をマークしたスーパー・エースの1人だった。小町兵曹は、終戦3日後の昭和20年8月18日、関東上空に飛来した最新鋭のB32ドミネーター爆撃機を紫電改で迎撃して損傷（戦死1名）を与えた〝日本軍最後の空中戦パイロット〟でもある。

昭和18年10月24日にラバウル上空で戦死した**石井静夫飛曹長**は、特に大型機撃墜を得意とし、昭和18年1月のウエワク船団護衛のときには来襲したB24爆撃機を一挙に2機撃墜するという快挙を成し遂げている。また、戦死するまでのわずか1カ月半に撃墜17機を数え、9月23日の空戦では204空の零戦27機が敵機13機を撃墜したが、その内の5機が石井兵曹による戦果だったと言われている。石井兵曹の撃墜スコアは29機だった。

同じくハイペースの撃墜記録を持つのが、**荻谷信男少尉**だ。荻谷少尉は、ラバウル航空戦終盤のわずか13日間に18機撃墜するという短期間最多撃墜記録を持っており、これは陸海軍合わせて最高記録だった。荻谷少尉は昭和19年1月20日のラバウル迎撃戦において、1人でF4Uコルセア2機、SBDドーントレス艦上爆撃機2機、P38ライトニング1機の計5機を撃墜するという驚くべき戦果をあげている。荻谷少尉の総撃墜数は32機だった。

また昭和18年9月14日のブイン迎撃戦で、1日のうちに10機（F4Uコルセア1機、B24リベレーター爆撃機1機、P40ウォーホーク2機、F6Fヘルキャット5機、SBDドーントレス艦上爆撃機1機）を撃墜するという恐るべき離れ業をやってのけたのが**奥村武雄兵曹**である。ラバウルでは、昭和17年9月上旬から10月末までのガダルカナル島攻撃で14機を撃墜しており、昭和16年10月の中国大陸における初めての空中戦で中華民国のI15戦闘機を4機撃墜して以降、昭和18年9月22日に戦死するまでに敵機54機を撃墜したスーパー・エースだった。

また、大東亜戦争中盤以降のラバウルで初戦果をあげ、その経験を活かして撃墜記録を次々と更新していったスーパー・エースが**谷水竹尾飛曹長**だった。谷水兵曹は、昭和18年11月2日の初陣で、2機のP38ライトニングを撃墜して初戦果をあげて以降、日本軍の劣勢にめげることなく撃墜数を増やしてゆき、終戦までに32機の敵機を撃墜した空の勇者で、機体後部に独特の撃墜マークを描いていたことで知られている。そんなスーパー・エースには感動のエピソードがあり、昭和19年1月4日の空中戦で、F4Uコルセアから脱出して海に向かってパラシュート降下する米軍パイロットに、なんと谷水兵曹は救命用の浮き輪を投げてやったという。

戦後も活躍を続けたスーパー・エースも少なくない。戦後、海上自衛隊に入隊して3等海佐で退官した〝ラバウルの撃墜王〟**大原亮治兵曹**は、昭和17年10月23日にガダルカナル上空で初戦果をあげて以来、次々と撃墜スコアを伸ばし、終戦までに48機の敵機を撃墜したエース・パイロットだった。同じく戦後海上自衛隊に入隊した**杉野計雄《かずお》飛曹長**は、昭和18年11月から翌年3月まで、ほぼ連日戦われたラバウル迎撃戦で活躍し、その後も数々の戦いに馳せ参じて終戦までに撃墜32機をマークした。

戦後、航空自衛隊に入隊したのが、本項で大きく取り上げている**本田稔少尉**だ。本田兵曹（当時）は、ラバウルから連日ガダルカナル島やニューギニアへ攻撃に出かけ、このラバウルだけで43機の敵機を撃墜している。本田兵曹の公式記録は17機となっているが、これは本田兵曹が「めんどうくさくなって数えるのをやめた」からであり、実際はそれをはるかに上回る戦果をあげていたのである。本田兵曹は、誰もがやりたがらなかった正面攻撃で敵機を次々と撃ち落としていった極めて高度な操縦技量の持ち主であり、取材時に私は〝空戦の人間国宝〟の名を贈らせていただいた。

同じく戦後航空自衛隊に入隊した**石原進少尉**は、大型機への攻撃を得意として、昭和18年10月18日にはラバウル上空でB26マローダー爆撃機3機を撃墜し、11月2日にもまたもや同機3機を撃墜するという見事な戦果をあげている。石原進少尉は、終戦までに16機の敵機を撃墜した経験をもって戦後も航空自衛隊でパイロットとして防空の任に就いたが、残念なことに事故で殉職した。

戦後、民間航空機のパイロットになった者も多かった。真珠湾攻撃時に初戦果をあげ、ミッドウェー海戦では空母機動部隊の上空直掩を行って10機を撃墜した**藤田怡与蔵《いよぞう》少佐**もラバウルで大活躍しており、終戦までに42機の敵機を葬ったスーパー・エースだった。そして戦後は、日本航空で民間旅客機ボーイング747ジャンボジェットの〝初代機長〟となっている。

撃墜19機を記録する**岡野博飛曹長**もまた、戦後、民間航空機のパイロットになった1人だ。一騎当千の荒武者も忘れてはならない。昭和20年2月、厚木上空においてたった1機の局地戦闘機「紫電改」でＦ６Ｆヘルキャット12機に立ち向かい、なんとその内の4機を撃墜してみせ、〝空の宮本武蔵〟と呼ばれた**武藤金義《かねよし》中尉**は、昭和17年11月から昭和18年3月まで28機の敵機を撃墜したスーパー・エースだった。

武藤中尉と同じく、後の本土防空戦で大活躍した**鴛淵《おしぶち》孝大尉**もまたラバウルでの戦闘が初陣だった。昭和18年5月、鴛淵中尉（当時）は、第２５１航空隊の分隊長としてラバウルに着任して実戦で操縦桿を握り、この経験を基礎に千島列島やフィリピンで活躍し、後に歴戦のエース・パイロットを集めた海軍第343航空隊「剣部隊」の名空中指揮官となるが、この名指揮官・鴛淵中尉をラバウルで鍛え上げたのが撃墜王・西澤広義兵曹だったのだ。鴛淵中尉の撃墜数は6機だったが、これは先の本田稔少尉のように数えるのを止めたか、空戦で空中指揮に徹していたからであろう。

詳細は別項に譲るが、この本土防空戦の切り札となった第343航空隊には、ラバウルの経験者が多く、先の武藤金義中尉、杉田庄一兵曹をはじめ、坂井三郎少尉、13機撃墜の記録を持つ宮崎勇少尉、そしてラバウルでの航空戦で43機を撃墜した本田稔少尉などが呼び集められて日本海軍最精強航空隊が編成されている。

通常、米軍などでは、敵機を5機撃墜すると、〝エース〟つまり〝撃墜王〟と呼ばれた。ところがラバウル航空隊には、5機撃墜のエースなど当然のような存在であり、岩本徹三中尉、西澤広義中尉、笹井醇一少佐のように数十機撃墜の〝スーパー・エース〟がごろごろいる。また、ラバウルでの経験を活かしてスーパー・エースとなったパイロットが溢れていたのだ。

ラバウル航空隊は、日本軍パイロットにとって実戦経験を積む〝空戦道場〟であり、撃墜王になるための登竜門だったのである——。

南海の死闘「ソロモン海戦」

米豪分断を狙う日本海軍と米海軍を主力とした連合国海軍は、ソロモン諸島海域で数次にわたり激突したが、日本艦隊はその都度、敵艦艇を撃退。ミッドウェーでの惨敗の仇を討ってみせた。

第8艦隊の旗艦だった重巡洋艦「鳥海」。「ちょうかい」の名は現在、海自のイージス艦に引き継がれている

第8艦隊を率いた三川軍一中将

日本軍の辛勝だった「珊瑚海海戦」

日本軍が、ガダルカナル島、ニューギニア方面に進出したのは、〝領土拡大の野心〟や〝気まぐれ〟などといったものでは断じてない。この方面の一連の作戦には、アメリカとオーストラリアを分断する〝米豪遮断〟という戦略があったのだ。

開戦から1カ月半後の昭和17年（1942）1月23日、日本軍は戦略の要衝ラバウルを占領し、ここを拠点にオーストラリアに最も近いニューギニアのポートモレスビーの攻略（MO作戦）に乗り出し、5月8日には日米の空母機動部隊同士が珊瑚海で激突した。世に言う「珊瑚海海戦」である。この海戦は、世界軍事史上初の空母決戦でもあった。

高木武雄少将率いる機動部隊は、正規空母「翔鶴」「瑞鶴」と軽空母「祥鳳」を中心に、重巡洋艦「妙高」「羽黒」「青葉」「衣笠」「加古」「古鷹」の6隻、軽巡洋艦「夕張」、駆逐艦12隻の陣容だった。対する連合軍側は、正規空母「ヨークタウン」と「レキシントン」を中心に、重巡洋艦「ミネアポリス」「ニューオリンズ」「アストリア」「チェスター」「ポートランド」「シカゴ」に豪海軍「オーストラリア」を合わせた7隻と豪軽巡洋艦「ホバート」の他、駆逐艦13隻の陣容。

5月7日、まず空母「翔鶴」「瑞鶴」の偵察機12機が米空母を発見、両艦より攻撃隊が出撃した。だがその〝米空母〟の正体は、給油艦「ネオショー」だった。日本軍機は艦影を見間違えたのである。そこで、空母から出撃した99式艦上爆撃隊は急降下爆撃を行って、給油艦「ネオショー」と随伴して

■「ソロモン諸島の海戦」概要図

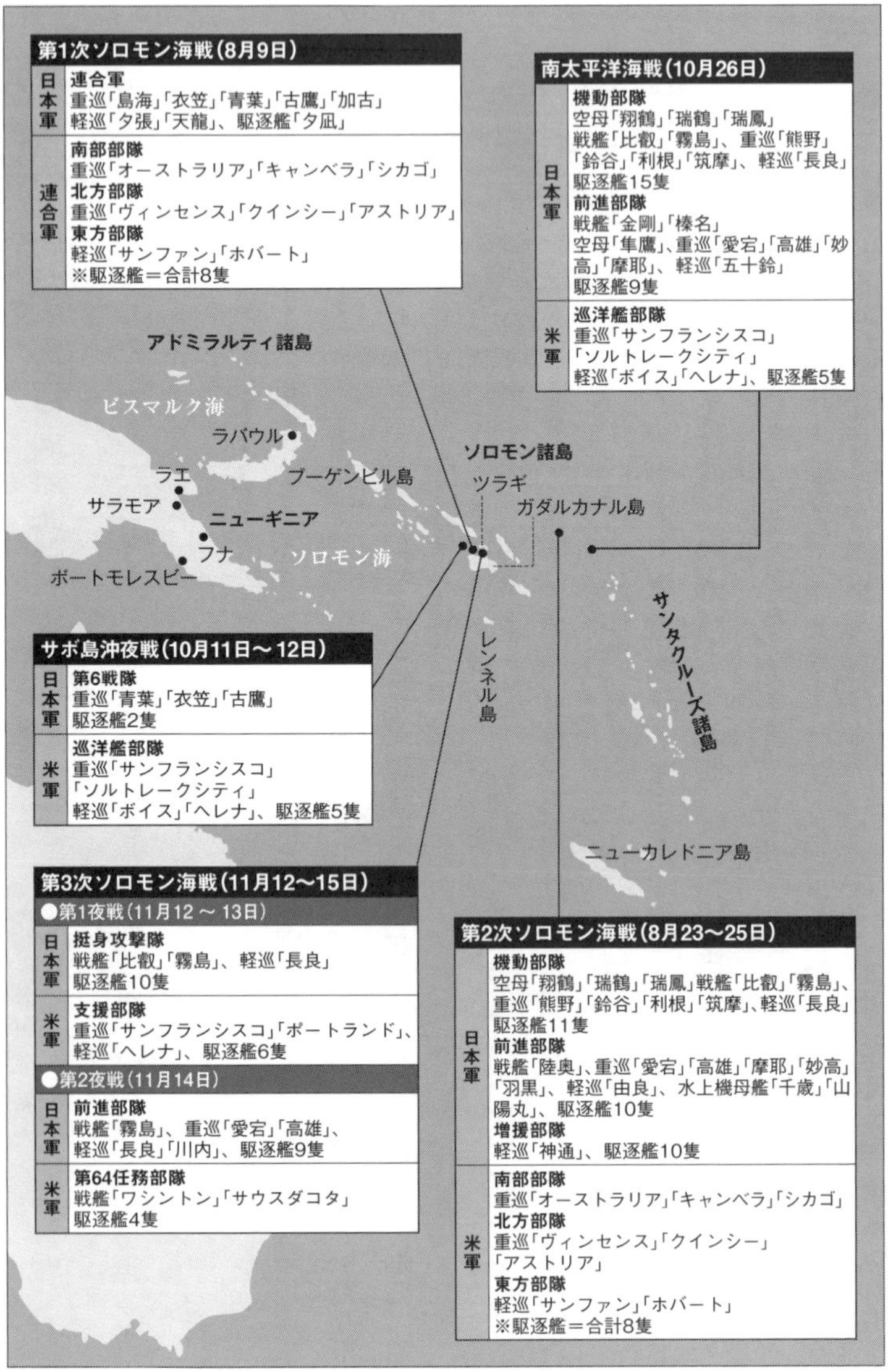

いた駆逐艦「シムス」の2隻を撃沈（航行不能となった「ネオショー」は米駆逐艦により海没処分）した。実はこのとき、対空砲火によって被弾した艦爆1機が、そのまま「ネオショー」に体当たりしたのである。

本物の敵空母はというと、肝を冷やす予想外の〝大ハプニング〟で発見されている。我出撃した攻撃隊が敵空母を発見できず、やむなく爆弾を捨てて帰路についたときのことである。我が攻撃隊がようやく母艦を発見して着艦姿勢で飛行甲板に接近したところ、なんとそれが米空母「レキシントン」だったのだ。これにはアメリカ側も驚いた。米空母側も悠々と着陸態勢に入る航空機がよもや日本軍機だとは思わず、〝味方機〟を収容しようとしていただけにさぞや焦ったことだろう。このことによって、日本側は米空母の存在を確認できたが、同時にアメリカ側も日本の空母が近くにいることを確認できたのだった。まったく、映画やマンガの1コマのような出来事だ。

先手をとったのは米軍だった。5月7日午前9時20分（日本時間）、米空母艦載機が軽空母「祥鳳」に襲い掛かってきた。90機ものTBDデバステーター雷撃機とSBDドーントレス急降下爆撃機の集中攻撃を受けた「祥鳳」は、魚雷7本、爆弾13発をくらって沈没。「祥鳳」は、日本の最初の損失空母となった。だが、戦いはこれからだった。

5月8日午前7時30分、空母「瑞鶴」から、真珠湾攻撃の第2次攻撃隊長だった嶋崎重和少佐率いる戦闘機・急降下爆撃機・雷撃機合わせて31機と、空母「翔鶴」からは、同じく真珠湾攻撃で「翔鶴」飛行隊長を務めた急降下爆撃の名手・高橋赫一《かくいち》少佐率いる戦闘機・急降下爆撃機・雷撃機合わせて38機が米空母を求めて発艦した。だが、これとほぼ同時に2隻の米空母からも日本の空母部隊を求めて攻撃隊が飛び立っていた。米攻撃隊は空母「翔鶴」に殺到し、空母の直掩戦闘機隊の阻止攻撃をかいくぐって爆弾3発を命中させ、「翔鶴」の飛行甲板は使用不能に陥ったのである。だがもう1隻の空母「瑞鶴」は、幸運にもスコールの中に隠れて無傷だった。

一方、「翔鶴」「瑞鶴」の攻撃隊は米空母「レキシントン」と「ヨークタウン」に襲いかかっていた。日本の攻撃隊は、撃ち上げられる対空砲火をものともせず、敵空母に対して果敢に魚雷攻撃と急降下爆撃を敢行し、「レキシントン」に2発の魚雷を見事に命中させ、250キロ爆弾2発を叩きつけた。「レキシントン」は、大爆発を起こしてもはや手が付けられない状況となり、後に米駆逐艦「フェルプス」の魚雷で処分された。残る空母「ヨークタウン」には、99式艦上爆撃機から投下された250キロ爆弾が飛行甲板を突き抜けて艦内で爆発した。そのため、本艦の戦闘能力は失われ、「ヨークタウン」は後日修理のために戦場を離脱していった。

この史上初の空母決戦となった珊瑚海海戦では、空母「祥鳳」が沈没、「翔鶴」が大破したのと引き換えに、日本海軍は米空母「レキシントン」を沈め、「ヨークタウン」を大破せしめ、その他に給油艦「ネオショー」と駆逐艦「シムス」を撃沈するという戦果をあげたのだった。ちなみに、世界戦史上、米海軍と空母決戦を行い、しかも米空母を撃沈したのは後にも先にも日本海軍だけである。こうして珊瑚海海戦で辛くも日本軍は勝利を収めた。

しかし、「翔鶴」飛行隊長の高橋赫一少佐以下多数のベテラン搭乗員を失ったことが悔やまれる。

日本軍は艦載機81機を失ったが、米軍の艦載機の損害は66機だった。前項で紹介した撃墜王・岩本徹三兵曹が空母「瑞鶴」の搭乗員として、空母に襲い掛かってきた米軍機を次々と撃ち墜とし、結果として「瑞鶴」「翔鶴」を絶体絶命のピンチから守り抜いたことも付記しておきたい。

さらに特筆すべきは、「翔鶴」が乗組員の高い練度によって沈没を免れたことだ。敵機の集中攻撃を受けた「翔鶴」の航海長・塚本朋一郎《ともいちろう》中佐は、見事な操艦によって敵攻撃隊の第3群までの急降下爆撃隊の攻撃を巧みにかわし、第4群による被弾後の敵雷撃機による魚雷攻撃もすべてかわして沈没の危機を脱したのである。塚本中佐はこう記している。

〈この日（五月八日）、速力、転舵、敵攻撃の回避運動等々、すべて航海長である私が独断で行った。城島艦長は、すべてを私に一任したかたちであった。…それは呉帰着まで、ことごとく私の意見どおりに行われた。（中略）

数群の爆撃はことごとく回避に成功したと思ったら、次は雷撃機の襲来である。見張員から「右何度…千メートル、雷撃機、左何度…」と報告してくる。私はいずれを先によけるべきかをとっさに判断し、艦をその方に転針した。そして、雷跡と平行にして「宜候」（ヨーソロ）を令した。魚雷はあるいは右舷、あるいは左舷にスレスレに航過していく。その魚雷をやりすごした間に、こんどは反対舷からの魚雷に向首する。なにせ三万数千トン、長さ二百六十メートルに近い大鑑である。しかも最大戦速の三十五・五ノットの速力で回避中であるから、その操舵には独特の手腕と勘を要する。かくて、あいついで来襲する数群の雷撃隊による魚雷は、ことごとく回避に成功した〉（塚本朋一郎「翔

鶴航海長の見た珊瑚海海戦」――『丸別冊　戦勝の日々』潮書房）

日頃の訓練の賜物である見事な操艦が「翔鶴」を沈没の危機から救っていたのだ。

対空射撃も工夫されていた。結論から言えば、直上から襲いかかってくる敵急降下爆撃機に対し、猛烈な弾を撃ち上げて上空に弾幕を張って爆弾の命中精度を低下させる「弾幕射撃」が行われたのだ。これは日本海軍初の試みだった。そのため、「翔鶴」に搭載された12・7センチ高角砲16門、25ミリ機銃32基の全ての対空火器を、上向きに仰角45度、予調照尺８００メートルに設定し、隙間がないように空に〝弾のバリア〟を張り巡らせる戦術だった。この新戦術を考案した砲術士兼第一分隊士（第一高角砲群指揮官）の丹羽正行中尉は後にこう証言している。

〈そのとき、幸か不幸か、敵急降下機の第一群編隊が、私が直接射撃指揮をとる第一高射砲群の備えていた方向に近い、右六十度、高角五十度の雲間から、キラリと翼を光らせて急降下に入った。

私が、

「右六十度、急降下、撃ち方はじめ」

と下令したところ、射手が、

「敵機が眼鏡（照準器）に入りません」

そこで、前々からの打ち合わせにしたがって、

「そのままそこで撃て」

と下令して、初弾を予調証尺八百のまま発砲した。第一高角砲群の発砲により、全砲火が右六十度

方向に一斉射撃を開始し、完全な弾幕ができあがった。
しかも『初弾命中』と見張員の報告があり、敵編隊の先頭機に命中した。その後の編隊は、先頭機に追随しての急降下らしく、爆弾は命中せず、全機（約九機）を撃破することができた〉（丹羽正行「珊瑚海海戦と翔鶴の対空戦闘」―『丸別冊　戦勝の日々』潮書房）
結果として「翔鶴」は3発の爆弾を受けて飛行甲板は使用不能となったが、沈没を免れたことが重要である。「翔鶴」はこうした優秀な乗員の熟練技術とアイデアに救われたのだった。

日本の〝完全試合〟だった「第1次ソロモン海戦」

珊瑚海海戦で「祥鳳」沈没、「翔鶴」大破という損害によって、ニューギニアのポートモレスビー攻略は見送られたが、日本軍は、アメリカとオーストラリアを結ぶ線上に立ちはだかる小さなガダルカナル島に小部隊を上陸させてこれを占領し、ただちに飛行場建設にとりかかった。これに慌てたのがアメリカだった。ガダルカナル島に飛行場を造られたのでは、アメリカとオーストラリア・ニュージーランドを結ぶ交通路の障害となり、米豪連携に支障をきたすことになる。そこで昭和17年8月7日、アメリカは横浜海軍航空隊が水上機基地を置いていたツラギ島に上陸した後、海峡を挟んで向かいのガダルカナル島に第1海兵師団約1万5千人を上陸させた。

ガダルカナル島へ米軍上陸す――報告を受けて同日、ニューブリテン島のラバウルに進出してきた海軍航空隊がガダルカナルに攻撃を掛け、その翌日の8月8日、このガダルカナル島に押し寄せてきた敵艦隊および上陸部隊を撃破するために、三川軍一《みかわぐんいち》中将率いる第8艦隊が同島に急行した。

「帝国海軍の伝統たる夜戦において、必勝を期し突入せんとす。各員冷静沈着事に当たり、よく全力を尽くすべし」というのが、三川中将の訓示であった。

第8艦隊は、重巡洋艦「鳥海」を旗艦とし、重巡洋艦「青葉」「加古」「衣笠」「古鷹」、軽巡洋艦「天龍」「夕張」、そして駆逐艦「夕凪」の合計8隻からなる巡洋艦部隊が一列に並ぶ単陣形でガダルカナル島沖のサボ島南水道に入った。旗艦の「鳥海」は、排水量9850トン、全長約204メートルの一等巡洋艦高雄型の3番艦で、主砲の20センチ連装砲5基を10門搭載し、魚雷発射管4基8門、そして対空兵装として12センチ高角砲4門などを搭載した戦闘艦で、当時、世界最強の巡洋艦であった。またその他の重巡洋艦も世界トップクラスの性能を誇っていた。

日本軍を迎え撃ったのは、米リッチモンド・K・ターナー少将率いる第62任務部隊だった。米豪連合艦隊は、部隊を南方部隊、北方部隊、東方部隊の3つに分けてガダルカナル島に上陸する輸送船団を護衛し、そして日本艦隊を待ち構えていたのである。

【南方部隊】（警備担当海域：ガダルカナル島とサボ島間の南水道／司令官　英V・A・C・クラッチレー英少将）豪重巡洋艦「オーストラリア」「キャンベラ」、米重巡洋艦「シカゴ」（※ただし「オーストラリア」は、クラッチレー少将と共に会議のため部隊を離れていたため第1次ソロモン海戦には参加していない）、米駆逐艦「パターソン」「バックレイ」

【北方部隊】（警備担当海域：フロリダ島とサボ島間の北水道／司令官　米フレデリック・F・リーフコール大佐）米重巡洋艦「ヴィンセンス」「クインシー」「アストリア」、米駆逐艦「ヘルム」「ウィルソン」

【東方部隊】（警備担当海域：ガダルカナル島とツラギ島間のシーラーク水道／司令官　米ノーマン・スコット少将）米軽巡洋艦「サンファン」豪軽巡洋艦「ホバート」、米駆逐艦「モンセン」「ブキャナン」

これらの3艦隊に加えて、サボ島の北側と南側に米駆逐艦「ラルフ・タルボット」と「ブルー」が1隻ずつ哨戒艦として配置されていた。かくも優勢な敵艦隊の中へ、第8艦隊は闇夜に乗じて突っ込んでいったのである。ここに「第1次ソロモン海戦」（連合軍呼称は"Battle of Savo Island"＝「サボ島沖海戦」）が勃発した。

23時31分（日本時間）、敵に気付かれることなくサボ島にたどり着いた我が第8艦隊の旗艦「鳥海」の三川中将より「全軍突撃！」が下令された。

実は、真珠湾攻撃以来数々の海戦に参加してきた三川中将だったが、この第1次ソロモン海戦が敵艦隊と初めての交戦であった。このときの心境について、三川中将はこう綴っている。

〈死なんてことは考えようもなかった。とにかく恐ろしいとも、悲しいとも、なんとも考えないから不思議だ。いざ合戦となって、艦橋にはどんどん弾丸が飛んで来る。あちこちに破片が落ちて、カーン、カーンと音を立てる。火が出る。それを見ても、全然気が散らない。なにか一心にやっているときの、無念無想というやつだろう〉（三川軍一「第一次ソロモン海戦の思い出」――『丸エキストラ戦史と旅④』潮書房）

自らの訓示のごとく冷静沈着な指揮官であったからこそ的確な指揮ができ、そして勝利できたのだろう。三川中将の突撃命令の直後、日本軍の水上偵察機が吊光弾（照明弾）を投下するや暗闇に敵艦隊の姿が照らし出された。旗艦「鳥海」の砲術長・仲繁雄中佐はこう述懐している。

〈鳥海の主砲は、目測七千メートルで調定して、合図を待っていた。「照射はじめ」の号令と同時に、再右端にいる敵重巡をとらえた、反航戦だが、敵の速力は一〇ノット以下とみた。

射撃盤は自動的に操作されて、照尺距離は六千メートルくらいに修正される。つづいて、間髪をいれず、鳥海の二〇センチ主砲一〇門が、いっせいに火を吐いた。発砲一〇発のうち、二発が確実に敵艦をとらえ、夜目にも鮮やかな閃光を発して命中するのがわかった。

「命中、急げ」

私はすぐさま発令所につたえた。

「急げ」とは、初弾の遠近を砲術長が観測して、照尺（筆者注＝照準装置）の変更をあたえて修正するまで第二弾を発砲せず、号令とともに装填秒時を考慮して連続射撃する射法である。「初弾命中」に、発令所のあげる歓声が聞こえてくる。発令所長の原口大尉は、ただちに各砲塔に初弾命中を通報した。この知らせは、各砲塔の士気を大いに高めた〉（仲繁雄「接近戦による毎斉射命中」――『丸エ

キストラ戦史と旅④』潮書房）

各艦は、敵の南方部隊の先頭艦だった豪重巡洋艦「キャンベラ」と米重巡洋艦「シカゴ」および米駆逐艦「パターソン」に主砲弾を撃ち込み、魚雷攻撃を開始した。日本艦隊は、主砲だけでなく搭載する対空射撃用の高角砲などを総動員して敵艦隊に猛攻撃を加えたのである。米駆逐艦「パターソン」は多数の砲弾が直撃して大損害を受け、豪重巡洋艦「キャンベラ」には日本艦隊が放った魚雷と主砲弾が次々と命中し、洋上の松明と化して翌朝に沈没した。これと同時に米重巡洋艦「シカゴ」にも魚雷が命中して艦首部を破壊され、続いて砲弾のシャワーを浴びて戦場を離脱せざるを得ない大損害を被ったのである。次々と敵艦隊を撃破してゆく様子を仲中佐はこう綴っている。

〈斉射（筆者注＝大砲を一斉に射撃すること）ごとの間隔は約二十三、四秒だった。第二斉射、第三斉射も二、三弾ずつが命中する。第三斉射が命中したころには、敵艦がすでに火の海となり、カタパルトにのせた飛行機が、炎上して甲板に落ちる光景が肉眼でも見える〉（前掲書）

正確を極める日本艦隊の射撃は、米豪艦隊をめった討ちにしていったのである。

次々と敵艦に命中弾を与えても、艦艇のエンジンを担任する艦内の機関科の者には状況はまったく分からない。そこで各艦ではこうした艦内部署にも状況が知らされたという。重巡洋艦「衣笠」の村上兵一郎上等機関兵曹はそのときの心境についてこう綴っている。

〈やがて拡声器から、「戦闘情報知らす。ただいまツラギの沖、わが艦隊は一列縦陣にて、突撃中、右砲戦、魚雷戦」思わず胸がおどり、ぐっと両足をふみしめる。艦腹にとじこめられたわれわれ機関兵には、海上のようすは皆目わからない。しかし、戦闘時の緊張した空気は、そのままわれわれにも伝わり、自然に闘志がわいくる〉（村上兵一郎「夜戦の雄『衣笠』ソロモン海に没す」——『丸エキストラ戦史と旅④』潮書房）

南方部隊を撃破した後、第8艦隊の前に現れたのがリーフコール大佐の北方部隊だったが、旗艦「鳥海」自らが、探照灯（艦載用大型サーチライト）を照射して闇夜の戦場から敵艦を照らし出すことに成功した。まず漆黒の闇に浮かび上がったのが米重巡洋艦「アストリア」だった。「鳥海」はすぐさま「アストリアに」20センチ砲弾を叩き込む。命中！　続いて他の艦からも20センチ砲弾が雨あられと浴びせられ、「アストリア」は蜂の巣状態になって翌日沈没した。

「アストリア」を叩きのめした「鳥海」は、続けて米重巡洋艦「クインシー」にも20センチ砲弾を命中させている。「鳥海」の探照灯に照らし出された「クインシー」には他の日本艦から魚雷攻撃も行われ、戦闘能力を失った「クインシー」は午前0時35分に沈没した。

第8艦隊の攻撃は続く。「鳥海」から放たれた3本の魚雷が米重巡洋艦「ヴィンセンス」に命中。「夕張」の魚雷が追い打ちをかけて「ヴィンセンス」は航行不能に陥った。日本艦隊の砲弾は容赦なくこの「ヴィンセンス」に降り注ぎ、午前0時50分に沈没した。日本艦隊は、わずか15分間に2隻の米重巡洋艦をガダルカナル島沖に葬り去ったのである。加えて日本艦隊は、軽巡「天龍」と「夕張」が探照灯で照らし出した米駆逐艦「ラルフ・タルボット」に集中射撃を浴びせてこれを破壊した。

我が方も、敵重巡洋艦の20センチ砲弾が「鳥海」の一番砲などに命中し、約70名の戦死傷者を出しているが、第1次ソロモン海戦では、5隻の重巡洋艦、2隻の軽巡洋艦、1隻の駆逐艦からなる日本艦隊が、重巡洋艦5隻、軽巡洋艦2隻、駆逐艦8隻からなる優勢な米豪連合艦隊を相手に得意の夜戦で挑み、敵重巡洋艦「アストリア」「キャンベラ」「クインシー」「ビンセンス」の4隻を撃沈し、重巡洋艦「シカゴ」および駆逐艦「ラルフ・タルボット」を打ちのめして大破せしめ、さらに、駆逐艦「パターソン」に損傷を与えるという大戦果をあげたのである。我が方の損害は、旗艦「鳥海」小破のみという日本軍の〝パーフェクト・ゲーム〟(完全勝利)といえる。

砲術長の仲中佐は述懐する。

〈全艦隊がふたたび編隊をくんでみると、驚いたことに敵軍艦のすべてをせん滅したのに、味方には一隻も航行不能におちいったものがなかった。

完全に我が方の勝利である。これでミッドウェーの仇討もできたような気がして、久しぶりに溜飲のさがるのをおぼえた〉(「接近戦による毎斉射命中」)

第1次ソロモン海戦では完全勝利の一方で、三川中将がガダルカナル島に物資を揚陸する敵輸送船団を攻撃しなかったことに批判があった。戦後、三川中将はこのことについて、次のように語っている。

〈戦後になって、ツラギ海域を論評する者の中には、ガ島に荷役中の数十隻の大船団には一指も触れず、みすみす米上陸軍撃滅のチャンスを逃したというものがある。再突入すれば輸送船団は全滅しただろう、というのである。いかにもそうだ。だが、当時のわれわれが、どんなに軍艦の保全に気を使っていたか、あのころからもう一隻でも失ってはいけないという条件が課されていた。突入以前に、敵機動部隊の蠢動が察知され、無線電話はひんぴんと敵の交信を傍受していた。夜明け前に敵の航空圏外に脱出しなければ危険だ、と判断した〉(「第一次ソロモン海戦の思い出」)

敵輸送船団攻撃のためにこれ以上の時間を費やせば夜が明けて敵機の攻撃を受けることは必至であり、空母を伴わない丸裸の第8艦隊としては輸送船団攻撃を断念して引き返すという三川中将の判断は決して間違っていなかった。ラバウルからの航空部隊の掩護もなく、闇夜を味方に大戦果をあげた三川中将麾下の決断と第8艦隊の武勇は、後世に語り継がれるべきであろう。

三川中将は、第1次ソロモン海戦をこう総括している。

〈敵は最初、飛行機からの攻撃と思ったらしく、もっぱら空に向けて応戦していたが、これこそ〝殴り込み〟という言葉にふさわしい必殺の戦法だった。ただ夜戦といえば、むかしから水雷戦隊のものと相場が決まり、巡洋艦だけでやっとのはこれが初めてだった。正確には突入から三十六分、最初の魚雷発射からは、たった十分間の戦果である〉(前掲書)

もうひとつ、忘れてはいけない点がある。それは、第1次ソロモン海戦の大勝利は、皮肉なことに日本海軍を批判するときに必ずといってよいほど用いられる〝大艦巨砲主義〟のお蔭だったということである。この海戦で勝利できたのは、〝艦隊決戦〟を念頭に磨いてきた帝国海軍の対艦砲戦技術が米軍を上回っていたからにほかならない。

「鳥海」砲術長の仲中佐は、こう分析している。

〈このとき、完全勝利の戦果を得られたのは、敵の見張り能力、通信能力がいちじるしく低劣で、しかも米豪の連合軍であったため、さらに指揮通信がうまくいかなかったためと想像される。

しかも日本海軍では、ハワイ海戦の大勝利があるまで、飛行機の威力はそれほどみとめておらず、砲戦が海戦の勝敗を決する最大の要素だとの考えが強く、射撃訓練はじつに猛烈に行われていた。そのようなはげしい努力によってつちかわれてきた技量の差が、この海戦によってはっきりあらわれたものと確信する〉(「接近戦による毎斉射命中」)

戦後、アメリカの歴史学者サミュエル・エリオット・モリソン氏は、第1次ソロモン海戦についてアメリカ海軍作戦史に次のように記している。

「これこそ、アメリカ海軍がかつて被った最悪の敗北のひとつである。連合軍にとってガダルカナル上陸の美酒は一夜にして敗北の苦杯へと変わった」

日本の〝逆転勝利〟だった「第2次ソロモン海戦」

第1次ソロモン海戦の大勝利は、陸軍をも大いに奮い立たせた。陸軍は一木清直大佐率いる一木支隊(約900名)をガダルカナルに上陸させて飛行場奪還を企図したのだった。8月18日、一木支隊の第1梯団は、輸送船ではなく第4駆逐隊司令・有賀幸作大佐率いる駆逐艦「陽炎」「浜風」「浦風」「谷風」「萩風」「嵐」に分乗して、ガダルカナル島のタイボ岬に上陸し、米軍のヘンダーソン飛行場を目指して海岸沿いを進撃した。ところが米軍の待ち伏せ攻撃に遭って壊滅してしまったのである。

8月20日の出来事だった。
ガダルカナルに送り込まれたのは一木支隊だけではなかった。一木支隊の上陸と並行して川口清健少将率いる川口支隊に加え、一木支隊の第2梯団、青葉支隊など約6千人の派遣が準備されていた。ところがその矢先に米空母機動部隊が出現したという情報が入り、川口支隊は待機となった。米空母機動部隊を討ちに行ったのは、南雲忠一中将率いる第3艦隊および近藤信竹中将率いる第2艦隊だった。

【第2艦隊】（近藤信竹中将）
戦艦「陸奥」、重巡洋艦「愛宕」「高雄」「麻耶」「妙高」「羽黒」、軽巡洋艦「由良」、駆逐艦8隻
【第3艦隊】（南雲忠一中将）
空母「翔鶴」「瑞鶴」「龍驤」、戦艦「比叡」「霧島」、重巡洋艦「筑摩」「鈴谷」「熊野」「利根」、軽巡洋艦「長良」、駆逐艦13隻

一方の米軍は、3個の空母機動部隊で待ち構えた。
【第61任務部隊】（F・J・フレッチャー中将）
空母「サラトガ」、重巡洋艦「ニューオリンズ」「ミネアポリス」、駆逐艦4隻
【第16任務部隊】（T・C・キンケイド少将）
空母「エンタープライズ」、戦艦「ノースカロライナ」、重巡洋艦「ポートランド」、軽巡洋艦

「アトランタ」、駆逐艦5隻

【第18任務部隊】（F・C・シャーマン少将）

空母「ワスプ」、重巡洋艦「サンフランシスコ」「ソルトレイクシティ」、駆逐艦7隻

昭和17年8月24日、ソロモン海域で再び日米両軍の空母機動部隊同士が激突することとなった。「第2次ソロモン海戦」（連合軍呼称は「東部ソロモン海戦」）が生起したのである。

まずは米空母「サラトガ」の雷撃機と艦上爆撃機が日本の空母「龍驤」に殺到し、魚雷1本と爆弾4発を受けて「龍驤」は沈没した。

だが日本艦隊も負けてはいなかった。空母「翔鶴」の関衛《まもる》少佐率いる99式艦上爆撃機27機と護衛の零戦10が米空母「エンタープライズ」を攻撃し、急降下爆撃によって爆弾3発を命中させ、戦闘能力を完全に奪ったのである。日本艦隊は米正規空母「エンタープライズ」を叩きのめして大破させたが、軽空母「龍驤」と艦上爆撃機20機をベテラン搭乗員と共に失ったことは大きな痛手であった。

第2次ソロモン海戦は日本軍の敗北に終わったかのように見えた。だが、日本海軍の潜水艦が見事にその仇を討ったのである。

ガダルカナル攻防戦が始まるや、米海軍艦艇を水中から狙い撃つため周辺海域に進出していた我が潜水艦部隊が米空母を次々と仕留めていったのだ。

第2次ソロモン海戦から1週間後の8月31日、潜水艦「伊26」が、ソロモン諸島サンクリストバル

島東方で、米空母「サラトガ」を魚雷攻撃によって撃破し、「サラトガ」は修理のため3カ月間戦場から消えたのだった。「伊26」は見事に「龍驤」の仇討を果たしたのである。さらにその2週間後の9月15日、今度は潜水艦「伊19」が、同じくソロモン諸島サンクリストバル島の南東海域で、第2次ソロモン海戦で無傷だった米正規空母「ワスプ」に対して6本の魚雷を発射してその内の3本が見事命中。「ワスプ」は大爆発を起こして航行不能に陥り、ついに米駆逐艦の魚雷によって沈没したのである。それだけではない。

「伊19」が放った6本の魚雷の内1本が、なんと10キロ先を航行中の米戦艦「ノースカロライナ」に命中して大損害を与え、さらに1本は、米駆逐艦「オブライエン」に命中してこれを見事撃沈したのである。あっぱれ「伊26」と「伊19」。大戦果をあげた2隻の潜水艦の見事な仇討を含めれば、負けたはずの第2次ソロモン海戦は、実は〝日本軍の逆転勝利〟だったと言ってよいだろう。

ガ島飛行場への艦砲射撃と「サボ島沖夜戦」

第2次ソロモン海戦を経て、最終的には駆逐艦と大型舟艇に分乗した川口支隊はガダルカナル島に上陸を果たしたが、舟艇で海上機動した岡大佐の部隊は途中で米軍機の攻撃を受けるなどして大きな被害を出しながらも島北西端のカミンボに上陸した。日本軍にとってガダルカナルは、いかなる犠牲を払っても確保しなければならない戦略要衝だったが、次々と空母を撃沈破された米軍にとっても、ガダルカナルの飛行場はどうしても守らねばならない要衝だった。

8月7日の海兵隊の上陸後、米軍は急ピッチで飛行場建設を進め、8月中にヘンダーソン基地を完成させた。そして後には、米海兵隊だけでなく米海軍、米陸軍に加え、オーストラリア空軍とニュージーランド空軍までもがこの基地を利用して日本軍に対抗してきたのである。

どうにか上陸を果たした川口支隊は、一木支隊の失敗を教訓にヘンダーソン基地の裏側から攻撃を仕掛けたが、総攻撃に失敗し敗退した。10月3日、第2師団長・丸山政男中将がガダルカナル島のタサファロング海岸に上陸、9日には第17軍司令官・百武《ひゃくたけ》晴吉中将が上陸して勇川に軍司令部を置いて後続部隊を待った。また同時に、ガダルカナル島の飛行場・ヘンダーソン基地を艦砲射撃で破壊してしまおうという作戦が立案された。

こうして10月11日、第6戦隊司令官・五藤存知《ありとも》少将率いる重巡洋艦「青葉」「古鷹」「衣笠」、駆逐艦「吹雪」「初雪」がその任務のためにショートランド島泊地を出撃し、ガダルカナル島を目指して進撃した。ちょうどこのとき、ガダルカナル島への物資輸送のため航行中の水上機母艦「日進」「千歳」を米軍の偵察機が発見し、米軍ノーマン・スコット少将率いる米重巡洋艦「サンフランシスコ」「ソルトテイクシティ」、軽巡洋艦「ボイシ」「ヘレナ」、駆逐艦「ダンカン」「ファーレンフォルト」「ラフェイ」「ブキャナン」「マッカーラ」が攻撃に向った。ところがこの米艦隊は、「日進」と「千歳」の2隻を発見できず、ガダルカナル島砲撃のために進撃中の五藤少将率いる重巡洋艦部隊に出くわしたのだった。

その日の夜、まずは米駆逐艦「ダンカン」が放った初弾が重巡「青葉」の艦橋を直撃して五藤存知少将が戦死。日米両軍の夜戦が始まった。「サボ島沖夜戦」である。五藤少将が負傷した状況を目の当たりにした第6戦隊先任参謀の貴島掬徳《きくのり》中佐はこう綴っている。

〈吹雪がやられたと思ったとたん、つづけさまの被弾一発、青葉の前艦橋正面に命中し、司令官の左足下に炸裂、並んで立っていた筆者の右足をかすめて、後方で作戦中の水雷参謀・南少佐を斃した。すべては一瞬の出来事だった〉(貴島掬徳「悲運の第六戦隊」――『丸エキストラ戦史と旅④』潮書房)

それでも五藤少将は指揮を続け、敵艦に命中弾を浴びせた。

〈左足負傷の司令官は、艦橋床面に座ったまま作戦の指揮をとった。気を取り直した青葉の主砲が遅ればせながらさっそく応戦を開始した。ドドン、ドーンドン、一斉射、二斉射、三斉射。

敵陣三カ所にわが命中弾の閃光が認められた。

「当たったぞ」〉(前掲書)

猛烈な日本艦隊の反撃によって米駆逐艦「ダンカン」が撃沈され、「ファーレンフォルト」が大破した。日本艦隊も、重巡「古鷹」と駆逐艦「吹雪」を失ったが、重巡「衣笠」と駆逐艦「初雪」が奮戦し、軽巡「ボイシ」を大破させ、重巡「ソルトレイクシティ」を撃破している。このときの「衣笠」の勇猛果敢な戦いぶりは目を見張るものがあり、孤軍奮闘して大戦果をあげているが、貴島中佐はこう述懐している。

〈午後十時に敵と遭遇して、敵の先制攻撃を受けるや、第二攻撃小隊の衣笠は、左警戒艦の白雪とともに、急速に左方に転舵して展開を急ぎ、来襲する敵巡洋艦二隻、駆逐艦二隻と交戦し、たちまちに

して、
「敵駆逐艦一隻を撃沈し、巡洋艦二隻を大破させた。これは本艦のみの戦果なり」
との戦闘速報を発した。艦長沢正雄大佐は、射撃にかけてはその道のベテランで、群がる敵を制圧し、しかも無傷のまま敵艦三隻を撃砕したのである。会敵時、さしも好態勢と好条件の中にあった優勢の敵が近迫して来なかったのは、衣笠の勇戦に基因したところが大きいと思う〉（前掲書）

2隻沈没の被害を受けながらも米艦隊に大きな損害を与えた日本艦隊であったが、米艦隊との水上戦闘となってしまったため当初の目的であったガダルカナル島飛行場への艦砲射撃を断念せざるを得ず、そこで今度は高速戦艦による艦砲射撃が計画され、「ヘンダーソン基地夜間砲撃」が実施された。

サボ島沖夜戦から2日後の10月13日23時36分、第3戦隊司令官・栗田健男《たけお》少将率いる戦艦「金剛」「榛名」と護衛の軽巡洋艦「五十鈴」および駆逐艦9隻がヘンダーソン基地への猛烈な艦砲射撃を開始した。この夜間艦砲射撃のミッションに世界最大の46㌢砲を搭載した戦艦「大和」型ではなく威力の小さい36㌢砲を搭載した戦艦「金剛」と「榛名」が選ばれたのは、日本の戦艦12隻の中で最速となる30ノットの最大速力が評価されてのことで、夜明けとともに飛来することが予想された米艦載機の攻撃からいち早く逃れるためであった。

両艦には、対航空機攻撃用の「零式弾」と呼ばれた榴弾の他、炸裂して弾子をばら撒いて炎上させる「3式弾」も積み込まれていた。「金剛」「榛名」は、ガダルカナル島沖を航行しながらヘンダーソン基地めがけて三式弾、榴弾、徹甲弾を1時間20分にわたって撃ち込み、ヘンダーソン基地は文字通り火の海と化した。地上の米軍機は吹き飛ばされ、あるいは炎上し、直撃弾を受けたガソリンタンクは大爆発を起こして炎を吹き上げた。滑走路もまた穴だらけになった。この凄まじい艦砲射撃によって、米軍機54機が破壊されガソリンタンクも焼失した。この戦闘で「金剛」が撃ち込んだのは、3式弾が104発と徹甲弾331発、同じく「榛名」は、榴弾189発と徹甲弾294発、両艦合わせて918発だった。

このヘンダーソン飛行場への夜間艦砲射撃に引き続いて翌朝にはラバウルから飛来した海軍航空隊による空襲が行われ、さらにその夜には重巡「鳥海」「衣笠」が艦砲射撃を実施した。これでヘンダーソン飛行場を沈黙せしめたと判断し、第2師団は上陸を開始した。ところが輸送船からの物資揚陸中に米軍機の攻撃を受け、3隻の輸送船が沈没したほか、物資の多くが焼失してしまったのだった。米軍は予備の飛行場を設営しており、この飛行場は無傷だったためである。丸山中将率いる第2師団は、ヘンダーソン基地を目指して丸山道と呼ばれた険しいジャングルの山道を進撃し、当初の予定より3日遅れの10月24日に総攻撃を実施した。だが、これまた米軍の圧倒的火力に阻まれ、飛行場奪取はならなかった。翌日、再び総攻撃を仕掛けたが、やはり米軍の猛烈な防御陣地を突破することができず、第2師団将兵は10月26日の闇夜に隠れて再び丸山道から撤退していった。

ミッドウェーの仇を討った日本海軍

ところが海軍部隊は、当初10月21日に決行されるはずであったこの第2師団による総攻撃を支援すべく、近藤信竹中将の第2艦隊と南雲忠一中将の第3艦隊をガダルカナル沖に進出させていたのである。

【第2艦隊】（近藤信竹中将）
空母「隼鷹」、戦艦「金剛」「榛名」、重巡洋艦「愛宕」「高雄」「麻耶」「妙高」、軽巡洋艦「五十鈴」、駆逐艦10隻
【第3艦隊】（南雲忠一中将）
空母「翔鶴」「瑞鶴」「瑞鳳」、戦艦「比叡」「霧島」、重巡洋艦「筑摩」「鈴谷」「熊野」「利根」、軽巡洋艦「長良」、駆逐艦15隻

これに決戦を挑んできたのが南太平洋部隊司令官ウィリアム・F・ハルゼー中将麾下のトーマス・C・キンケイド少将の第16任務部隊とジョージ・D・マレー少将の第17任務部隊、そしてウィリス・A・リー少将の第64任務部隊だった。

【第16任務部隊】（T・C・キンケイド少将）
空母「エンタープライズ」、戦艦「サウスダコタ」、重巡洋艦「ポートランド」、軽巡洋艦「サンファン」、駆逐艦8隻
【第17任務部隊】（G・D・マレー少将）
空母「ホーネット」、重巡洋艦「ノーザンプトン」「ペンサコラ」、軽巡洋艦「サンディエゴ」「ジュ

ノー」、駆逐艦6隻

【第64任務部隊】（W・A・リー少将）

戦艦「ワシントン」、重巡洋艦「サンフランシスコ」、軽巡洋艦「ヘレナ」「アトランタ」、駆逐艦6隻

迎えた10月26日、「南太平洋海戦」（連合軍呼称は「サンタ・クルーズ諸島海戦」）が始まった。

この海戦では日本艦隊と米艦隊がほぼ同時に相手を発見し、それぞれの空母から攻撃隊を発艦させ、米軍の急降下爆撃機SBDドーントレスが空母「瑞鳳」の飛行甲板に爆弾を命中させたため艦載機の離発着が不可能となり、2隻の駆逐艦に護衛されて戦場を離脱していった。被害はそれだけではなかった。歴戦艦の空母「翔鶴」も、SBDドーントレスによる急降下爆撃を受け、飛行甲板に4発の爆弾が命中して大破炎上、「瑞鳳」とともに戦場離脱を余儀なくされたのだった。さらに重巡洋艦「筑摩」も急降下爆撃によって大破し、同じく戦場から離脱した。

だが日本艦隊も負けてはいなかった。空母艦載機が米空母をめった打ちにしていたのである。日本の第1次攻撃隊は、空母「ホーネット」に殺到し、99式艦上爆撃機が3発の爆弾を飛行甲板に命中させ、しかも被弾した1機が「ホーネット」に体当たりを敢行した。さらに97式艦上攻撃機が魚雷を命中させ、ついに「ホーネット」を航行不能に陥らせたのである。

続けて第2次攻撃隊は、空母「エンタープライズ」を集中攻撃し、急降下爆撃によって2発の爆弾

を飛行甲板に命中させ、駆逐艦「ポーター」を魚雷攻撃で撃沈した。さらに97式艦上攻撃機が駆逐艦「スミス」に体当たりして撃破したのである。他にも日本の攻撃隊は、戦艦「サウスダコダ」および軽巡洋艦「サンファン」に爆弾を命中させて大きな損傷を与えている。大破炎上した空母「ホーネット」は巡洋艦に曳航されたが、そこにまた日本の雷撃機が飛来して魚雷1発を命中させ、その後も日本の航空部隊は「ホーネット」を徹底的に攻撃したため同艦は放棄され、米駆逐艦が海没処分しようとしたが失敗し、最終的に日本の2隻の駆逐艦の雷撃によって撃沈されたのだった。

この南太平洋海戦で、空母「翔鶴」と重巡「筑摩」が大破し、空母「瑞鳳」を小破させられたが、その代わりに日本の航空部隊は、アメリカの空母「ホーネット」と駆逐艦「ポーター」を沈め、空母「エンタープライズ」を撃破し、駆逐艦「スミス」を大破させたほか、戦艦「サウスダコダ」および軽巡洋艦「サンファン」に損傷を与えたのだった。日本軍の勝利だった。これで米軍は太平洋海域で作戦行動できる空母がゼロになり、日本海軍は、この南太平洋海戦でミッドウェー海戦の仇を討ったのである。

ここで特筆すべきは、敵機の攻撃を一手に引き受けるいわゆる〝被害担任艦〟として150余名の戦死者を出した重巡「筑摩」の勇戦敢闘ぶりだ。戦後、「筑摩」艦長の古村啓蔵少将（当時大佐）は、その手記『前衛「筑摩」と南太平洋海戦』（『丸エキストラ戦史と旅④』潮書房）で次のように綴っている。

〈この戦闘では、南雲部隊の作戦よろしきを得て、二十六日午前零時五十分、母艦群はいち早く北に反転し、前衛がおくれて反転したため、母艦群に向かった敵の攻撃機隊がそこにちょうど前衛を発見し、そのいちばん先頭の筑摩が攻撃の的となったのである。
筑摩は母艦の身替わりとなり、これがために味方の作戦を有利に導き得たのである。これを思えば、戦没の英霊ももって瞑すべしである。また、筑摩がこうした多数飛行機の集中攻撃を受けながら、善戦よく艦の運命を全うしえたことは、乗組員の平素の訓練がよくできていたことと、一同がよく心を一にして見事に戦った結果にほかならない。
筑摩は就役いらい連続三カ年、艦隊の訓練にしたがい、乗員の資質のよい上に訓練がじつによくできていた。私は五代目の艦長として着任してから一年二ヵ月、乗組員とはこれまで多くの戦闘に生死をともにし、まったく気合が一致していた。これが激しい戦場でものをいって、艦の運命を救い得たのであって、まったく乗員一同のおかげであると、いまもなお感謝している〉
武士道精神ここに極まれり——敵の攻撃を一手に引き受け、満身創痍になりながらも戦い続けたその戦いぶりを思うと涙がこみ上げてくる。かくも部下思いの艦長がいて、練度が高く士気旺盛な乗員がいたから重巡「筑摩」がこの熾烈な敵の攻撃を耐え抜いたのであり、だから日本軍は強かったのである。ただこの海戦で、日本海軍は米海軍艦艇の猛烈な対空射撃によって多くの艦載機とベテラン搭乗員を失ったことは誠に残念でならない。

「日本兵は本当に強かった」と口にした現地の少年

ソロモン諸島に浮かぶガダルカナル島を巡る攻防戦は、大東亜戦争でもっとも知られた戦いの1つである。アメリカとオーストラリアの交通路を遮断することを戦略目標に、この島に送り込まれた日本軍将兵3万6千人の内2万2千人が戦死したが、そのうち約1万5千人はマラリアや赤痢などによる戦病死および食料不足による餓死だったのである。

昭和17年（1942）7月6日に海軍設営隊が、軍内部でもそれまで名前すら知られていなかったガダルカナル島へ上陸し、航空部隊の根拠地となるルンガ飛行場の建設にとりかかったことが、ガ島攻防戦の契機だった。この日本軍の動きを察知した米軍は、翌月8月7日にアレクサンダー・バンデクリフト少将率いる米第1海兵師団1万900人を上陸させ、ルンガ飛行場を奪取、ヘンダーソン飛行場と命名して利用したのである。米軍上陸の報を受け、日本軍はラバウル基地から海軍中攻隊をガダルカナル島に差し向けた。ガダルカナル上空を巡る空の戦いの幕開けである。

8月9日夜には、第1次ソロモン海戦が勃発した。ガダルカナル沖のサボ島付近で三川軍一中将率いる第8艦隊が米英豪艦隊と激突し、日本艦隊は、米重巡「ヴィンセンス」をはじめ重巡洋艦4隻と駆逐艦1隻を撃沈、米重巡「シカゴ」および米駆逐艦1隻を大破せしめ、米駆逐艦1隻を中破させ、我が方の損害は、重巡「加古」が沈没、重巡「鳥海」が小破したにとどまった。

この日本海軍の大勝利を受けて、ガダルカナル奪還作戦が始まる。8月18日、有賀幸作大佐率いる駆逐艦6隻からなる第4駆逐隊によって運ばれた一木清直大佐率いる「一木支隊」の陸軍歩兵部隊916人が夜間に上陸を行い、飛行場奪還を目指して進撃を開始した。だが、19日深夜、一木支隊の38人の斥候部隊のうち33人が米軍の待ち伏せ攻撃によって戦死した。この接敵によって日本軍の上陸を知った米軍は、イル川西岸に強力な防御陣地を築いて一木支隊の来襲を待ち受けた。

8月21日深夜、そのことを知らず、一木支隊は3次にわたって米軍陣地への突撃を敢行したが、手ぐすねを引いて待ち構えていた米軍の激しい反撃に遭って壊滅してしまったのである。日本軍は、ガ島に上陸した1万人を超える米軍の戦力を2千人程度、1個大隊ぐらいと読み違えていたのだ。続いてガダルカナル島に派遣されたのが川口清健《きよたけ》少将率いる川口支隊約4千人だった。加えて、一木支隊の第2梯団、第2師団歩兵第4連隊を主力とする青葉支隊も投入された。

だが、その派遣を前に周辺海域に米空母部隊出現の情報が飛び込んでくる。そのため、川口支隊を中心とする上陸部隊は、海軍部隊による米空母掃討を待つことになった。こうして昭和17年8月24日、ソロモン海域で再び日米両軍の空母機動部隊同士が激突し、「第2次ソロモン海戦」が生起し、日本の空母艦載機は米空母「エンタープライズ」を大破させたものの、空母「龍驤」を失い、日本の辛勝という結果になっている。

第2次ソロモン海戦を受けて、川口支隊は駆逐艦と大型舟艇に分乗してガダルカナル島上陸を敢行した。本隊はタイボ岬周辺の海岸に逐次上陸、舟艇で海上機動した岡大佐の部隊は途中で米軍機の攻撃を受けて大きな被害を出しながらも島北西端のカミンボの海岸に上陸した。

■「ガダルカナル島の戦い」概要図

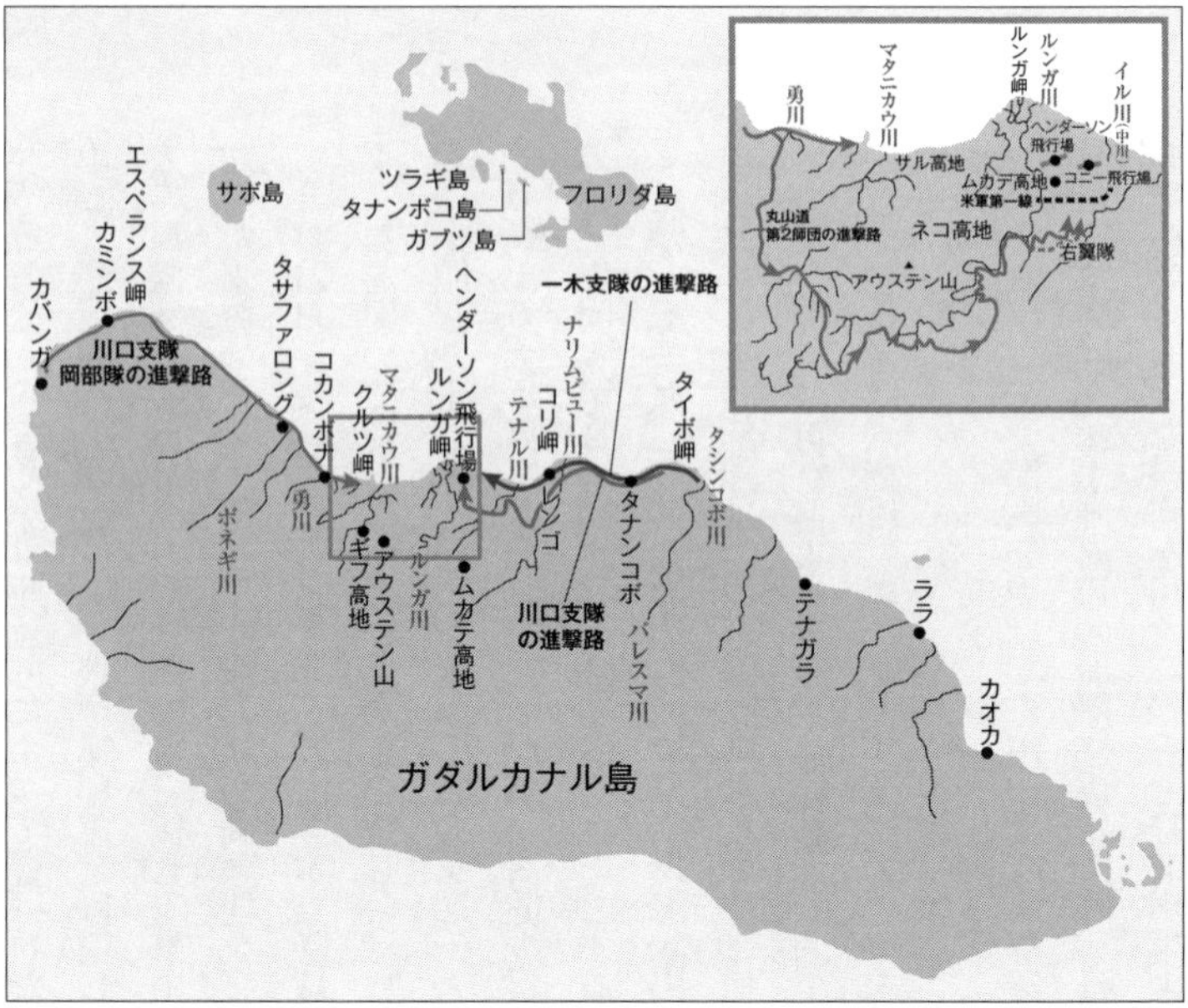

参考／西村誠著『太平洋戦跡紀行　ガダルカナル』光人社

タイボ岬周辺海岸とカミンボ海岸の概ね2カ所に分散上陸した川口支隊の作戦は、一木支隊の壊滅を教訓として米軍の堅固な防御陣地への正面攻撃を避け、険しいジャングルの中を迂回し、一木支隊が渡河できなかったイル川を少し上流から渡って、ヘンダーソン飛行場を背後から突くというものだった。ところが、険しいジャングルの中を重装備の部隊が進撃するのは困難を極めた。川口支隊は、作戦通りに9月12日にヘンダーソン飛行場への総攻撃を行ったのだが、部隊の集結が揃わずバラバラの攻撃となってしまった。しかも米軍はまたしても、その攻撃正面に強力な防御陣地を敷いていたため、川口支隊の総攻撃は失敗に終わっている。ヘンダーソン飛行場奪還作戦を断念した川口支隊の将兵は、わずかな糧食をもって西方へと撤退していった。

日本軍にとってガダルカナルは、いかなる犠牲を払っても確保しなければならない戦略要衝だったが、それは米軍も同じであった。そこで日本軍はさらなる兵力投入を決断する。10月3日、第2師団長・丸山政男中将がタサファロング海岸に上陸、9日には第17軍司令官・百武晴吉中将が上陸し勇川に軍司令部を置いた。上陸した野戦重砲連隊は、すぐさまヘンダーソン基地への砲撃を開始した。野戦重砲第4連隊の矢吹朗大尉はその射撃の様子をこう綴っている。

〈やがて、第一弾の発射である。腹にズーンとひびくいつもの轟音のあと、左前方ルンガ岬の海上に白い水柱が上がる。予定の弾着だ。最初からジャングルに落下させては弾着の地点がつかめず、後の修正ができないからである。そしてつぎの瞬間、大隊あげての全十二門がいっせいに第三、第四弾とつぎつぎと撃ちこみはじめる。敵機にもろに直撃したものもあれば、ガソリン集積所に命中したものもあり、たちまち飛行場は火炎と黒煙につつまれていった。

しかし私は、ここで「射ちかたやめ！」を命ずるほかなかった。いちおう所期の目的をたっしたとみたからである。が、それよりもまして、残念ながら弾丸にかぎりがあったからであった〉（『丸エキストラ版68　悲しき戦記』潮書房）

陸軍の増援部隊の上陸に合わせるように、10月11日、「サボ島沖夜戦」が勃発した。詳細は別項に譲るが、ヘンダーソン飛行場を艦砲射撃すべく出撃した五藤存知《ありとも》少将率いる第6戦隊が米艦隊と激突し、米駆逐艦1隻撃沈、巡洋艦1隻、駆逐艦1隻を大破させ、巡洋艦1隻を小破させるなど米艦隊に大きな損害を与えている。ただ、日本艦隊も無傷ではいられなかった。重巡洋艦「古鷹」と駆逐艦

「吹雪」を失い、重巡洋艦「青葉」が大破し五藤少将が戦死したのである。そのため、本来の目的であったヘンダーソン飛行場への艦砲射撃を断念せざるを得なかった。

こうした日米海上戦闘の舞台となったのは、ガダルカナル島北西海上に浮かぶサボ島の周辺海域であり、そのほとんどが夜戦であった。この海域は、多数の日米両軍艦艇が今なお沈んでいることから「アイアンボトム・サウンド」（鉄底海峡）と呼ばれている。

サボ島沖夜戦から2日後の10月13日23時36分、今度は第3戦隊司令官・栗田健男少将率いる戦艦「金剛」「榛名」と護衛の軽巡洋艦「五十鈴」おおよび駆逐艦9隻によるヘンダーソン飛行場への猛烈な艦砲射撃が行われた。この砲撃により飛行場は火の海と化し、駐機していた米軍機54機が破壊された。さらに追い打ちをかけるように、翌朝にはラバウルから飛来した海軍航空隊がヘンダーソン飛行場を空襲し、その夜には重巡「鳥海」と「衣笠」が同飛行場に対する艦砲射撃を行った。これでヘンダーソン飛行場を沈黙させたものと判断し、第2師団は上陸を開始した。ところがあろうことか、輸送船からの物資揚陸中に米軍機の攻撃を受け、3隻の輸送船が沈没したほか、物資の多くが焼失してしまったのである。このときの様子を、歩兵第230連隊で歩兵砲中隊長を務めた和田敏道中尉はこう証言する。

〈午前六時ごろまでには、半分以上の糧食、弾丸を揚陸することができた。だが、しばらくして夜が明けはじめるとどうじに、まるで死体にむらがるハゲ鷹のように大編隊の敵機が襲いかかってきた。その第一波の空襲により、山月丸と佐渡丸は、はやくも命中弾をうけて火災を起こした。もはや両艦の運命もそれまでと断念し、座礁させるため、ガ島の海岸線めがけて最後の力をふりしぼり、波打ちぎわにたどりついた。

つづいて第二弾は、笹子丸に襲いかかってきた。曳光弾の火花は、甲板上を雨あられのように降りそそぐ。そして三波、四波と敵機の来襲がつづいたが、さいわい笹子丸は適切な消火活動によって大事にいたらず、被害は軽微であった。午前八時三十分、射撃部隊の任務をといて、それぞれ最後の小発に便乗して、ガ島のタサフアロングに上陸した〉（『丸エキストラ戦史と旅35―最前線の戦い』潮書房）

実は米軍は、ヘンダーソン飛行場のほかにもう1つ予備の飛行場を設営していたのだ。

上陸した日本軍は大きな損害を被りながらも〝血染めの丘〟（Bloody Ridge）と呼ばれるムカデ高地の裏側を迂回し、「丸山道」と呼ばれた険しいジャンルの山道を進撃した。そして10月24日にヘンダーソン飛行場への総攻撃を実施する。

だが、これまた米軍の凄まじい弾幕射撃に阻まれてしまう。翌日、再び総攻撃を仕掛けたが、またしても米軍の猛烈な防御陣地を突破することができず、第2師団将兵は、10月26日の闇夜に隠れて再び丸山道から撤退していったのである。

私が現地を取材した際に、ムカデ高地で出会った少年は、こう言った。

「日本の兵隊はみな勇敢で本当に強かった」

彼らは学校でそう教わっていたという。

矢弾、糧秣が尽きても戦う軍隊

海軍は、当初10月21日に計画されていた第2師団による総攻撃を支援すべく、近藤信竹中将の第2艦隊と南雲忠一中将の第3艦隊をガダルカナル沖に進出させた。これに決戦を挑んできたのが南太平洋部隊司令官ウィリアム・F・ハルゼー中将麾下の3個任務部隊（第16、第17、第64任務部隊）だった。10月26日、「南太平洋海戦」が始まった。詳細は前項を参照されたいが、この海戦の結果、空母「翔鶴」が大破し、空母「瑞鳳」を小破させられたが、米空母「ホーネット」と駆逐艦1隻を沈め、空母「エンタープライズ」を撃破し、戦艦「サウスダコダ」および軽巡洋艦1隻に損傷を与えたのだった。またしても日本軍の勝利だった。だがまだヘンダーソン基地が健在であったため、制空権は依然米軍の手にあった。そこで、兵員および物資輸送は高速で防御能力がある駆逐艦あるいは隠密性の高い潜水艦による夜間輸送が考案されたのである。

複数の駆逐艦がドラム缶に詰め込んだ物資を搭載して隊列を組んでガダルカナル島を目指し、米軍機の哨戒圏内は夜間の闇夜に乗じて航行する。そしてガダルカナル島に近づくや、海岸に出てきた陸兵によって灯されたかすかなかがり火を目印にドラム缶を海に投下し、これを陸軍の兵士らが引き上げる手順だった。この駆逐艦による物資輸送は、夜間の隠密行動から〝ネズミ輸送〟と呼んだ。ちなみに米軍はこれを〝東京急行〟（Tokyo Express）と呼んでいた。潜水艦による物資輸送も行われたが、こちらは〝モグラ輸送〟と呼ばれたという。

なんとしてもガダルカナルを奪還したい——今度は第38師団の投入が行われることになった。

今回は、野砲など重装備を揚陸するため、駆逐艦や潜水艦による輸送では不可能だった。そこで危険を承知の上で、輸送船による揚陸が計画された。そのためには、ガダルカナル島の米軍飛行場を一時的に使用不能にしてとにかく米軍機を飛び立たせないようにしておく必要があった。こうして、再びヘンダーソン飛行場への夜間艦砲射撃が計画されたのである。戦艦「比叡」「霧島」を擁する阿部弘毅《ひろあき》中将率いる挺身艦隊がガダルカナル島に向かい、迎えた11月13日、空母を伴わない日米艦隊がガダルカナル島沖で激突した。「第3次ソロモン海戦」である。日本軍は大戦果をあげながらも戦艦「比叡」のほかに駆逐艦2隻を失った。

その翌日、ガダルカナル島に攻撃をしかけた日本艦隊と米艦隊が再び激突した。

この戦いで日本艦隊は、戦艦「霧島」、駆逐艦1隻を撃沈されたが、米駆逐艦3隻を撃沈し、戦艦「サウスダコタ」および駆逐艦1隻を大破させた。そしてガダルカナル島への増援の陸軍第38師団を輸送してきた11隻の輸送船団は海岸目指して突進した。その結果、飛来した米軍機によって7隻が沈められたが、4隻は捨て身で海岸に乗り上げてまで揚陸作戦を成功させたのだった。輸送船を沈められ海中に投げ出された将兵だったが、その多くは救助されて上陸を果たしている。ところが兵器も物資もすべて海没したため携行せずに上陸を果たした第38師団将兵は、ただでさえ乏しい物資に苦しんでいたガダルカナル島の陸軍部隊をさらに苦しめる結果となっていく。この状況を打開するために、田中頼三少将率いる第2水雷戦隊が〝ネズミ輸送〟を敢行したのである。

これを待ち受けていたのが、重巡洋艦4隻、軽巡洋艦1隻、駆逐艦6隻からなる強力なカールトン・H・ライト少将の米第68任務部隊であった。

11月30日、「ルンガ沖夜戦」が始まった。駆逐艦1隻を失いながらも第2水雷戦隊は、敵重巡1隻を撃沈し、加えて重巡3隻を大破させる大戦果をあげたのだった。ガダルカナル島を巡る戦闘は惨敗のような印象を持たれているが、実は陸軍の作戦と連動して発生した周辺海域での海戦では、日本海軍は常に米海軍に対して常に有利な戦いを演じていたのである。

むろん、上陸部隊の苦難は筆舌に尽くしがたいものがあった。食糧もなく飢餓状態が続く地上部隊にマラリアなどの疫病が追い打ちをかけ、もはやこれ以上の戦闘は困難とみた大本営は、昭和17年12月31日の御前会議でガダルカナル島からの撤退を決定した。撤退命令を受けた各部隊は島西方の海岸に集結し、駆逐艦による逐次撤退が行われたのだった。こうして翌年2月1日から7日まで、3次にわたって撤退が行われたのである。ガダルカナル島の戦いにおける悲惨な食糧事情について、歩兵第124連隊の伊藤寛軍曹が生々しく綴っている。

〈とにかく「なにか食べたい」とみんながねがった。そして目の色をかえて食べられるものをさがし求めた。谷間の上流にそびえ立った檳榔樹はたちまち切り倒され、その新芽の芯はタケノコのようでうまく、みんなによろこばれた。これがつきるところ、〝ガ島フキ〟が食えるぞとだれかがいうと、これもたちまち陣地周辺ではみられなくなった。

トカゲもはじめは腸をひきだして食べていたが、そのうち生きたまま、口にほうりこむようになった。ミミズも食べられて、やがてアウステン山から、虫けらはまったく姿をけしてしまった〉（『丸エキストラ戦史と旅35　最前線の戦い』）

だから日本軍は強かった。弾もなく、食糧もない飢餓状態でありながらも日本軍将兵は戦い続けたのである。世界の軍隊の中で、このような状況下で戦い続ける軍隊は日本軍以外にない。米軍兵士らにはとても真似のできないことを日本兵は全員がやっている。このことは米軍兵士らにとって大変な脅威であり、日本兵がとてつもない強兵として映ったという。

ガダルカナル島において、最後の日本兵が米軍に投降したのは昭和22年（1947）10月27日のことだった。繰り返すが、こんな強靭な精神力を持つ軍隊は日本軍を置いてほかにない。だからこそ米軍は日本軍を恐れ続け、戦後もその強さを称賛し続けているのである。

戦後その悲惨な戦いがやり玉に上げられ、ガダルカナル島を巡る戦いは大東亜戦争の悲劇の象徴のごとく語られているが、日本軍将兵は強靭な精神力と至純の愛国心をもって戦い続けたことを忘れないでいただきたい。弾も糧秣もない絶望的な状況下で、それでも日本軍将兵は圧倒的物量を誇り優勢な米軍に対して勇戦敢闘し、2万2千人（うち1万5千人が戦病死・餓死）の戦没者を出しながら、実は、米軍に約6800人の戦死者を強いていたのだった。

飢餓の島――〝餓島〟とよばれたガダルカナル島でも、日本軍は奇跡の奮戦を見せていたのだ。

凄惨無比「ビルマの戦いとインパール作戦」

中国大陸で蒋介石率いる国民党軍と戦っていた日本軍にとって、米英による国民党軍への軍事援助ルート（援蒋ルート）の遮断は悲願であった。そのために企図されたのがビルマ攻略で、開戦直後から終戦まで絶えず熾烈な戦闘が繰り広げられた。

インパール作戦における激戦地

「インパール作戦」を主導した牟田口廉也・第15軍司令官

過酷な自然環境と絶望的な物量の差

開戦劈頭、山下奉文中将率いる陸軍第25軍がマレー半島に上陸し、英軍の牙城シンガポールを目指して南下すると同時に、飯田祥二郎中将率いる第15軍隷下第55師団の宇野支隊（歩兵第１４３連隊基幹）はタイ南部に上陸、マレー半島北部に伸びる英領ビルマ南端に進撃してヴィクトリアポイントの英軍飛行場を制圧した。

この奇襲攻撃は、マレー・シンガポール攻略戦に対する英軍の航空機による妨害を未然に防ぐ積極防衛策だった。さらに、日本軍のビルマ攻略戦の最大の目的は、米英軍による蒋介石率いる中国国民党軍への支援ルート、通称「援蒋ルート」の遮断にあった。当時、連合軍は日本軍と戦う蒋介石の国民党軍に対し、後方に位置するビルマから武器弾薬をはじめあらゆる補給物資を支援していた。蒋介石を使い日本軍を大陸に引き付けさせて、自らはヨーロッパ戦線に集中するためであった。

開戦から1カ月半後の昭和17年（１９４２）1月20日、日本軍は、第33師団（櫻井省三中将）と第55師団（竹内寛中将）の2個師団をもって南部ビルマへ侵攻を開始した。まず第55師団が、タイ―ビルマ国境を突破して首都ラングーンに向けて進撃を開始。これを迎え撃ったのが英軍の第17インド師団であった。だが、破竹の進撃を続ける日本軍を止めることができず、3月6日、ついに英軍は首都ラングーンを放棄。3月8日に日本軍は首都ラングーンの無血占領に成功している。〝ラングーン占領〟、つまり日本軍は援蒋ルートの遮断に成功したのである。

首都ラングーンを占領した後、〝加藤隼戦闘隊〟としてその名を馳せた加藤建夫《たてお》中佐率いる陸軍飛行第64戦隊をはじめ、陸海軍の航空部隊が進出し、たちまち地域の制空権を確保した。また、タイとビルマを結ぶ「泰緬《たいめん》鉄道」を建設し、ビルマへの物資輸送路を構築した。

続いて日本軍は、第15軍に機動力の高い第56師団（渡辺正夫中将）を加え、ビルマ南部から北上してビルマ全土を攻略する作戦へと移行した。3月末、3つの師団が3本の槍のように分かれてそれぞれ別ルートで北上した。

第33師団は、油田地帯のあるエナジョンを経由してイラワジ川に沿って最左翼のルートを北上し、最右翼は新参の第56師団で、山がちな地形を突破して要衝ラシオを目指した。開戦時に最初にビルマに進撃した第55師団は、中央の平地を鉄路沿いにマンダレー方面に進撃した。さらに4月にはインド洋から海路上陸した第18師団（牟田口廉也《むたぐちれんや》中将）が、中央ルートを進撃する第55師団に続いた。こうして、5個師団、総兵力8万5千人の大兵力を誇る第15軍は、ビルマ南部から押し上げる形で英軍を圧迫していったのである。

なかでも最右翼を北上する第56師団は、重砲や戦闘車両を持つうえに自動車化されており、驚くべきスピードで要衝を次々と制圧してゆき、4月29日にはラシオに到着、5月3日にバーモ、その2日後の5日には拉猛《らもう》、そしてそれからわずか2日後の5月7日には要衝ミートキーナを占領した。こうして日本軍は、ビルマと中国雲南省を結ぶルートの遮断に成功したのである。

中央部を北上した第18師団も、5月1日に要衝マンダレーを占領するなど各師団は破竹の快進撃を

■「ビルマの戦い」概要図

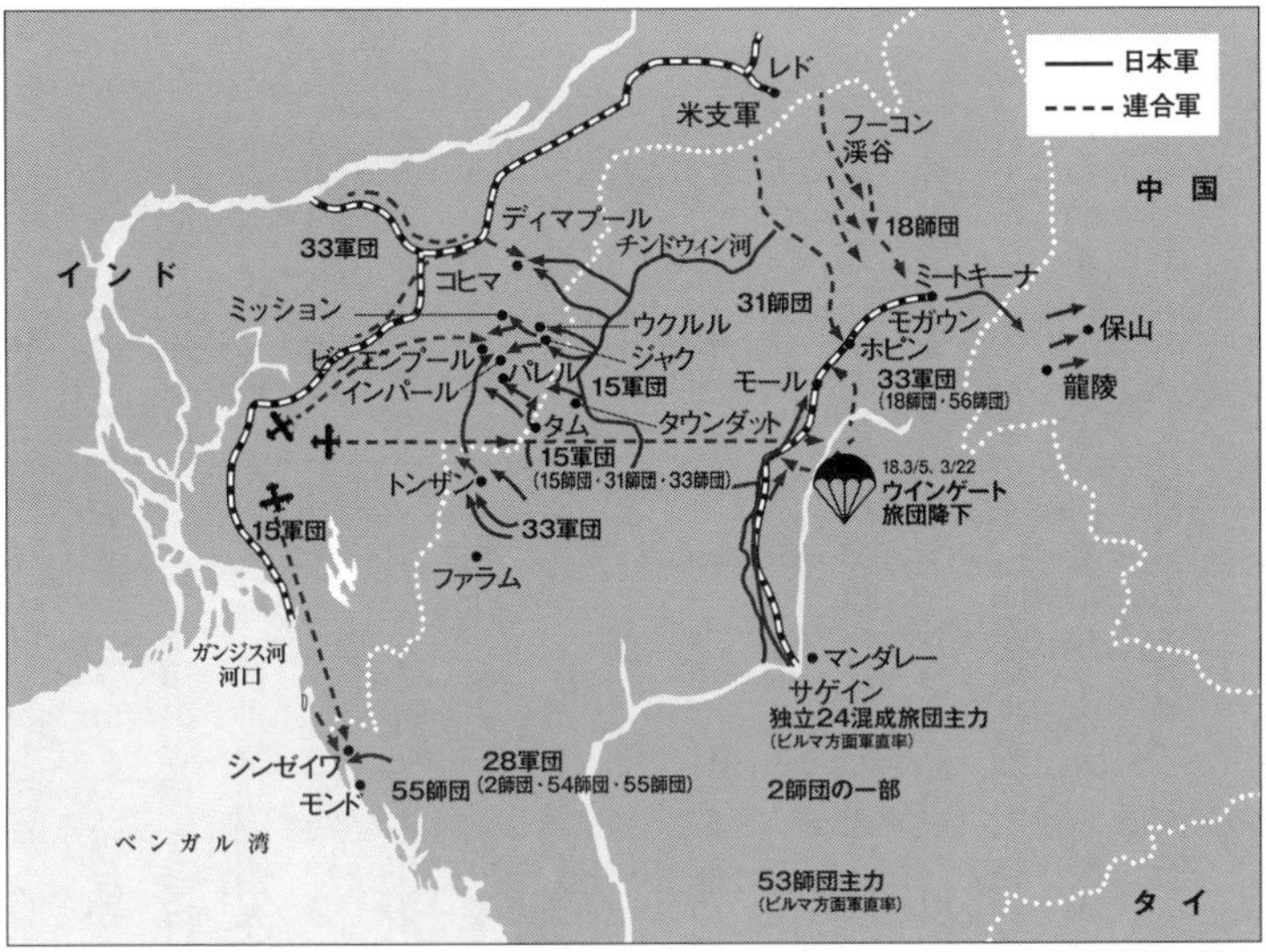

参考／『戦史叢書』

続け、英軍を次々と撃破していった。こうして日本軍は、昭和17年6月までにビルマ全土の制圧に成功したのである。

開戦劈頭から終戦時まで続いたビルマの戦いで忘れてはならないのは、「南機関」と「ビルマ独立義勇軍」の存在だ。援蒋ルートの遮断とビルマ独立を工作する日本軍の「南機関」の鈴木敬司大佐とビルマ人独立運動家アウン・サン（当時は〝オンサン〟と呼ばれていた）の出会いがすべての始まりだった。

アウン・サンとは、現在のミャンマーの国家顧問で民主化運動指導者と知られるアウン・サン・スー・チーの父である。独立運動を展開していたアウン・サンは、大東亜戦争が勃発する前、日本軍の支援を受けて30人の同志を率いて海南島へ逃れ、そこで鈴木大佐の南機関による厳しい軍事訓練を受けた。そして、大東亜戦争開戦直後の昭和

16年（1941）12月16日、同志らとタイのバンコクで「ビルマ独立義勇軍」を設立。司令官に鈴木大佐を迎え、参謀にアウン・サンが就き、日本軍と共に英軍と戦ったのである。

昭和18年8月1日、日本軍の支援を受けてバー・モウを首相とする「ビルマ国」がイギリスから独立。ビルマ独立義勇軍は、ビルマ防衛軍を経て「ビルマ国民軍」へと改編され、同時にアウン・サンは国防相兼ビルマ国民軍司令官に就いた。ビルマ国民軍は日本軍とともに進軍し各地で英軍との戦闘を繰り広げたが、インパール作戦で日本軍が敗退し日本の敗色が濃厚となるや、突如アウン・サンは連合軍側に寝返って日本軍に銃口を向けてきたのである。

だがこの反逆は、アウン・サンが日本軍に恨みを抱いていたからではなかった。アウン・サンは、爾後《じご》のビルマ独立という大義のために、日本と共に敗戦国となって再びイギリスの植民地となるより、ここは、戦勝するであろうイギリスの側に立って戦い、戦後の交渉を有利にしようと考えたのだった。アウン・サンには苦渋の選択であり、ビルマ独立のために日本を裏切らざるを得なかったのである。

決して日本軍を恨んで敵対したのではないことは、戦後、BC級戦犯に問われてビルマに連行された鈴木啓司少将をアウン・サンが助け、後の昭和56年（1981）にビルマ政府（当時）、鈴木敬司少将ら7人の日本軍人に国家最高勲章を授与していることがなによりの証左であろう。

いずれにせよ、日本軍がイギリス植民地からの独立を希求するビルマ人を助け、彼らを軍事指導してビルマ人による軍隊を作り、ビルマ青年と共に英軍と戦ったことは永久に記憶されねばならない。

話を戻そう。日本軍のビルマ占領によって各地で援蒋ルートは遮断されたが、それでも連合軍は対日戦から中華民国を脱落させないために、今度はインドから中国の昆明へのヒマラヤ山脈越えの空輸ルートによって蒋介石の国民党軍を支援し続けた。ヨーロッパ戦線に戦力を集中させるためには、どうしても日本軍を大陸に張り付けておく必要があったからだ。さらに連合軍は、ビルマ北部から侵入するなどして日本軍と戦闘を続けると同時に、蒋介石の国民党軍に米軍兵器を供与し近代軍としての訓練を行ったのである。そして、昭和18年（1943）10月30日、近代化装備の国民党軍がビルマ北部フーコン渓谷の日本軍を攻撃したのを皮切りに連合軍の反攻が始まった。

日本軍もビルマ方面の戦力を強化していた。昭和18年3月、日本軍はビルマ方面軍（河辺正三中将）を新編し、牟田口廉也中将の第15軍（第15師団、第31師団、第33師団等）を指揮下に置いた。その後、昭和19年1月にはビルマ南部を担任する第28軍（桜井省三中将）を新たに編成して、その指揮下に第2師団、第54師団、第55師団を集めた。さらに4月には、ビルマ北部の防衛のために第33軍（本多政材《まさき》中将）を新編して、隷下に歴戦の第18師団、第56師団等を置いた。日本軍は実に9個師団もの大部隊をビルマに張り付けたのだった。

各地で日本軍と連合軍の激しい攻防戦が繰り広げられたが、ビルマの戦いは過酷な自然との闘いでもあった。当時、ビルマ方面軍参謀を務めた嘉悦博少佐（現姓・前田）は、ビルマの激しい天候の変化についてこう述べている。

〈雨季の最盛期は七月から九月で、空はまったく黒雲に蔽われる。天にどれほどの水があるのか、一日の雨量は、多雨地帯では千ミリぐらいといわれ、夕立のような豪雨が一時間ぐらい降り、一時間休みを繰り返す。十一月になると黒雲は去り、太陽が顔を出し、十一月半ばをすぎると、空には一点の雲もなくなり、晴天つづきとなる。この天候は万象を左右する。

乾季には谷川であったものが、雨季に入ると増水して、岸にあふれんばかりの大河となる。チンドウィン河には百トンの船の航行が可能となる。また雨季には、幹線道路のみが自動車運行を可能とする。乾季にかけた橋は、雨季には跡形もなく流されてしまうし、道路も崩壊する。住居も道路も、すべて水害を避け得る地域に限定される。また、雨季には悪質なマラリア蚊のほかに赤痢などの跳梁がはじまる〉(『丸別冊　悲劇の戦場　ビルマ戦記』潮書房)

大規模な戦闘は自然相手の闘いが減じる乾季、しかも夜間に行われたという。

〈したがってわが軍の行動は夜間に行われる。ラングーン〜マンダレー街道は靖国街道と呼ばれたが、ここを走るトラックは、狙われたら最後、銃撃の餌食となって炎上を余儀なくされる。雨季に入れば、軍の機動力は極度に鈍化し、大規模作戦は休止となる。敵にしても、わずかな密雲の切れ目を縫って襲ってくるだけである。つまり、この期間は戦力の培養期であり、命の洗濯をすることになる。ビルマの天候は雨季と乾季がすべてであり、作戦計画もこの天候に左右される〉(前掲書)

同地での戦いは、他の東南アジア各地での戦いとは異なり、こうした極端に変化する天候の下で行われたのだ。ビルマ戦を戦った日本軍将兵の手記を読めばその苦労がよく分かる。雨季には足が水に浸かりきりになり、ふやけて靴が脱げなくなったという。また猛暑の乾季には1日分の食料として配られるわずか2個のおにぎりも、日中の強烈な日差しのもとで腐ってしまうために朝のうちに食べてしまい、夜は腹をすかしながら朝を待ったという。

敵との物量も雲泥の差であった。様々な種類の缶詰、ミルク、チーズ、パン、たばこ、コーヒーなど、日本軍将兵は、敵部隊が放棄した倉庫の中のありあまる食材や嗜好品を見て愕然とした。連日飛来する敵輸送機から投下される補給物資を吊るした落下傘を、ただ茫然と眺めるほかなかったという。こうした敵の補給物資を確保できると、〝チャーチル給与〟と称して皆で分け合い空腹を満たしたという。彼我の物量の差は、なにより武器弾薬に顕著であった。

敵は、陸路を大型トラックで、また空からは輸送機を使って十分な武器弾薬を補給するが、日本軍には補給など皆無であった。そのため、敵は1時間のうちに1万発もの砲弾を撃ち込んできたが、日本軍は大砲も1日に4発、機関銃は2連射、小銃も6発に制限されていたというから、その戦力差はいかんともしがたいものがあった。

敵将・蒋介石「日本の軍人精神は東洋民族の誇りたるを学べ」と訓示

そんな状況下の昭和19年（1944）3月、インド北東部の要衝インパールの攻略に向けて、牟田口中将率いる第15軍の3個師団とインド国民軍合わせて7万8千人の大部隊が進撃を開始した。

世に言う「インパール作戦」である。緒戦は日本軍が快進撃を続けたが、これはできるだけ日本軍を引き付けておいて、伸びきった補給路を叩く英軍の戦術だった。だが、日本軍は敵の予想を超えて強かった。

日本軍は南方から第33師団、東から第15師団がインパールに迫り、そして北側に位置していた第31師団が、インパール北方のコヒマを占領した。負け戦が続く昭和19年の春に、インパールを目前にした我が兵士の心情はいかなるものだったのか。第15師団の第2機関銃中隊を率いた名取久男中尉はこう述懐する。

〈四月はじめ、高地から西を見ると、眼下に舗装した道路が見えるではないか。

「あっ、インパールーコヒマ道だ」

「ついに来た」

敵軍唯一の後方補給路である。これを遮断することによって、敵は地上の後方との連絡がまったく絶たれることになる。思えば、チンドゥイン河渡河いらい嶮しい山を上り下り、谷を渡り、重い装備、銃器、弾薬を負い、なんと苦しい行動を続けてきたことであろうか。それがいま、いよいよインパール攻撃の主戦場へ来たのである。高ぶる気持ちが全身にみなぎった〉（前掲書）

4月6日、コヒマの戦いが始まった。第31師団工兵第31連隊の村田平次中尉は、師団の先陣をきってコヒマに進出した第138連隊第1大隊（渡寿夫隊長）の凄まじい戦闘の模様を、こう回想している。

〈（ついにコヒマに達した）その胴ぶるいのする感激をもってさらに急進し、四マイル地点より火ぶたは切られた。五一二〇高地に向かって、大隊砲が熾烈な砲撃を開始すると、渡大隊はいち早く、その高地台上に向かって突進する。

敵は台上にあって、日本軍を邀撃する有利な立場にありながら、果敢な突進に恐れをなして、逐次、陣地を放棄、西南方のコヒマ主陣地（新コヒマ）方向に後退する。殷々たる砲声、けたたましい銃声があたりの山々や谷間にこだまして、荒々しいどよめきとなって満ち溢れた。

そうした一瞬、渡大隊は闘魂たくましく、一気に台上に侵入してこれを占領した。台上を占領した渡大隊は、逐次陣地を推進して、西南方台端まで確実にこれを保持した。ここで眼下に敵の主陣地を望見し、対峙する状況となった。

このころ、南方からインパール道を北上突進した左突進隊は、渡大隊に呼応して猛烈な攻撃を加えた。そしてコヒマ側面の敵陣地をつぎつぎと攻略、敵を四七三八高地に圧縮して、なおもこれに攻撃の矢を射かけた。まったく日本軍の真価を発揮したともいうべき、敢然猛烈なる進撃ぶりである。このため、コヒマ主陣地に圧迫された敵は、闘志すら失ったかのごとく、軍公路をぞくぞくとズブサ方面に遁走する。五一二〇高地から見ると、その周章狼狽した遁走ぶりが、手にとるように見える。

それにたいする友軍の攻撃は、いっそう熾烈を極めた。遁走する敵はますますその数を増し、北へ北へとつづく。兵隊たちは踊りあがるばかりにして痛快がっている。こうして終日、敵の退却はつづき、勝利の歓喜は早くも日本軍の内部に満ち満ちた。かくて、コヒマなにするものぞの士気は、いよいよ高まったのである。まさに、コヒマ奪取は眼前にあった〉（前掲書）

痛快なことこの上ない。戦況の悪化著しい昭和19年4月の戦闘とは思えない勝ち戦であった。小躍りして喜ぶ兵士たちの気持ちが伝わってくる。翌日には、圧倒的物量を誇る英軍の猛反撃を受けて台上の様相は一変するが、日本軍は怯まず、4月9日、闇夜に乗じて新コヒマ四七三八高地の奪取を試みている。前出の村田中尉は、そのときの夜襲について富田小隊長の手記を紹介している。

〈突入態勢は全く整った。やがて渡大隊長の合図とともに、斬り込みが開始された。突撃の喊声は、一瞬にして静寂を破り、敵の虚を衝いてとどろいた。正面から、左方から、右方から、それぞれ三叉路に沿う主陣地四七三八高地めがけて、阿修羅の突入である。狼狽した敵も、慌てて銃火を浴びせて来た。

守備反撃の有利な地形にある敵は、それだけに熾烈な火線の防御網を張ったが、その間断ない銃火を巧みにくぐり、ハツカネズミのように俊敏に、台地にしがみつき、よじ登り、腹の底から湧き立つ喚声をあげて、日本軍は突撃して行く。工兵小隊は右に旋回して突入、全く何物も忘れてしまう一瞬である。

文字通りの火の玉となって、わっと突っ込んで行く。生とか死とかそんな感傷はどこにもない。ただ武者ぶり立って行くだけだ。何回も何回も、喚声とともに、突っ込んで行くだけだ。そうして台上に躍り上がると、幾人となく斃れて行く兵もあれば、遁走して行く敵兵の姿も、折からの月明りにははっきり見える。

歩兵部隊の原中隊長が、腹部をやられたらしい。苦しげな呻き声が聞こえる。幸い、工兵小隊は、台上までは無血突入に成功。台上は無数の壕が縦横に走り、硝煙と血なまぐささが溢れていた。小隊は占領陣地中央の壕に構えて、月明の中に互いの顔を眺め合った。たった今の猛り立ちもようやく静まり、互いの無事である事が奇蹟のように嬉しい。

小西軍曹が壕内からウイスキーを見つけて持って来ると、藤田軍曹とともに口にしながら兵隊達を笑わしている〉（前掲書）

余裕すら感じさせるその戦いぶりに感動を覚えずにはいられない。インパールの戦いは一方的な負け戦ではなかったのである。日本軍将兵は勇戦敢闘し、撤退するまで雄々しく戦い続け、そして敵を圧倒していたのだ。

だが、豪雨のごとく撃ち込まれる砲撃や我がもの顔で上空を飛ぶ敵機の攻撃にはなす術もなく、将兵はまるで嵐が過ぎるのを待つように、ただ壕内に身を潜めているしかなかった。雲泥の差ともいえる物量の差はもはやどうしようもなく、空からの攻撃はもとより夥しい数の野砲と強力な戦車部隊の猛攻撃を受け、日本軍将兵は次々と斃れていった。対戦車兵器を持たない日本軍にとって重厚なM4戦車の来襲を受ければひとたまりもなかった。防御陣地は戦車の75ミリ砲で跡形もなく吹き飛ばされ、あるいは戦車に蹂躙され山野にその屍をさらした。

こうして最終的には圧倒的物量を誇る英軍の前に日本軍は大敗北を喫したわけだが、敗因の1つに日本軍上層部の衝突があった。作戦中止を申し入れた第33師団長・柳田元三《げんぞう》中将は牟田口軍司令官から罷免され、補給を要請し続けた第31師団長・佐藤幸徳《こうとく》中将などはついに独自の判断で撤退するなどし、軍司令部と前線の大混乱を招いたからだ。

日英両軍が死闘を繰り広げたインパールの北方18キロのマパオの村では、地元のニイヘイラ女史によって作られた『日本兵士を讃える歌』が歌い継がれている。

♪父祖の時代より　今日の日まで
美しきマパオの村よ　いい知れぬ喜びと平和　永遠に忘れまじ
美しきマパオの村に　日本兵来たり　戦へり
インパールの街目指して　願い果たせず
空しく去れり
広島の悲報　勇者の胸をつらぬき　涙して去れる
日本の兵士よ　なべて無事なる帰国を
われ祈りて止まず

（日本会議事業センターＤＶＤ『自由アジアの栄光』より）

大激戦地マニプール州のロトパチン村には、日本軍将兵のための慰霊塔もある。この慰霊塔建立の推進役となったロトパチン村のモヘンドロ・シンハ村長は語る。

〈日本の兵隊さんは飢えの中でも実に勇敢に戦いました。そしてこの村のあちこちで壮烈な戦死を遂げていきました。この勇ましい行動のすべては、みんなインド独立のための戦いだったのです。私たちはいつまでもこの壮絶な記憶を若い世代に残していこうと思っています。そのためここに兵隊さん

へのお礼と供養のため慰霊塔を建て、独立インドのシンボルとしたのです〉(前同)

激戦地コヒマでも同様に、日本軍は地元の人々に賞賛されており、日本軍が去った後に群生し始めた紫の花が「日本兵の花」と名づけられ、また、日本軍兵士によって撃破された英軍のM３グラント戦車が「勇気のシンボル」として保存されているのだ。

当時の日本軍兵士の規律正しさが、現在でも賞賛されていることも付け加えておきたい。

〈現地の人々は、日本人が軍紀粛正で特に婦女暴行がなかったことを常に称賛します。それは、コヒマでもインパールでも同様です。日本軍を追ってここへ来た英印軍は、略奪と婦女暴行が相当ひどかった(西田将氏談)ため、統制のとれた日本軍の姿が心に残ったのでしょう〉(名越二荒之助編『世界から見た大東亜戦争』展転社)

前出のドキュメンタリーＤＶＤ『自由アジアの栄光』の制作に携わった納村道一氏は、訪れたインパールでの話をしてくれた。

「とにかくインパールは印象的でした。インタビューしたすべての人が日本軍について大変よい印象をもっていたんです。そして名もない一般の村人たちでさえ、口々に『日本の兵隊さんは私たちを守ってくれたんだ』と言うんですよ。本当に驚きの連続でしたね。とにかく多くの人々が口を揃えて言っていたのが、『日本兵士は強かった。勇敢だった』ということです。中には『これほど高貴な軍隊は見たことがない。神のようだ』とも語る人もいました…」

インパールの取材中、巷にあふれる日本軍将兵に対する礼賛の声に納村氏らは戸惑いを隠せなかったという。どうやらこの地域には勇敢な者を讃える伝統があるということだった。

日本軍とともに進撃したインド国民軍も各地で勇戦敢闘し、南部のファーラムやハカの近郊では、彼らが単独で英軍と戦闘を繰り広げた。こうした〝日印連合軍〟の戦いは日印連合軍将兵の士気を大いに高め、両軍は首都デリーへの進撃を誓い合ったという。

インドでは、インパール作戦は「インパール戦争」と呼ばれ、対英独立戦争として位置づけられている。したがってインド人は、日本が〝侵略戦争〟をしたなどという歴史観をもっていない。なるほど当時の写真にも、街道を進軍する日本軍将兵に沿道の住民が笑顔で水を差し出すシーンが写っており、日本軍が〝解放軍〟として迎えられていたことがよく分かる。


日本軍の勇猛さを絶賛したのは地元の人々だけではなかった。

昭和19年6月から9月まで戦われたビルマ国境付近の中国保山市の「拉孟」の戦闘では、わずか1300人の日本軍守備隊が、蒋介石率いる米軍装備の中国国民党軍5個師団の約4万8千人の攻撃に100日間も耐え続け、ついには全員が玉砕した。だが、勝った中国国民党軍の損害は日本軍のそれをはるかに上回り、日本軍の3倍以上の4千人の戦死者に加え、ほぼ同数の戦傷者を出している。

同じく「騰越《とうえつ》」の戦闘では、2800人の日本軍守備隊が、約5万人もの中国国民党軍を迎え撃ち勇戦敢闘したのちに全員が壮烈なる戦死を遂げた。だが、ここでも拉孟の戦いと同じく、中国国民党軍は玉砕した日本軍守備隊の3倍の9千人以上もの戦死者を出し、そのほかに1万を超える膨大な戦傷者を出したのだった。玉砕したとはいえ、やはり日本軍の強さは際立っていたのである。

この戦いでは、日本軍機によって運ばれた500個の手榴弾によって投擲攻撃が行われ敵に大損害を与えているが、そのとき読売巨人軍の吉原正喜伍長が手榴弾投擲で大活躍したという。

我れの何十倍もの敵を相手に一歩も引かずに戦い、そして玉砕すれども、その6倍もの敵を死傷せしめた戦闘は世界戦史上おそらくこの「拉孟」「騰越」だけだろう。

そして驚くのは、敵将・蒋介石が日本軍守備隊の強さと強靭な精神力を称え、戦いの最中に自軍の前線部隊に対し「日本の軍人精神は東洋民族の誇りたるを学べ」と訓電していたことだろう。

また拉孟の陥落後、国民党軍の李密少将は部下たちにこう語っている。

〈私は軍人としてこのような勇敢な相手と戦うことができて幸福であった。この地を守った日本軍将兵は精魂を尽くした。おそらく世界のどこにもこれだけ雄々しく、美しく戦った軍隊はないだろう〉

（『昭和の戦争記念館　第5巻』展転社）

日本軍将兵はかくも強かったのである――。

米軍を驚嘆せしめた「マリアナ諸島の戦い

絶対国防圏とされたサイパン・テニアン・グアムといったマリアナ諸島の日本軍守備隊は、上陸する米軍を驚嘆せしめる奮闘をみせていた。玉砕後にもジャングルにこもりゲリラ戦闘を継続した猛者も少なくない。世界戦史上類をみない闘魂がそこにはあった。

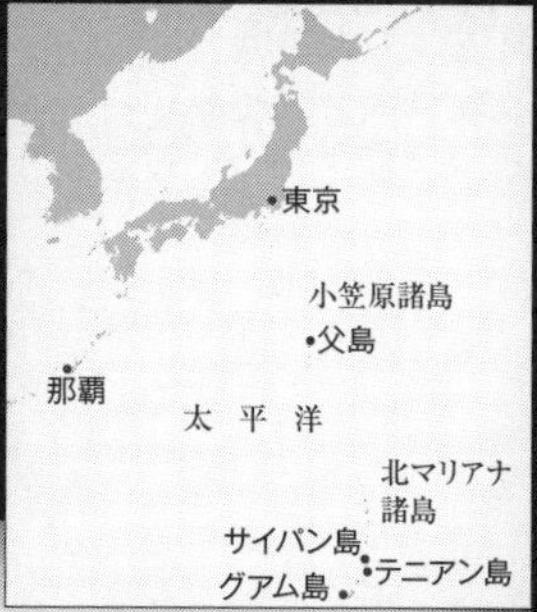

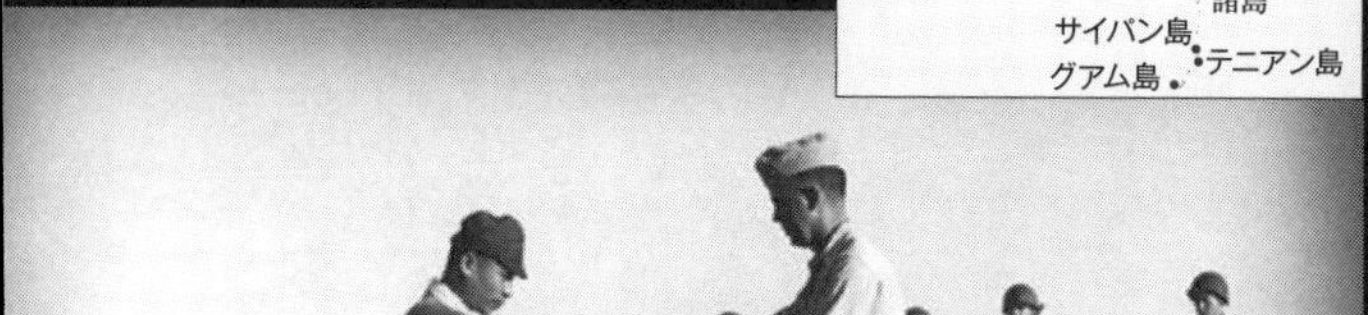

日本軍守備隊が玉砕したのちもサイパン島のジャングルにこもり終戦後4カ月間も戦い続けた大場栄大尉は、米軍中佐に軍刀を手渡しついに降伏した

上陸米軍を戦慄させた「サイパンの戦い」

大東亜戦争において、日本軍の〝玉砕戦〟の象徴のように語られることの多い「サイパン戦」だが、その実相は異なっている。サイパン戦は日本軍守備隊が勇戦敢闘し、上陸してきた米軍に大損害を与え米兵を恐怖のどん底に叩き込んだ防御戦闘だったのである。

日本の信託委任統治領サイパン島を巡る攻防戦は、昭和19年（1944）6月15日に始まった。サイパン島を取り囲んだ戦艦12隻、空母19隻からなる米海軍の大艦隊は、6月11日から空襲を実施、続いて13日からの猛烈な艦砲射撃で地表にある建造物を根こそぎ吹き飛ばした。米上陸部隊は、第2および第3海兵師団に陸軍第27師団を加えた3個師団からなる大部隊で、洋上の海軍支援部隊を含めた米軍侵攻部隊の総勢は実に12万7500人を数えた。守る日本軍は、小畑英良《ひでよし》中将麾下の陸軍の第31軍および南雲忠一中将率いる海軍の中部太平洋方面艦隊合わせて総勢約4万4千人だった。

6月15日午前8時40分、米海兵隊はサイパン島西海岸に上陸を開始した。島南部のススペ岬の南側には第4海兵師団が突進し、北側のオレアイ方面には、実戦経験豊富な第2海兵師団が襲いかかった。

これを迎え撃つ日本軍守備隊は、兵力を海岸付近に分散配置し、後方適地に配置された砲兵の打撃力と協同して敵上陸部隊を水際で撃滅する方針で待ち構えていた。また虎の子の戦車第9連隊をタッポーチョ山の東側に待機させ、米軍上陸部隊を一気に蹂躙して海に追い落とす計画だった。激しい日本軍の抵抗を予想していた米軍は、日本軍守備隊の抵抗力を削ぐために猛烈な艦砲射撃と航空攻撃を実施したうえで、米海兵隊を上陸させたのである。ところが、日本軍の抵抗は米軍の予想をはるかに上回る凄まじいものであった。

海岸に押し寄せた米軍の水陸両用車は、日本軍守備隊水際陣地の速射砲や後方ヒナシス山に配置された重砲による射撃で次々と撃破され、海兵隊員が水陸両用車から慌てて飛び出すと、待ち構えていた日本兵の餌食となっていった。日本軍守備隊の猛反撃に米軍は戦慄した。そこへ、後方に控えていた戦車第9連隊の97式中戦車が襲いかかった。日本軍守備隊は敢然と米海兵隊の前に立ちはだかったのである。とりわけ上陸してきた第2海兵師団と第4海兵師団を二分するススペ岬に配置された日本軍守備隊は、上陸してくる米軍を側面から狙撃して大打撃を与え続けたのだった。

〈六月十五日、米軍はススペ岬の北に第2海兵師団、南に第4海兵師団を上陸させた。第一波のＬＶＴ一七〇両は冒頭のとおり、水際陣地から猛烈な洗礼を受けている。七五ミリ野砲、山砲、三七ミリ速射砲の直射、それにヒナシス山麓からの砲撃は恐ろしく正確だった。米海軍ＵＤＴ（水中爆破チーム）は前日沖合いのリーフを偵察し、部隊ごとの上陸点を示す標識を立てていた。守備隊はそれを逆手にとって前夜に観測と照準を済ませており、上陸部隊を狙い撃ちにしたのだ。

第2海兵師団第6、第8連隊の4個大隊は砂浜に這い上がったものの、１３６連隊第2大隊に進撃を食い止められてしまった。計画ではＬＶＴに乗車したまま内陸に進み、海岸堡を速やかに広げることになっている。だが午前一〇時になっても波打ち際から一〇〇メートルしか進めず、隠れたトーチカから銃砲弾を浴びる〉（『歴史群像』第52号―サイパン防衛戦、学習研究社）

■「サイパンの戦い」概要図

マッピ岬
バナデル飛行場
マッピ山
地獄谷
フィリピン海
マタンサ
総攻撃地点
タナバグ
ガラペラ
軍艦島
物資集積所
タロホホ
野戦病院
電信山
物資集積所
太平洋
ガラパン
タッポーチョ山
歩兵第136連隊守備地区
アメリカ海兵第2＋第4師団
オレアイ
ハグマン半島
ラウラウ
43師団司令所
ヒナシス台地
ハグマン岬
ススペ岬
ススペ湖
ラウラウ湾
チャランカノア
ヒナシス山
独立歩兵第316大隊守備地区
アスリート飛行場
アギーガン岬
ナフタン山
オビアム岬
ナフタン岬

また同書によれば、南部のアギーガン岬に布陣していた日本軍守備隊は、上陸してきた米第25海兵連隊を撃退したどころか、米軍の混乱に乗じて午前10時には逆襲を仕掛けたというから、その敢闘に胸が熱くなる。河津幸英著『アメリカ海兵隊の太平洋上陸作戦』（アリアドネ企画）によれば、海兵隊は危機的状況に追い込まれたシーンがあったという。

アメリカの防衛ラインを抜けて進出してきた20人程度のの日本兵が、米第6連隊本部を襲撃したときで、この場所には大隊後方部隊と負傷者が集められており、日本軍の攻撃を阻止できなければ大きな被害が出ていたというのだ。そしてもう1つ、上陸地点に放棄されたとみられていた日本軍の95式軽戦車が、突如米軍の水陸両用装甲車（ＬＶＴ）を狙い撃ちし始めた瞬間である。日本軍は〝死んだふり〟をして敵を安心させ、敵が間近に迫ったところで突如射撃を始めたわけだが、その豪胆さはあっぱれというほかない。また一五一高地に配置された独立山砲兵第3連隊第2大隊なども、敵機の空襲の間は身を潜め、好機到来を待って敵に大打撃を与えている。

〈航空機の姿が消えた午後六時にようやく一二門の一五センチ榴弾砲に射撃命令を下した。これらの銃砲の砲撃は、海岸堡を混乱に落し入れた後、狙いを沖合の舟艇に変更。約三〇隻を沈め、揚陸艇すら大破させている。日本軍砲兵の多くが砲爆撃を避けて山地に陣を敷いており、午後から夜にかけて援護射撃を続け、戦車や物資の揚陸を妨害するなど気を吐いている〉（前掲書）

では米軍はこの砲撃をどのように見ていたのか。

〈『米海兵隊戦史』は日本軍守備隊の砲撃に関し、「ほとんどがリズミカルに砲撃していた。砲弾は一五秒間隔に落下し、一二五ヤード（一一三m）の至近であった」と評し、サイパン作戦の海兵隊公刊戦史『SAIPAN』は「砲撃は激しく、着弾は決してばらつかなかった」と称賛している〉（河津幸英著『アメリカ海兵隊の太平洋上陸作戦』三修社）

日本軍の勇戦敢闘ぶりは、米兵達を震え上がらせていたのだ。実際、上陸初日の米海兵隊の損害は大きく、死傷者は2千人を数え、多くの上陸用水陸両用装甲車と戦車を失っている。米第6連隊などは、3人の大隊長が負傷し午後1時までに戦力の35％を失っている。また、別の海岸に上陸した米第4海兵師団の第25連隊隷下大隊の1つは、上陸後に海岸からわずか11メートルしか進めず、しかも日本軍の反撃の凄まじさに怖気づいた水陸両用装甲車が、海兵隊員を上陸させるや武器や弾薬を陸揚げせずにさっさと逃げてしまったという。このことからも日本軍の反撃がいかに凄まじいものであったがお分かりいただけよう。日本軍の反撃は夜間も続き、米軍陣地に夜襲を仕掛けて米軍をかき回したという。

海軍もサイパンに押し寄せた米艦隊を撃滅すべく大艦隊を急派してマリアナ海戦に挑んだ。だが、米軍の新兵器と圧倒的戦力の前に大敗北を喫してしまう。頼みの連合艦隊が敗れ来援の望みは露と消えたが、日本軍の抵抗は潰えることはなかった。

激戦となったタッポーチョ山沿いの防御線では、6月23日に投入された米陸軍第27歩兵師団（師団長ラルフ・スミス少将）が、戦線を押し上げるべく日本軍守備隊の防御線に何度も攻撃を仕掛けたがことごとく撃退されており、翌24日には上陸部隊指揮官である米海兵隊のスミス中将によって第27師団長が更迭される異例の事態も起きている。その後、米軍は28日にガラパンに侵攻するなどしてようやく戦線を押し上げることに成功するが、それでも日本軍の抵抗は止まなかった。熾烈を極めた米海軍の艦砲射撃や執拗な空爆をやりすごした第9戦車連隊が、米上陸部隊に決死の殴り込みをかけたのである。日本軍はこの小さな島に実に70両もの戦車を持ち込んで米軍を待ち構えていたのだ。6月17日、戦車第9連隊は米海兵隊に夜襲を仕掛けたが、このときの様子を戦車第9連隊の下田四郎氏はこう述懐している。

〈十七日午前二時三十分、第九連隊の戦車三〇両が、いっせいにエンジンを始動した。私は、はじめての戦闘体験に、気持ちがたかぶっていた。稜線をこえて、海岸線を見おろした時、私は息をのんだ。無数の星弾と曳光弾が夜空をあざやかな色にかえていた。まるで白昼のようだった。戦車のキャタピラの音を待ちうけるように、米軍の銃火が赤く走った。

戦車隊は、地形上、二列縦隊のかたちをとらざるを得なかった。通常、戦車隊は横隊配列なのだが、ここでも不利な戦法をとらされてしまったのだ。戦車は稜線をなだれ落ちるように敵陣に突入した。（中略）乱戦状態で戦車隊の指揮系統は完全に麻痺した。不慣れな縦隊突撃で支離滅裂となった。縦隊の前部は、どんどん突っ走り、敵味方入り乱れての壮絶な戦闘であった。私はただ機銃の引鉄を無意識にひきつづけていた。照明弾に疾走する戦車が浮かび、バズーカの餌食になった。

米軍のM4戦車も姿を見せた。対戦車戦闘で精強の第九連隊は、技術的には米軍をしのいだ。戦車砲は正確にM4をとらえた。しかし装甲が違った。日本の九七式中戦車は二五ミリ、M4は八九ミリである。命中弾はボールのように、むなしくはね返るだけであった。第九連隊の戦車はあいついで擱

座し、煙をあげ、炎に包まれた。そして歩兵たちもつぎつぎに倒れていった〉（下田四郎著『サイパン戦車戦』光人社NF文庫）
日本軍の97式中戦車と米軍のM４シャーマン戦車とでは、火力も防御力もあまりにも差がありすぎた。だが我が戦車兵の士気は高く、彼らは七生報国の信念で戦い抜いたのだった。期せずして捕虜となってしまった戦車第９連隊の戦車兵マツヤ・トクゾウ氏の米軍による尋問記録（海兵隊史『ＳＡＩＰＡＮ』収録）は、米軍による尋問にこう答えていたという。
〈我が連隊の残る戦車は、今や、チハ車六輌、九五式六輌、合計一二輌だ。たとえ戦車がなくなっても我々は素手で戦う……。敵にあったら、私は我が剣を抜き、二四年の人生が終わるまで敵を斬って、斬って、斬りまくると決意していた〉（『アメリカ海兵隊の太平洋上陸作戦』）
また、日本軍は米軍陣地に夜襲を仕掛けて米軍をかき回した。
夜襲の様子を第43師団の大場栄大尉はこのように語っている。
〈照明弾が打ちあげられ、曳光弾が花火のように美しくとびかった。彼我の機銃が狂ったように鳴っていた。喚声はつぎからつぎへとつづいてやまなかった。私は部隊を左に大きく迂回させて移動させた。やがて夜がしらじらと明けようとしていた。そのときである。前方の機銃がすごいいきおいで火を噴いた。間の悪いことにここには平坦地であったから死傷者が続出した。
兵は本能的に地に伏して動かなくなった。私はしゃにむに突撃を命じ、夢中で敵の機銃目がけて突っ走った。だれが何名あとにつづいたかはわからなかったが、米兵はあわてて機銃を放りなげて遁走した〉（潮書房『丸エキストラ』35号―大場栄「悲劇の島　サイパン戦記」）
　この大場大尉の壮絶な戦いは、『太平洋の奇跡―フォックスと呼ばれた男』（２０１１年）という映画にもなっており、俳優・竹野内豊が大場大尉を見事に演じている。昭和48年（１９７３）12月22日、大場大尉は当時の米陸軍将校と自宅で面会したときのエピソードを次のように綴っている。
〈私は当時、中尉として参戦したロバート・ノースさんと自宅で対面したとき、彼は当時の模様をつぎのように語った。「私はあの日本軍の突撃がもっとも恐ろしかった。弾がズブズブと私の服をつきぬけていき、私は命からがら日本軍といっしょになって逃げた」と〉（前掲書）
　日本軍の突撃は米軍兵士の心胆を寒からしめた。事実、このマリアナ諸島の戦いに続くペリリュー島を巡る攻防戦でも、日本軍の夜襲に恐れをなした米軍は、日本軍に対して「夜襲を止めてくれれば、こちら（米軍）も爆撃は止める」と申し入れたほどであった。

米軍から〝ＦＯＸ〟と恐れられた日本軍大尉

　しかしながら圧倒的物量を誇る米軍の前に、孤立無援の日本軍守備隊は、もはや戦力を立て直す余力はなく、衰退の一途を辿っていった。こうして昭和19年7月6日夜、南雲忠一海軍中将は、「我等玉砕、もって太平洋の防波堤たらんとす」の決別電文を発信して、斉藤義次陸軍中将、井桁《いげた》敬治陸軍少将、矢野英雄海軍少将らとともにサイパン北部の地獄谷と呼ばれる山岳地帯に設けられた司令部壕で自決を遂げた。これを受けて残存部隊は最後の総攻撃を敢行した。

７月７日午前３時、地獄谷から海岸線付近に集結した残存部隊は、突撃ラッパとともに海岸沿いに展開する米軍に対して猛然と突っ込んでいった。最も海岸側から海軍部隊が、山側２カ所から陸軍部隊が怨敵必滅の信念に燃えて突撃したのである。この総攻撃には陸海軍将兵だけでなく地元青年団員ら在留邦人らも参加している。総攻撃に参加した日本軍兵力の詳細は不明だが、後の調査で総攻撃の行われた地域に日本軍の遺体４３１１が数えられたという。この最後の総攻撃が行われた２日後の昭和19年７月９日、米軍はサイパン島の占領を宣言し、絶対国防圏の一角を失った責任をとって東條内閣は総辞職に追い込まれた。

日本軍の組織的抵抗は終焉したものの、島の北端に追い詰められた一部の日本兵と在留邦人らは、米軍に捕まることを恐れてサバネタ岬（通称「バンザイクリフ」）やマッピ山の「スーサイドクリフ」（自殺の崖）といった高い崖から飛び降りて自ら命を絶っていたのである。サイパンの戦いにおける日本軍の戦死者は陸海軍合わせて約４万１２４４人、民間人の死者は１万人超と記録されている。一方、この戦いにおける米軍の戦死者は３４４１人、負傷者は１万１４６５人を数えた。

だが日本軍将兵の戦いは終わらなかった。島内各地に散開した日本軍将兵はそれでも銃を置くことはなかった。山岳地に潜んで好機到来を待つ日本軍将兵は、必勝を期して米軍に遊撃戦を挑み続けたのである。前述の大場栄陸軍大尉は、日本軍守備隊玉砕後も47名の部下とともにタッポーチョ山中に立てこもって徹底抗戦を続け、終戦４カ月後の昭和20年（１９４５）12月１日まで戦い続けた伝説の軍人だった。彼は、米軍から〝ＦＯＸ〟（きつね）と恐れられた勇士となったのである。

投降時のエピソードはあまりにも感動的だ。

大場大尉の手記『悲劇の島　サイパン戦記』によると、サイパン島の日本軍守備隊が玉砕後の徹底抗戦から1年以上が経過したある日、内藤上等兵が米軍によってばらまかれたビラを拾ってきた。ビラは日本の無条件降伏と終戦を報せるものであった。また、あらかじめスパイとして収容所に潜り込ませていた土屋伍長から、口伝えで天羽馬八陸軍少将の投降勧告を受け取っていた。そこで、土屋伍長を軍使として再び収容所に戻して米軍と折衝を行ったところ、その翌日に米軍カージス中佐から会見の申し入れがあった。11月24日、大場大尉は田中少尉、土屋伍長と共にカージス中佐と会見し次の申し入れを行ったのである。

「12月1日　下山する／それまでに降服命令書を受け取れるようとり計らうこと／以後、米軍はいっさい山に入れぬこと／山の患者をただちに病院に収容すること」

カージス中佐はこの申し入れを受け入れた。11月27日、天羽馬八少将の降服命令書を受け、大場大尉らは兵器の手入れを実施し、髪や被服の修理交換を行った。そして迎えた約束の日——12月1日早朝、大場大尉らは内藤上等兵の読経で慰霊祭を実施し戦没者に対して弔銃を発射して戦友の冥福を祈った後、しっかりと隊列を組み、堂々と軍歌『歩兵の本領』を歌いながら降服式典会場に現れたのである。大場大尉らの歌声はサイパン島の山々に轟いた。式典会場に現れた大場大尉以下47名の兵士らは凛然と整列し、大場大尉がその軍刀をカージス中佐に手渡したのだった。

昭和20年12月1日、サイパンの戦いはここに幕を閉じたのである。山中にこもりながらサイパン島守備隊玉砕後も1年半もの間、高い士気を維持し統率された日本軍兵士を見た米軍は驚嘆し、改めて日本軍の精強さを思い知ったことだろう。サイパン島の日本軍守備隊は圧倒的な劣勢にありながら、それでも日本軍将兵は必勝を信じて戦い、米軍に多大な損害を与えて玉砕していったのである。それは私利私欲を満たすためではなく祖国を守るためであった。

サイパンでの予想外の犠牲をもとに周到に準備した米軍

昭和19年7月24日、サイパン島を巡る攻防戦（6月15日〜7月9日）で日本軍守備隊と熾烈な戦いを繰り広げた米第2海兵師団と第4海兵師団は、続いてテニアン島へ上陸を開始した。これに対し、闘将として知られた角田覚治《かくじ》中将率いる海軍第1航空艦隊など約4500人と緒方敬志大佐率いる陸軍第50連隊など約4千人が総勢5万4千人もの米軍を迎え撃った。

米軍は占領したサイパンの南岸に第24軍団砲兵の155ミリカノン砲、155ミリ榴弾砲、105ミリ榴弾砲など156門もの重砲を並べて、海峡越えでテニアン島北部を砲撃した。加えて、戦艦3隻、巡洋艦5隻、駆逐艦16隻からなる大艦隊が島を徹底的に艦砲射撃した。さらに米海軍のCBS2ヘルダイバー急降下爆撃機やTBFアベンジャー雷撃機が対地攻撃を行い、P47Dサンダーボルト戦闘爆撃機が執拗な空爆を実施したため、日本軍守備隊は米軍上陸前に壊滅的な損害を被ったのである。こうした準備射撃の効果もあり、テニアン島への上陸時に戦死した米兵はわずか15人だった。

その日の夜半、日本軍守備隊は米軍に対して夜襲を仕掛けた。だが、サイパン戦の苦い戦訓から、米軍は日本軍の夜襲を十分に警戒して布陣していたため、この攻撃は失敗に終わった。テニアン島は、サイパン島とは異なり平坦な土地で身を隠す場所が少なく、組織的襲撃は敵に発見されやすかったのだ。また、ひとたび攻撃を受けるとその損害も甚大であった。日本軍守備隊は、圧倒的物量を背景に力任せに攻撃してくる米軍に圧迫され、島南部へ後退を余儀なくされていった。それでも、「テニアン陥落は、B29爆撃機による日本本土への無差別攻撃、そして敗戦の導火線となる」という思いで、日本軍守備隊は米軍の前に立ちはだかった。この思いは在留邦人にも共有され、1万5千人中およそ3500人が義勇隊として参戦し、日本軍兵士に優るとも劣らぬ勇戦敢闘ぶりで米軍を悩ませ続けたのである。

圧倒的物量と強力な火力に頼る米軍は7月30日に島都テニアン町を占領し、日本軍守備隊の抵抗力を奪っていった。7月31日、日本軍守備隊は形勢逆転を期して最期の反撃を行ったが撃退され、さらにはテニアン島唯一の水源地が米軍の手に落ちたことで戦いの勝敗は決してしまう。明けて8月1日にも守備隊は反撃を試みるも、ことごとく米軍に撃退されたのだった。

この日、日本軍守備隊の組織的抵抗が潰えたとみた米海兵隊ハリー・シュミット少将は、テニアン島占領を宣言した。8月2日、陸軍の緒方連隊長は軍旗を奉焼し、民間義勇隊員らとともに最後の突撃を敢行し、また海軍部隊を率いた角田中将も手榴弾を手に壕を出て二度と戻ることはなかった。

8月3日、日本軍の組織的戦闘は終焉しテニアン島は米軍の手に陥ちた。

そんなテニアンの戦いの中で、痛快な戦闘がある。

日本海軍は、寄せ来る米艦隊を迎え撃つべく、あらかじめ小川砲台と二本椰子砲台に合計６門の６インチ砲を設置して米軍を待ち構えていた。すると米軍は、上陸地点として狙いをつけた北西海岸から日本軍守備隊の目をそらすために、南部のテニアン港付近海岸に陽動作戦を仕掛けてきた。戦艦「コロラド」と駆逐艦「ノーマン・スコット」が、上陸作戦に見せかけるべく上陸部隊を掩護するかのように海岸線から約２９００メートルに近付いたところで、日本海軍の海岸砲が一斉に火を噴いた。すると、わずか15分間に22発の６インチ砲弾が戦艦「コロラド」を直撃し、戦死43人、負傷者１７６人の大損害を与えたのである。恐ろしい命中精度だった。同じく駆逐艦「ノーマン・スコット」には６発の６インチ砲弾を命中させ、艦長シーモール・D・オーウェンをはじめ19人が戦死し、47人が重軽傷を負っている。こうして米軍は日本軍守備隊の注意を逸らす陽動作戦に成功したものの、両艦は死傷者２８５人という大損害を被って戦場を離脱せざるを得なかった。

民間人はサイパン島での出来事と同じように、カロリナス台地の切り立った断崖から次々と紺碧の海に身を躍らせていった。

テニアンの戦いは、米海兵隊史上もっとも成功した上陸作戦だった。日本軍守備隊の戦死者はおよそ8千人、民間人約3千人が亡くなった。対する米軍は、戦死者３２８人、負傷者１５７１人でしかなく、これはサイパン戦での被害のおよそ10分の1であった。このことからも、米軍がいかにサイパン戦での教訓に学び用意周到に上陸戦闘を行ったかが分かる。

だが、この島でも日本軍人は戦い続けた。組織的抵抗は終焉したが、日本軍兵士らはカロリナス台地の自然洞窟やジャングルに潜伏してゲリラ戦闘を継続したのである。米軍はジャングルを焼き払うなど万策を講じて残存日本兵の掃討を行ったが、遊撃戦に転じた日本兵は屈しなかった。強靭な精神力と怨敵必滅の信念に燃えた日本兵は、テニアンの戦いの終結宣言が発せられた昭和19年8月1日の後も戦い続け、残存兵の多くが銃を置いたのは、終戦から2週間後の昭和20年8月30日ことだったという。だがそれでも戦い続ける兵士らがおり、最後の48人が投降勧告に応じたのは昭和20年12月末ごろだったという。

日本軍将兵の不撓不屈の精神は、とても外国の軍人に真似できるものではない。日本軍将兵は、どんな劣勢に立たされても勇敢に戦い、そして徹底抗戦を挑んで絶対に降伏しなかったのである。

玉砕を越えた戦い

「恥ずかしながら、生きながらえて帰って参りました！」

昭和47年（1972）、グアム島から帰還した大日本帝国陸軍伍長・横井庄一氏の第一声であった。横井伍長は、28歳で満州からグアムに進駐し、アガットで米上陸部隊を迎え撃ち、昭和19年8月11日の日本軍守備隊玉砕後、実に28年間もグアムのジャングルに潜んで自活を続けたのである。兵役前に洋服店を営んでいたことから、横井伍長は衣服や日用品をジャングルで採取した植物や散乱していた軍用品などから手作りしていたのだ。

地元住民によって発見されたとき、横井伍長は56歳であった。グアム芸術文化協議会のパンフレットには日本語で次のように記されている。
〈横井さんの発見のニュースは世界中の人々を魅了し、特に日本においては天皇陛下への忠誠が賞賛されました。横井さんの大事業は、極限状況に立ち向かう勇気、母国への忠誠、そして個人の犠牲によって培われた、人間の精神力の勝利といえます〉

横井庄一伍長の忠誠心と愛国心は今でもグアムで讃えられているのだ。現在、横井伍長が28年間を過ごした洞穴は、グアム南東部の「タロフォフォの滝」を観光の目玉とした滝公園の中にある。ただここにある「横井ケーブ」はレプリカで、本物の洞穴は、私有地内にあるため見学することはできない。だがここにも横井伍長の忠君愛国と不屈の精神を讃える立看板があり、英語・日本語・韓国語で表記されている。そして横井伍長の名前の前には「Hero」(英雄)という言葉が冠せられている。

帰国後、横井伍長は「耐乏生活評論家」として過ごし、平成9年(1997)に82歳で他界されてからは日本では忘れ去られようとしている。ところがグアムでは今でも「英雄」として尊敬を集めているのだ。横井伍長が戦い抜いたグアム島をめぐる攻防戦は、ハワイ真珠湾攻撃およびマレー半島上陸作戦と同時だった。昭和16年12月8日、日本軍は、日本に最も近いアメリカ領であったグアム島に対して水上機による空襲を敢行している。その2日後には、5千人を越える上陸部隊がグアム島を占領したのだが、驚くべきことに日本軍の戦死者はわずかに1人、米軍も数十人の戦死者を出しただけでグアム攻略戦は終結した。

このときグアムを守っていたのは、開戦8カ月前に徴兵された現地チャモロ人で組織されたグアム島防衛隊であった。そんな急造部隊で、百戦錬磨の日本軍南海支隊（堀井富太郎少将）に勝てるわけがない。現地召集兵を含め約750人の守備隊を指揮していた米海軍マクミリアン大佐は、戦闘開始からわずか30分で降伏している。おそらくこれは、世界の上陸戦闘史上、〝最短制圧時間記録〟であろう。こうして日本領となったグアム島は「大宮島」と呼ばれるようになった。

大東亜戦争開戦劈頭に米領グアム島を占領し破竹の快進撃を続けた日本軍だったが、ミッドウェー海戦（昭和17年6月）での敗北以降は戦局は振るわず、形勢は徐々に逆転していった。反攻に転じた米軍は、前述のとおり昭和19年7月7日に日本の絶対国防圏とされたサイパン島を占領した。同月18日、その責任をとる形で東條内閣は総辞職しているが、勢いに乗じた米軍がグアム島に上陸を開始したのはその3日後のことだった。

第29師団長・高品彪《たけし》中将率いる日本軍守備隊約2万人に対し、攻める米軍は第3海兵師団を筆頭に総勢5万5千人の大戦力だった。加えて米軍は、戦艦11隻、軽巡16隻、駆逐艦152隻といった大艦隊を沖合に浮かべ、上陸に先立って米海軍史上最長の13日間に及ぶ艦砲射撃を実施し、島西側のアサンビーチとアガットビーチに上陸を開始した。

ところがアサンビーチに上陸した米第3海兵師団は、上陸初日の7月21日に待ち構えていた日本軍の猛反撃を受けることとなった。その結果、予想外の約700人もの戦死傷者を出し、車両55両を失ったのである。あの熾烈な艦砲射撃と空襲にもかかわらず、日本軍守備隊は健在だったのだ。

米海兵隊の戦闘を記録した『アメリカ海兵隊の太平洋上陸作戦（中）』（河津幸英著、アリアドネ企画）によると、日本軍は米軍がアガットビーチに上陸してくることを予想して、ガーン岬にあらかじめ巧みな陣地を構築して米軍を迎え撃っていたという。

〈岬には珊瑚岩の洞穴をコンクリートで補強した小要塞が築かれ、二門の山砲（七五㎜）と三七㎜速射砲が隠されていたのである。一輌のＬＶＴ装軌上陸車は三発の砲弾が命中し、六人のマリーンが即死した。さらに右翼端にあるバンギ岬近くのヨナ小島にも野砲（七五㎜）一門が生き残り、側面から撃ち始めた。こうして上陸部隊はガーン岬の要塞からの射撃と挟まれ、十字砲火を浴びてしまったのである。上陸後の調べによればガーン岬小要塞の射撃を浴びた、幅三〇〇ヤードのイエロー2海岸には、七五人の海兵隊の戦死体が打ち上げられたという（旅団突撃波に参加したＬＶＴとアムタンクの損害は一〇輌）〉

各地で凄まじい日本軍の抵抗が続いた。米軍の上陸海岸を見下ろすフォンテ台に陣取る日本軍守備隊も、圧倒的優勢な米軍を相手に善戦した。

〈…戦車の行動を妨げる急峻な地形と頑強な守備隊の抵抗に直面してなかなか前進できなかった。とりわけフォンテ台前面の要所であるバンドシュー尾根（パラソル台）に陣取った歩兵第38連隊の第9中隊（石井兼一中尉）は、中隊長がよく部下を掌握し、巧妙な戦闘指導によって米軍の攻勢を撃退していた。彼の戦闘指導は、自殺行為にすぎない陣前出撃を戒め、米軍が接近するのを待ち射撃や手榴弾攻撃により、その攻撃を挫折させるものであったという〉（前掲書）

上陸4日後の24日には、日本軍の激しい抵抗によって米軍の戦死傷者はなんと2千人に達していたのである。日本軍は、進撃してくる米軍部隊を巧みな陣地配置で待ち伏せ攻撃し、米海兵隊に多大な出血を強いたのだ。8月2日、北部のバリダカでは、大田行男少佐率いる3個中隊が、2門の38式野砲で米第706戦車大隊のM4戦車2両を撃破した。続く8月3日、同じく島北部のフィネガヤン付近の道路でも97式中戦車、105ミリ榴弾砲、75ミリ野砲、対戦車用の速射砲などを巧みに配置して路上進撃を阻止する「ロードブロック」を形成して米軍部隊に大きな損害を与えている。

そして最も効果的だったのはゲリラ的な夜襲であったという。日本軍は持てる力を総動員して、各地で徹底抗戦を続けたのである。だが抵抗も長くは続かなかった。米軍上陸地点を見下ろす高台に布陣していた日本軍守備隊は7月25日、いわゆる〝バンザイ突撃〟と呼ばれる総攻撃を敢行し、敵に戦死傷者約6百名の損害を与えたが、ここに日本軍守備隊の組織的抵抗も終焉を迎えた。

そんな中、第29師団第18連隊の第3大隊副官だった山下康裕少尉は部下を率いて、日向台の敵迫撃砲陣地になだれ込み、敵に甚大な被害を与え見事生還している。

〈「突撃だッ！」

叫びながら少尉は、渾身の力をふりしぼって突っ走り、猛然と壕内に踊り込んだ。死にきれずにうごめく米兵を蹴飛ばして、自動小銃を奪うと、壕から逃げ出そうとする米兵を背後から掃射した。

一つの壕を奪った少尉たちは、隣接する敵陣に手榴弾を投げ、自動小銃を乱射した。米軍の銃弾は、全弾が曳光弾だった。少尉は銃を腰に構え、引鉄を引きっ放しにして、曳光弾の弾着の流れを見ながら照準を修正しつつ米兵を射撃した。銃弾を浴びてひっくり返る米兵の姿は、射的の人形のようにあっけなかった。彼は目に入る米兵を、つぎつぎと撃ち殺した。
いまや敵陣内で白兵戦が展開し、日米両兵士の殺し合いがはじまっていた。手榴弾を投げ尽くすと銃剣で刺し殺し、米兵の武器を奪って乱射した。ほぼ敵陣を制圧したとき、いきなり無数の照明弾が頭上に輝き、後方の台地から機関銃の雨が降り注いできた〉（佐藤正和著『グアム島玉砕戦記』光人社ＮＦ文庫）

このように日本軍将兵は各地で善戦し、劣勢でありながら敵にひと泡吹かせ続けたことが分かるが、衆寡敵せず。7月28日、第29師団長・高品彪中将が戦死し、以後各員は北部のジャングルで持久戦を戦うことになったのである。米軍上陸後、数日にして戦力の大半を失った日本軍はそれでも戦い続け、そのため米海兵隊は7月30日までに6千人を超える戦死傷者を強いられている。守備隊の最高指揮官は第31軍司令官・小畑英良中将であり、残存兵力は平坦な北部密林地帯で持久戦闘を戦った。日本軍将兵の士気は潰えず、圧迫してくる米兵と勇敢に戦い、日本軍の戦車部隊は寄せ来る米軍にゲリラ攻撃を仕掛けるなどして進撃を阻み続けたのだった。

そして迎えた8月11日、叉木の日本軍司令部壕にて小畑中将が自決し、グアムの戦いは終焉した。だがジャングルに生き残った日本軍将兵は、各個に米軍の掃討部隊と激しい戦闘を続けた。前出の山下康裕少尉などは、数十名の部下を統率して米軍の掃討部隊と戦い続け、24人の部下と共に武装解除を受け入れたのは、なんと終戦から1カ月後の昭和20年9月12日のことだった。

グアムの戦いでの日本軍の戦死者は約1万9千人、米軍の戦死傷者は約8千人（うち戦死約2100人）を数えた。

サイパン、テニアン、グアムといったマリアナ諸島の戦いで日本軍守備隊は玉砕した。しかしながら、日本軍将兵は圧倒的劣勢でありながらも雄々しく戦い、組織的抵抗が終焉した後も遊撃戦を続け、昭和20年8月15日の終戦後も、大場栄大尉や山下康裕少尉、そして横井庄一伍長のように、他国にその類例をみない敢闘精神と忠誠心をもって戦い続けたのである。日本軍将兵のその武勇と精強さは米軍兵士の心胆を寒からしめ、今日もなお畏敬の念をもって語り継がれている。

〝天皇の島〟の闘魂「ペリリュー島の戦い」

天皇陛下から11回もの御嘉賞をいただいた日本軍守備隊の勇戦敢闘。３日で陥としてみせると豪語していた米軍を待ち受けていたのは、彼らがこれまで経験したことのなかった日本軍守備隊の猛反撃だった。

ペリリュー島の「西太平洋戦没者の碑」に供花される天皇、皇后両陛下（平成27年4月）

日本軍守備隊を率いた中川州男大佐

戦術を一変させた日本軍

平成27年（2015）4月8、9日、天皇皇后両陛下がパラオ共和国に行幸啓され、さらに、戦没者慰霊のために、かつて〝天皇の島〟と呼ばれた激戦の島「ペリリュー」にも足をお運びになった。このニュースは世界中を駆け巡り、これまでほとんど知られていなかった「ペリリュー島」の認知度は急上昇した。

ペリリュー島はパラオ本島から南に約50キロに浮かぶ南北約9キロ、東西約3キロ、面積約13平方キロの小さな島だが、大東亜戦争末期の昭和19年（1944）9月から11月にかけて日米両軍が死闘を繰り広げた激戦の島であることを知る人は少ない。

昭和19年9月15日のペリリュー島上陸作戦を前に米第1海兵師団長ウィリアム・ルパータス少将は部下にこう豪語した。

〈諸君、むろん、われわれも損害は覚悟しなければならない。しかし、本戦闘は短期間で終わるものと確信する。激しい。だが、す早い戦闘だろう。たぶん三日間、あるいはほんの二日間かもしれない〉（児島襄著『天皇の島』講談社）

サイパン、テニアン、グアムを手中に収めた米軍は、次なる戦略目標を日本の信託委任統治領パラオに定めて侵攻作戦の準備を進めた。その後のフィリピン奪還作戦を円滑ならしめるためには、その前に立ちはだかる日本軍のペリリュー飛行場を奪取する必要があったのだ。米軍の上陸部隊は、最精鋭の第1海兵師団約2万4千人と米陸軍第81歩兵師団約2万人に加え、付属の海軍部隊など総勢約5万人もの大部隊であった。上陸前、サイパン戦に学んだ米軍は、日本軍守備隊の反撃能力を奪うために、島を取り囲んだ大艦隊による猛烈な艦砲射撃と空からの空爆を実施した。

だが、上陸してきた米海兵隊員を待ち受けていたのは、これまで彼らが経験したことのない日本軍守備隊の猛烈な反撃であった。

米軍を迎え撃ったのは、中川州男《くにお》大佐率いる歩兵第2連隊を中心とする陸海軍部隊総勢1万1千人の日本軍守備隊だった。中川大佐は、マリアナ諸島などで採用された戦術を改め、水際には綿密に火力を連携しあえる頑強なトーチカ陣地を設け、内陸部には固い岩盤をくり抜いて作った〝複廓陣地〟を張り巡らせて、兵士が身を隠しながら戦い続ける徹底持久戦法の方針を打ち立てた。

9月15日午前8時、米海兵隊員は24人乗りの「水陸両用装甲車」（LVT）に分乗し、「水陸両用戦車」（アムタンク＝Amphibious Tank）を先頭に西海岸に押し寄せてきた。突撃第1波のアムタンクが、海岸から約150メートル《メートル》に迫ったときのことだ。それまで艦砲射撃と空爆に耐えて沈黙を守っていた水際陣地が猛然と火を噴き、内陸山中の野砲が一斉に砲門を開いた。日本軍守備隊の猛反撃の始まりだった。それは同時に米第1海兵師団の悲劇の始まりでもあった。

〈最初の水陸装甲艇の接岸は、午前八時三十二分と記録されている。だが、それは同時に海兵たちにとっては、悪夢に似たペリリュー戦の開幕時間でもあった。浜辺は大混乱だった。乗りあげた装甲艇から飛びおりた海兵は、地に足がつく前に鉄カブトを撃ち抜かれて倒れた。一弾をうけ、煙をはきな

■「ペリリュー島・アンガウル島」の位置

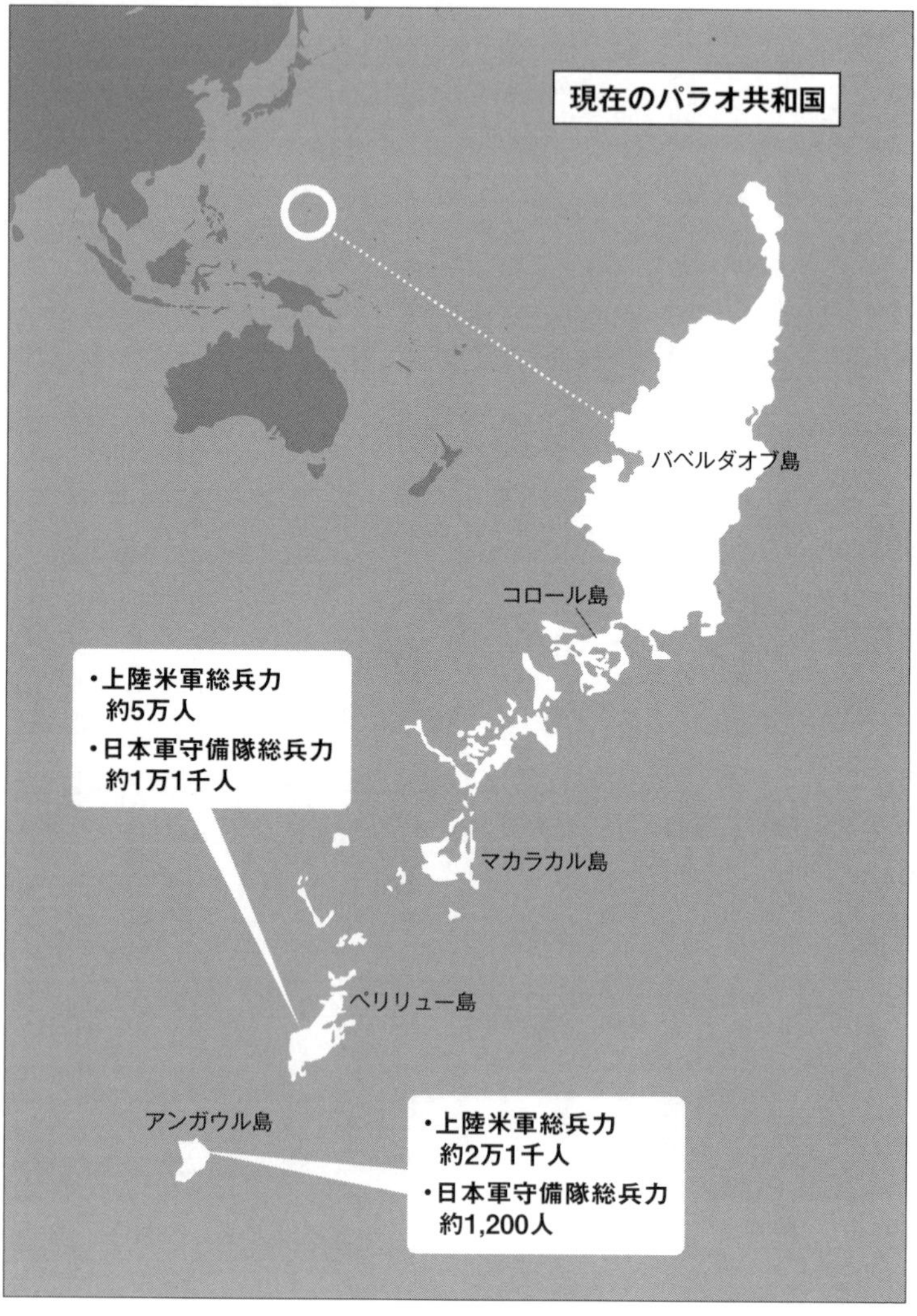

がら方向を失った舟艇が、その倒れた海兵をふみくだきながら、別の舟艇に衝突した。
海兵たちは、こわれた装甲艇のかげにうずくまり、鉄カブトで砂をほって頭をつっこんだ。顔から、胸から、誰もがどこか負傷しているようだった。緑色の戦闘服をどす黒く血が染め、砂をいろどった血痕は動きまわる仲間にふみにじられた。
サンゴ礁に火を吹いた装甲艇が点々と傾き、波打ち際にはうつぶせになった死体、あおむけに手をさしのべた死体が浮いた。「衛生兵」と、吹きとばされた片腕を押えた海兵が叫び、その横にすっぽりと首がとんだ死体がいつまでも血をはきだしながら倒れていた〉(『天皇の島』)
海岸に押し寄せた米軍のＬＶＴやアムタンクが、まるでシューティングゲームのように次々と日本軍守備隊の直撃弾を浴びて撃破されていったのだ。上陸海岸の上空を飛ぶ米軍の観測機は、信じがたい自軍の惨状をこう報告している。
〈強烈な射撃は、ホワイト1海岸のちょうど北、ザ・ポイントからだ。破壊されたごみとくずの塊でいっぱいだ。ホワイト海岸には約二〇輛のアムトラック装軌上陸車が燃えている。オレンジ海岸には約一八輛だ。彼らは縦射で破壊されている。敵が見える。野砲一門と敵兵六人。攻撃を要請する〉(河津幸英著『アメリカ海兵隊の太平洋上陸作戦〈中〉』アリアドネ企画)
日本軍守備隊は、米上陸部隊を手ぐすね引いて待ち構えていたのである。西浜の北からイシマツ、イワマツ、クロマツ、アヤメ、レンゲと名づけた強固なトーチカ陣地群は、海岸に押し寄せる米兵に十字砲火を浴びせるよう配置されていた。山中に布陣した砲兵の正確な射撃がこれに加わって、上陸してきた米海兵隊を完膚なきまでに叩いたわけである。なかでも千明《ちぎら》武久大尉率いる歩兵第15連隊の活躍は目覚ましかった。15連隊将兵は敵上陸部隊を見事に粉砕し、後続の敵第2波攻撃も水際で撃退したのである。上陸初日、米第1海兵師団は1100人を超える死傷者を出したほか、上陸用舟艇60隻以上、M4戦車3両を失った。海兵隊最精鋭と謳われた第1海兵師団将兵もさすがにこの損害の大きさに驚愕し、この島の日本軍守備隊に震え上がった。

米海兵隊史上最悪の光景を目のあたりにした米兵たちはこの島を〝悪魔の島〟と呼んで罵った。だが、多大の犠牲を払いながらも圧倒的火力と物量に頼る米軍は、徐々に日本軍水際陣地を制圧して内陸へと突き進み、翌日の夕方には戦略目標であった飛行場に進出してきた。ただし、日本軍守備隊にとってこれは想定内であった。守備隊は内陸に引きずり込んだところを叩く戦術に切り替えて、米軍を待ち構えていたからだ。日本軍守備隊は島内に構築した500もの複廓陣地に身を潜め、米軍の激しい艦砲射撃と空爆をやり過ごし、好機をみて敵に有効な銃砲弾を浴びせた。水も食糧もない極限状態の中でも日本軍将兵の士気は潰えず、ただひたすら怨敵必滅の信念に燃えて敢然と敵に立ち向かっていったのである。

日本軍守備隊は、夜間には少数による夜襲をかけ、日中は岩陰から米兵を狙撃した。これまでとは違う日本軍の戦法に遭遇した米軍将兵は驚愕した。米軍が、「夜襲を止めてくれればこちらも爆撃は止める」と拡声器で日本軍に呼びかけた事実などは、日本軍の夜襲がいかに効果絶大であったかの証左であろう。米兵たちの心胆を寒からしめたこの日本軍の戦いぶりについて、元海兵隊員エド・アンダーウッド大佐はこう語る。

「日本兵は実に勇敢に戦った。当初、米軍は200名程度の損失でこの島を奪取できると考えたんだが、そのあては完全に外れた。日本兵が1発撃つと必ず誰かが殺られた。そう、全員がスナイパー（狙撃兵）のような腕前で米兵を次々と倒していったんだ」

日本軍守備隊の射撃は正確を極めていたようだ。

〈『海兵隊公刊戦史』によれば、日本軍守備隊のライフル射撃のスキルは非常にハイレベルだと賞賛している。多くの海兵隊兵士が、距離二〇〇～四〇〇ヤード（一八二～三六四m）の射撃によって戦死あるいは負傷していたからである〉（『アメリカ海兵隊の太平洋上陸作戦〈中〉』）

米軍の被害はうなぎ上りに増えていった。そして迎えた9月20日、ルパータス少将は、第1海兵連隊の戦闘継続はもはや不可能と判断し、第7海兵連隊に交代させたのだった。第1海兵連隊の死傷者は1749人、損耗率は56％に上った。上陸6日にして米軍最強の第1海兵連隊は日本軍守備隊に〝テクニカル・ノックアウト〟されたのである。

恐慌をきたした米軍は日本兵の潜む壕に火薬を放り込んで爆破し、あるいはガソリンを注いで火を放ち、またブルドーザーで陣地の出入り口を塞ぐなどして堅固な複廓陣地をしらみ潰しにしながら、大山山頂を目指していった。それでも日本軍将兵の戦意は潰えず、不撓不屈の精神で全員が米軍に立ち向かっていったのである。

「とにかく、自分たちが負けたらもう日本は後がないんだと考えていましたから必死でした」

そう語るのは終戦後1年8カ月も戦い続けたペリリュー島の英雄・土田喜代一上等水兵だった。

「いよいよアメリカ軍の戦車が、我々がいる壕に近づいてきたとき、中隊長が『これから敵戦車を攻撃するが、志願する者は手を上げろ！』と言ったんです。その攻撃というのは、棒地雷を抱いて敵戦車に対する肉弾攻撃ですから決死隊です。その攻撃に出れば、生きて帰ってくることはできません。それでも勇敢な2人が志願し、あと1人となったとき、私よりも若い小寺亀三郎という男が手をあげたんですよ。これには驚きました。だって、その前の日にやっと私が銃の撃ち方を教えたばかりの男が名乗り出たんですから。それまで、少し動きが鈍くて、皆から〝お寺さん、お寺さん〟とからかわれていたような男ですよ。それで私は小寺に、『お前、だいじょうぶか？』と聞いたんです。そうしたら小寺が、こう言ったんです。『両親から、死ぬときは潔く死ねと言われました！』――これを聞いて私は、そりゃ胸が張り裂けそうでした。小寺は、そう遺して、ほかの2人と一緒に壕を出てゆきました。そしてしばらくしたら、外でドーンという大きな爆発音がしたんです。翌朝、敵に見つからないように水を汲みに壕の外へ出たら、なんと先の方に敵の戦車2両が燃えていたんですよ。小寺亀三郎は見事に敵戦車をやっつけたんです。あの男は本当に立派でした…」

そう言い終えた土田氏の目には涙が溢れていた。

日本軍将兵は誰もが勇敢だった。そして強かった。いかなる敵にも怯まず、御国の盾となって堂々と戦った。これが米軍兵士を恐怖のどん底に陥れた我が将兵の姿なのである。かつて私がペリリュー島の遺骨収集で出会った元米海兵隊員フレッド・K・フォックス伍長は、日本軍将兵をこう絶賛している。

〈私は、このペリリュー戦がはじめての戦争でした。日本軍は頑強でよく装備されていました。将校は立派でたいへん優秀な軍隊に見えました。戦争ですから多くの戦死者が出るのは当たり前です。ところが日本の兵士達は、任務の如何を問わずこれを必死になって遂行し、一切降伏することなく、戦いを止めず、実に見事な軍人たちでした。強い敵は尊敬される。彼らは正にその言葉通りだったと思います〉（『天翔る青春―日本を愛した勇士たち』日本会議事業センター）

日本軍人は、まさに武人の鑑であり、世界最強の軍人であった。

守備隊長・中川大佐は部下にこう訓示していたという。

〈戦は、つまるところ人と人との戦いである。戦う意志と力をもつものがいるかぎり、戦いは終わらず、勝敗も決まらない。陣地を守る事はその戦いぬくための手段のひとつ。問題はできるだけ多数の敵を倒し、できるだけ長く戦闘をつづけることにある。それには守る陣地が多いほどよい〉（半藤一利著『戦士の遺書』文春文庫）

C・W・ニミッツ提督から日本軍守備隊への賛辞

米軍の被害は深刻の度を増していた。米第1海兵師団の損耗率は60％を超え、ついに〝全滅判定〟されたことで10月30日までに撤退。これに代わって米陸軍第81師団が投入されたのである。次々と予備兵力を投入できる余力のある米軍の圧倒的物量と衰えることのない火力を前に、補給のない日本軍守備隊は消耗していった。

そして、矢弾も尽き果て刀折れた昭和19年11月24日午後4時、中川大佐は軍旗を奉焼し、最期を告げる「サクラ・サクラ」を上級司令部に打電した後、村井少将らと共に自決を遂げたのである。ここに日本軍守備隊の組織的抵抗は終焉した。米軍上陸から73日目のことであった。

ちなみに日本軍守備隊の最期の決別電文となった「サクラ・サクラ」は、日本軍将兵の武勇の象徴としていまも地元の人々に語り継がれており、日本軍将兵の勇気と敢闘を讃える、地元オキヤマ・トヨミさん作詞の『ペ島（ペリリュー島）の桜を讃える歌』も歌い継がれている。

当時、日本の戦局はふるわず連日暗いニュースが前線から届く中、ペリリュー島守備隊の勇戦敢闘ぶりは大本営幕僚を驚かせ戦局の打開をも期待させた。天皇陛下は常にペリリューの戦況を気にかけておられ、毎朝「ペリリューは大丈夫か」と御下問されていたという。陛下は、不撓不屈の精神で勇猛果敢に戦い続けるペリリュー島守備隊に対して11回もの御嘉賞を下賜されており、ゆえにこの島は「天皇の島」とも呼ばれた——。

前出の土田氏は、天皇陛下から御嘉賞を賜ったときの心情をこう語る。

「『おい、土田、またもらったぞ』と上官から聞かされた。『またもらったんですか』と言うて、やっぱり元気百倍になりましたね。もう『ああ、これで死んでもいいや』というような気持ちでした」

前線の兵士にとって天皇陛下から下賜される御嘉賞は、まさに日本国民の声援と感謝の声だったのである。

ペリリュー島の日本軍守備隊は玉砕はしなかった。中川大佐の自決後も守備隊将兵57名はその厳命により、遊撃戦（ゲリラ戦闘）を続けたからだ。山口永元少尉を指揮官とする前出の土田喜代一上等水兵ら34名の勇士が呼びかけに応じて銃を置いたのは、終戦から実に1年8カ月後の昭和22年（1947）4月21日のことだった。

不撓不屈の精神をもって戦った日本軍将兵は実に勇敢であり、そしてなにより強かった。

ペリリュー戦から70年目の平成26年（2014）9月、私が島内の戦跡を散策していたとき、水際で米軍を迎え撃った高崎歩兵第15連隊の千明大隊トーチカの落書きに胸をうたれた。

“GOD BLESS ALL THE BRAVE SOLDIERS”

(すべての勇敢な兵士たちに神のご加護あらんことを)

これまで私は、かくも“感動した落書き”を見たことがない。この落書きの主はアメリカ人であろう。勇敢なる日本軍将兵を讃える言葉がトーチカの壁に、石で大きく描かれていたのである。

戦後再建されたペリリュー神社には日本人を驚かせる石碑がある。そこには、敵将・アメリカ太平洋艦隊司令長官C・W・ニミッツ提督から贈られた賛辞が刻まれている。

“TOURIST FROM EVERY COUNTRY WHO VISIT THIS ISLAND SHOULD BE TOLD HOW COURAGEOUS AND PATRIOTIC WERE THE JAPANESE SOLDIERS WHO ALL DIED DEFENDING THIS ISLAND”

日本語では次のように表記されている。

〝諸国から訪れる旅人たちよ、この島を守るために日本軍人がいかに勇敢な愛国心をもって戦い、そして玉砕したかを伝えられよ〟

もはや何も言うことはなかろう。敵将が日本軍将兵の武勇を称え、そしてその事実を伝え続けてくれているのである。そんな誇るべき日本の歴史を知らないのは、いまや当の日本人だけなのかもしれない――。

玉砕を越えた死闘「アンガウル島の戦い」

パラオ、マリアナにおける戦闘の最後となったアンガウル島を巡る戦闘は激烈なものだった。日米の兵力には18倍もの開きがあったが、絶望的な戦力差の中、日本軍はここでも奇跡の奮闘をみせる——。

アンガウル島に上陸した米陸軍第81歩兵師団

八面六臂の活躍を見せた船坂弘曹長
（写真は伍長当時のもの）

「靖国神社で会おう！　長い間の勇戦ご苦労であった」

ペリリュー島から南西約10キロに位置するアンガウル島は、南北４キロ、東西３キロ。面積はペリリュー島の約半分（８平方キロ）ほどの外洋に浮かぶ絶海の孤島である。現代の日本人にはほとんどなじみがなく、これまでその名前すら認識されていなかったが、平成27年（２０１５）４月にパラオを行幸啓された天皇皇后両陛下が、ペリリュー島での御慰霊の際、遠くに見えるアンガウル島の島影に深く頭を垂れて鎮魂をお祈りになったことで、その名が広く知られるようになった。

戦前、パラオ諸島の属島として日本の信託委任統治領であったアンガウル島にはリン鉱石の採掘のために多くの日本人が暮らしていた。この小島でわずか１２００人の日本軍守備隊と２万１千人もの米軍が死闘を繰り広げたのだ。

アンガウル島に上陸してきた米軍の目的は、この島の平坦な地形を活かして爆撃機用の大きな飛行場を造ることだった。そのため隣のペリリュー島で熾烈な戦いが始まった２日後の昭和19年（１９４４）９月17日に、米軍はポール・ミューラー少将率いる２万１千人の米陸軍第81歩兵師団をアンガウル島に上陸させたのである。

日米両軍の陸上兵力の差は18倍という絶望的なもの。しかも、制海権・制空権を持たない日本軍守備隊の劣勢は誰の目にも明らかであった。火力の差も歴然としていた。日本軍の火力は、野砲４門と迫撃砲４門のみで、一方の米軍は、砲兵４個大隊（１０５ミリ砲、１５５ミリ砲合わせて48門）、Ｍ４シャーマン戦車50両、歩兵6個大隊、艦砲射撃を担当する艦艇15隻、これに夥しい数の戦闘機・爆撃機が加わった。だが、勝敗は単純な戦力差だけでは決まらない。

圧倒的な戦力の米軍を迎え撃ったのは、後藤丑雄《うしお》少佐（戦死後、2階級特進して大佐）率いる陸軍第14師団歩兵第59連隊第1大隊の精鋭1200人だった。歩兵第59連隊は、長く満州に駐屯して訓練に訓練を重ねてきた現役兵の最精鋭部隊であり、戦闘技量はもとよりその士気もすこぶる高かった。そんな1200人の日本軍将兵が18倍の敵を相手に勇猛果敢に戦い、後藤少佐が戦死して守備隊が玉砕する10月19日までに、米軍に戦死傷者約2600人の大損害を与えたのである。

この攻防戦で〝不死身の分隊長〟と呼ばれたアンガウル島の英雄・舩坂弘軍曹は、戦後自らの体験を記録した『英霊の絶叫』（光人社NF文庫）の中でこう述べている。

〈実にアンガウル島守備隊の終末戦は悲惨であった。水もなく食糧も皆無の戦闘が続く。

このような極限状態では、たとえば戦争を呪い、軍隊を誹謗し、指導者を憎む声が出るのが当然と考えられるかもしれない。だが私は断言することができる…少なくともアンガウル島の後藤大隊では、重傷者も自決する者も、苦しまぎれにここまで追いつめられた作戦をぼやくものがあっても、全体としての戦争批判を口にした者はいなかった。

「われ太平洋の防波堤たらん」

という言葉は私たちにとって絵空事ではなかったのである。すでに故国を離れるとき、私たちはそういう批判は捨て去り、死を覚悟し、玉砕の事態をも考えていた。

その素朴な精神的な支えは「両親、兄弟の住む日本へ一歩でも米軍を近づけてはならぬ。肉親たちのために俺は死ぬ」ということであった〉

そんな覚悟を持った後藤大隊が米軍を迎え撃ったのである。米軍は、昭和19年9月11日から激しい艦砲射撃と空爆を開始して、17日午前5時50分ごろには西方海上で上陸準備を始めたが、これは日本軍を攪乱させる陽動作戦だった。そのおよそ2時間半後の午前8時10分、米陸軍第81師団は東北港の海岸（レッド・ビーチ）と東港の海岸（ブルー・ビーチ）に上陸を開始した。

陽動作戦により米軍の上陸作戦はまんまと成功したかに思われた。

ところが日本軍守備隊は米軍の同方面への上陸を予想しており、あらかじめ地雷を埋設していたのである。そのため海岸に押し寄せた米軍車両はこの地雷によって次々と吹き飛ばされ、水際における日本軍守備隊の激しい抵抗で大きな被害を受けている。ただ、物量に勝る米上陸部隊は、日本軍守備隊の水際陣地を突破して瞬く間に橋頭堡を広げていった。そこで、後藤少佐は水際撃滅を断念し、島の北西部に点在する自然洞窟にたて籠もって戦う持久戦に転じた。

船坂氏によれば、アンガウル島内には無数の鍾乳洞があり、とりわけ西北高地は、標高が30〜40メートルあり、青池東北方の珊瑚山を中心に、洞窟が南方に３００メートル、東西に２００メートルも走っていたという。一見すると身を隠すところのなさそうなアンガウル島にあって、これが「ジャングルの自然陣地」になったそうだ。そんな自然陣地に立て籠もった日本軍守備隊は、それからおよそ1カ月、上陸してきた米軍と壮絶な戦いを繰り広げた。

米軍は自然洞窟内に潜んで徹底抗戦を続ける日本軍守備隊に手を焼いたため、彼らは洞窟陣地内に火炎放射器を放射して日本兵を焼き殺し、あるいはガソリンを流し込んで火を点けるといった非人道的な方法で日本兵を殺戮していった。また、その飛液を浴びると激しく燃えだす黄燐弾までもが壕内に撃ち込まれ、火だるまになりもがき苦しんで死んでいった兵士も多かった。洞窟内には、負傷兵らのうめき声や、「水、水、水をくれ！」といった声がこだましていたという。洞窟内で戦い続けた舩坂氏によれば、負傷した兵士の中には、「俺の血を飲んで渇きを癒し、1人でも敵をぶち殺してくれ」と言って片腕を戦友に斬らせて息絶えた者もあったという。絶望の淵にあっても日本軍将兵は戦い続けたのだ。舩坂氏はその戦いの様子をこう綴っている。

〈洞窟戦は凄まじく、ある者は投げ込まれる地雷と爆雷の導火線を銃剣で叩き切った。舞いこんだダイナマイトに自分の手榴弾を縛りつけて、逆に米軍に投げかえす者もあった。その炸裂音があたりを震撼させ、岩石を砕いて乾き切った白い土埃を巻き上げる。米軍の投げこんでいままさに爆発しようとするその手榴弾を、拾うより早く投げかえす者もいる。米軍にとどかぬ空間で炸裂した黒煙があたりに立ちこめ、米兵がふきとぶ姿、戦友が負傷にうずくまる姿が相つぐ、なかでも勇敢であったのは、ごうごうと噴射音をたてて火炎放射器が一条の噴流を浴びせかけたとき、火焔を全身に受けて火だるまになりながらも倒れず、黒焦げになって敵兵に体当たりをした姿であった。狭い岩場の局地戦は熾烈を極めた〉（前掲書）

彼らは、命ある限り戦い続けたのである。脱水症状と飢餓状態でふらふらになりながらも、それでも敵兵に照準を合わせて引き鉄を引き続けた。それは私欲を満たすためではなかった。それは、「兵隊さん、どうかお願いします！」手を合わせ、歓呼の声で送り出してくれた日本国民を守るためであり、祖国日本を護るためだった。「負けるわけにはいかない！」という信念に燃えた若き兵士たちは、だからこそ、たとえ敵弾に手足を射抜かれようとも、それでも軍刀を振りかざして敵兵に敢然と立ち向かっていったのである。

船坂軍曹は、日本軍の傑作兵器として知られる擲弾筒をもって敵兵を次々となぎ倒していった。アンガウル戦のような近接戦闘では擲弾筒はきわめて有効であったという。擲弾筒とは、歩兵が携帯して、小型の89式榴弾や手榴弾を投射するいわば〝携行式軽迫撃砲〟で、通常3名で運用された。正式名称は「89式重擲弾筒」（全長約61センチ・重量4・7キロ）、89式榴弾および10年式手榴弾と91式手榴弾を撃ち出すことができ、その最大射程は670メートル（手榴弾投射の場合は200メートル）で破壊力は手榴弾の3倍もあった。敵との距離が近い接近戦では極めて有効な携帯兵器であり、米軍から最も恐れられた日本軍兵器の1つだった。船坂氏はこの擲弾筒を用いた生々しい戦闘の模様をこう綴っている。

〈雲霞のごとく押しよせる敵に対して、われわれは撃った。ただ必死に連続発射するだけである。私は擲弾筒を松島上等兵とともに撃ちつづけた。轟音ひびき硝煙たちこめるなかで、高地から撃ちおろす弾着の光景が手にとるようにわかる。

「オオ、ノー！」

と叫ぶ彼らの声さえわかるような気がする。敵は倒れ、逃げ、隠れようとし、走りつつ応戦している。私の擲弾筒も撃ち続けるうちに筒身が焦げてしまったので、椰子の木の葉を幾重にも巻きつけて、熱のために膨張した筒身を押さえつけて撃つ有様である。左脚の重傷、そんなことはもう忘れていた。一時は洪水のごとく押しよせた敵も、われわれの一斉射撃を浴びて釘づけとなり、逃げ場を失った。だが、敵の全滅を考えて喜んでいたとき、島も割れんばかりの艦砲、野砲の攻撃が始まり、その間、約二十分は私たちも頭をひっこめているしかなかった。攻撃の音がしずまって前方を見ると、敵はあちこちに死体を遺して姿を消していた。退却していったのである〉

こうした戦闘が島の随所で繰り広げられ、日本軍守備隊が絶望的な劣勢にありながらも、舩坂軍曹らは擲弾筒で敵に甚大な損害を与えた。もちろん、真に米軍に打撃を与えたのは擲弾筒ではなく、日本軍将兵の信じられない奮闘であったはずだ。

対戦車兵器も持たない日本軍守備隊の兵士約10名が米軍戦車に立ち向かい、砲塔によじ登って天蓋を開け、銃剣で敵戦車兵を芋刺しにして敵戦車を捕獲したこともあったという。また、ペリリュー守備隊と同じく、「斬り込み」や闇夜に乗じて襲撃を行う「夜襲」も多用された。

なかでも第三中隊の島中尉の斬り込みは敵を震え上がらせた。じりじりと匍匐前進で敵陣に近づき、味方の援護射撃に続いて携行弾薬をすべて敵陣に撃ち込むと、島中尉の号令を待った。

〈ときに午前五時十分、島隊長は、

「行くぞ。男子の本懐、面目を果たすときだ。靖国神社で会おう！」

と一言、

「突撃！　進め！」

との号令のもとに、全員が群がる敵兵に白刃をかざして一団となってとび込んだ。駭いたのは米軍である。腰を抜かして動けない者、逃げまどう者、水際に浮かんでいる舟艇にとび乗る者、舟艇の重機を発射しようとする者……。隊員は阿修羅のごとく敵兵を刺し、叩き斬り、獅子奮迅の働きであった〉（前掲書）

船坂氏によると、この一瞬無謀な戦術にみえる〝斬り込み〟も、血気にはやっての単純な行動ではなく、戦況から判断して最善の道を選んだ戦術だったという。そして島中尉の戦死後も、怨敵必滅の信念に燃える兵士らが「今日は俺が斬り込む！」として毎夜斬り込みが行われ、なんと1人で4、5人の敵を倒す者もいたというから、米兵はいかに恐懼したことか。日本軍守備隊の連夜の夜襲に米軍兵士は恐れおののき、夜になると神経が昂ぶって眠れず、またある者は恐怖に震え続け、闇夜にガサガサとうごめく陸蟹、コウモリを斬り込み隊と間違えて発砲するありさまだったという。米軍公刊戦史にもこうある。

〈蝙蝠及び大型陸蟹がいたく精神的衝撃を与えて日本軍を助け、米隊員は存在しない敵の侵入者に対し発砲し、全前線にわたって騒々しく精神的苦痛が絶えなかった〉

とはいえ衆寡敵せず。迎えた10月19日、追い込まれた日本軍守備隊は残存兵力をもって最後の斬り込みを敢行した。後藤丑雄少佐は大勢の部下に「靖国神社で会おう！　長い間の勇戦ご苦労であった」と告げて、ともに壮烈なる戦死を遂げたのである。激闘、実に33日。絶望的な劣勢にありながら、第59連隊第1大隊は矢弾尽き刀折れるまで戦い、そして我れに倍する敵を死傷せしめて玉砕したのだった。10月28日、勇戦敢闘ぶりが上聞に達し、アンガウル守備隊には天皇陛下の御嘉賞が贈られている。

戦闘終了後、米軍は後藤少佐の遺体を確認するや、なんとその武勇を讃えて丁重に埋葬している。

かつて私がアンガウル島を訪れた際、「守備隊長の霊」と刻まれた慰霊碑を目にした。これは後藤丑雄大佐のためのものだが、驚くべきことにこの慰霊碑には「終戦時米軍ここに建立」と刻まれていた。つまり、これは米軍の手による後藤大佐の慰霊碑だったのである。だが誠に残念なことに、この慰霊碑は、別の場所に移設後、近年の超大型台風によって流されてしまった。

「これがハラキリだ…」

アンガウルに関しては特筆すべきことが多い。日本軍守備隊による住民保護もその1つである。当時、軍とともに死ぬことを覚悟して集まった島民に対し、日本軍守備隊は米軍への投降を説得し、その結果180名もの島民の命が救われたという。

また、部下からは〝不死身の分隊長〟と呼ばれた舩坂軍曹は突出した存在だった。

大正9年に栃木県の農家に生まれ、昭和16年（1941）3月に宇都宮第36部隊に入隊後、歩兵第59連隊が中心となる満州チチハルの第219部隊で国境警備隊としてソ連軍の侵攻に備えていた。その後、連隊はパラオへ転戦し、後藤丑雄少佐率いる第1大隊はパラオ諸島アンガウル島の守備を命ぜられ、船坂軍曹は第1中隊の擲弾筒分隊長として15人の部下を率いて圧倒的戦力差の中で米軍と戦うことになる。

船坂軍曹は若干23歳の分隊長であったが、擲弾筒の射撃技術はずば抜けており、加えて銃剣道など武道の達人でもあった。米軍上陸後のアンガウル島では、幾度も手足に瀕死の重傷を負い、全身血まみれになりながらも地を這い左足を引きずりながら戦い続けた。船坂軍曹は、擲弾筒で米兵を次々となぎ倒しただけでなく、あるときは米兵から奪った自動小銃で洞窟陣地に入ってきた複数の米兵を一挙に撃ち倒した。また両腕と左足を負傷しながらも、地雷を埋設しにきた3人の米兵の内、1人を小銃で仕留め、もう1人には突進して体当たりして腰だめにした銃剣で倒したあと、自動小銃を頭上から撃ちおろしてきた最後の1人には、もはやこれまでと、最後の力を振り絞って銃剣を投げつけるとこれが首に突き刺さって九死に一生を得るなど、まさに映画『ランボー』のような不死身の戦いを演じたのだった。実際、大東亜戦争のすべての戦いが記録された戦後発刊された公刊戦史『戦史叢書』の中には、唯一個人の戦闘記録が載せられていることからも、船坂氏がいかに超人的な戦いを行っていたかが分かる。

こうして獅子奮迅の戦いを演じた船坂弘軍曹は、1人で200人もの敵兵を倒したというから、〝日本陸軍最強の戦士〟であったといっても過言ではない。最後は、生きているのが不思議なほど深い傷を体中に負いながら、その重傷の身体に5発の手榴弾を吊り下げ、右手に手榴弾、そして左手に拳銃を握りしめて米軍指揮所天幕群に突入して玉砕しようとしたというから圧巻だ。

ところが舩坂軍曹が走り出して間もなく、日本軍の斬り込みに備えて警戒配置についていた米兵に撃たれてしまったのである。万事休す――。舩坂軍曹は、左頸部の付根に重いハンマーの一撃を受けたような、真っ赤に焼けた火箸を首筋に突っ込まれたような熱さと激痛を覚えて意識を失った。

だが、不死身の男はそれでも死ななかった。駆けつけた米軍軍医から99％助からないと判断されながら野戦病院に担ぎ込まれ、見事に死の縁から生還したのである。軍医が舩坂軍曹を収容したときのことだ。倒れてもなお放そうとしない手榴弾と拳銃を外そうと軍医が舩坂軍曹の五本の指を解こうとすると、周囲を取り囲む米兵に向ってこう言い放ったという。

「これがハラキリだ。日本のサムライだけができる勇敢な死に方だ」

米軍兵士らは舩坂軍曹を「勇敢な兵士」と称賛したのは当然だろう。

戦後、アンガウル島で戦った米軍将校のマサチューセッツ大学教授（当時）のロバート・E・テイラー氏は舩坂氏への手紙の中でこう綴った。

〈あなたのあの時の勇敢な行動を私たちは忘れません。あなたのような人がいることは、日本人全体のプライドとして残ることです〉

敵弾を全身に浴びながらもアンガウル島から奇跡の生還を果たした舩坂氏はこう訴える。

〈戦後、過去の戦争を批難し、軍部の横暴を痛憤し、軍隊生活の非人道性を暴き、戦死した者は犬死にであるかのようにいう論や物語がしきりにだされた。私はこの風潮をみながら、心中こみあげてくる怒りをじっと堪えてきた。

やっといま、この記録をだすことができるにあたって、私は心の底から訴えたい。戦死した英霊は決して犬死にをしたのではない。純情一途な農村出身者の多いわがアンガウル守備隊のごときは、真に故国に殉ずるその気持に嘘はなかった。彼らは、青春の花を開かせることもなく穢れのない心と身体を祖国に捧げ、

「われわれのこの死を平和の礎として、日本よ家族よ、幸せであってくれ」

と願いながら逝ったのである。いたずらに軍隊を批判し、戦争を批難する者は、「平和の価値」を知らない人である〉(『英霊の絶叫』)

戦後、舩坂氏は、大盛堂書店の経営者として生計を立てる一方で、『英霊の絶叫』をはじめ数多くの戦記を著し、その印税でアンガウル島、ペリリュー島、コロール島などの島々に慰霊碑を建立し亡き戦友の慰霊を続けたのだった。

舩坂氏が建てたアンガウル島の慰霊碑の碑文にはこう記されている。

「平和の礎のため勇敢に戦ったアンガウル島守備隊の冥福を祈り永久に其の功績を顕彰し感謝と敬仰の誠を此処に捧げます」

平成18年(2006)2月11日、舩坂弘氏は戦友のもとへと旅立った。享年85だった。

陸軍撃墜王を量産した「ノモンハン事件」

ノモンハン事件は、昭和14年に満州国とモンゴル人民共和国の間で発生した国境紛争だったが、事実上は日ソ間の紛争だった。五族協和の理念の下に建国した満州国を日本が支援、モンゴルをソ連が支援する形で軍事衝突した。日本側の惨敗だったとされているが、ソ連崩壊後の情報公開で、ソ連側にも甚大な被害があったことが判明している。とりわけ、空戦では日本軍がソ連軍を圧倒していた。

ノモンハン事件における日本陸軍航空隊の面々

中国戦線では向かうところ敵なしだった97式戦闘機

陸軍エース・パイロットの登竜門

陸軍航空隊の撃墜王（エース）は、大東亜戦争の2年前におきた昭和14年（1939）の「ノモンハン事件」におけるソ連空軍との実戦の経験者が多い。あるいは、この航空戦に参加できなかった者は、ノモンハン事件の航空戦から得た戦訓に学んで大東亜戦争を戦った。

ノモンハン事件における陸軍航空隊の主力機は「95式戦闘機」と新鋭の「97式戦闘機」で、ソ連軍の複葉戦闘機「イ153」や世界初の引き込み脚をもつ単葉戦闘機「イ16」と連日の激しい空中戦を繰り広げ、我が方の損害が平均1~3機に対して敵機を数十機撃墜するという華々しい戦果をあげ続けていたのである。そんな中で数多くのエース・パイロットが誕生した。

日本陸軍航空隊の最高撃墜数58機を誇るトップ・エースとなったのが**篠原弘道准尉**だった。篠原准尉は、昭和9年（1934）1月に所沢飛行学校卒業後、ハルピンの飛行第11戦隊に配属され、彼が25歳の時に勃発したノモンハン事件が初めての実戦となった。

篠原准尉の初陣は、5月27日のハルハ河上空の空戦だったが、なんとその日にイ16戦闘機4機を撃墜し、その翌日にもイ15戦闘機5機とLZ偵察機1機を撃墜するという大きな戦果をあげている。以降、次々とソ連軍機を撃ち墜としていき、6月27日のタムスク上空の空戦では、驚くべきことにイ16およびイ15を合わせて11機も撃墜するという快挙を成し遂げたのである。むろん1日あたりの撃墜数としては、当時、世界航空戦史上において最多記録であり、以後も日本陸軍航空隊でこの記録は破られていない。篠原准尉の最期は、8月27日の空戦だった。味方爆撃隊護衛の任務の最中、敵機3機を撃墜した直後に敵戦闘機に撃墜され戦死を遂げている。3カ月間に58機撃墜という驚くべき記録もまた、日本陸軍航空隊の最高撃墜スコアとなっている。

この篠原准尉の上官が、飛行第11戦隊第1中隊長・**島田健二大尉**だった。先の篠原准尉の初陣となった5月27日の戦闘で、島田大尉は敵機を3機撃墜し、翌日の戦果も合わせると島田中隊の戦果はわずか2日間で21機を数えた。島田大尉は、停戦日（9月15日）に戦死するまでに敵機40機を撃墜し、彼の率いる中隊の総撃墜数は、撃墜王・篠原准尉らの活躍もあって180機超という凄まじいものだった。

島田健二大尉と停戦の日に戦死した**吉山文治准尉**も、撃墜25機のエースだったが、彼は地上に強行着陸して不時着した戦友を救助するという離れ業も得意としていたというから驚きだ。昭和14年6月27日の空戦で3機のイ16と1機のイ15を撃墜するやボイル湖東方に着陸、不時着していた鈴木栄作曹長を救出し97式戦闘機の狭いコクピットに収容して見事に帰投したのだった。その後の7月25日の空戦でも敵機3機を撃墜後、不時着した鹿島真太郎曹長を同じく着陸してこれまた救助したのである。

そもそも空中戦闘の真っ最中に地上に舞い降りて人命救助など簡単にできるものではない。しかも大型機ならともかく、97式戦闘機は1人乗りの単座戦闘機であり、そのコクピットに救助者を乗せるとなると、バイクのシートに2人が腰かけるようなものだ。吉山准尉は8月20日の戦闘では、撃墜した敵パイロットを追って地上に舞い降りてピストルで倒すという映画のワンシーンのような奇想天外な戦いもやってのけている。

こうしたノモンハン事件の空中戦闘の実戦経験は陸軍航空隊の戦闘機パイロットを育て、その後の大東亜戦争に存分に活かされた。陸軍航空隊にとってノモンハン事件の空戦は、エース・パイロットへの登竜門だったのだ。

ノモンハン事件に最年少の20歳で参戦した**金井守告《もりつぐ》中尉**（最終階級）は、この戦いで早くも7機撃墜のエース・パイロットとなり、航空士官学校卒業後の昭和19年3月、第25戦隊に配属となり中国大陸で大活躍している。3月10日に安慶上空でアメリカ軍のP38戦闘機を仕留めた後も次々とスコアを伸ばし、終戦までにB29爆撃機を含む26機を撃墜した。金井中尉は洞庭湖上空でアメリカ軍のエース・パイロットとして名を馳せたリチャードソン大尉と一騎打ちを演じ、勝負がつかず互いに別れるという戦史に残る名勝負も演じている。金井中尉は、戦後、航空自衛隊に入隊して3等空佐で退官し、その後も民間のヘリコプター操縦士となったが、昭和47年（1972）8月に事故で亡くなっている。

ノモンハン事件で初戦果をあげ、大東亜戦争ではフィリピン攻略戦、パレンバン油田防衛戦、ニューギニア戦線、フィリピン航空戦で敵機撃墜21機をマークしたエース・**吉良勝秋准尉**もまた戦後、航空自衛隊で活躍して3等空佐で退官した歴戦の勇士だった。

ノモンハン事件で28機の敵機を撃墜したエース**垂井《たるい》光義大尉**（最終階級）は、大東亜戦争開戦劈頭のマレー作戦、蘭印攻略戦に参加した後、ニューギニアに展開した飛行第68戦隊に転属して3式戦「飛燕」で10機以上のアメリカ軍機を撃墜した凄腕の持ち主だったが、昭和19年8月18日に徒歩転進中に米軍機の機銃掃射で戦死した。垂井中尉（当時）は、重傷の身でありながら日本の方角に向き直り、「天皇陛下万歳！」を叫んで合掌したまま息絶えたという。彼は最後の最後まで帝国軍人であり続けたのだった。

同じくニューギニアで徒歩転進中に戦死した**斎藤正午中尉**（最終階級）も、ノモンハン事件で敵機撃墜25機のスコアを残したエースだった。ノモンハン事件では、敵機3機を撃墜後、地上に不時着した3機の敵機を地上掃射で破壊した後、さらに、イ16戦闘機に体当たりして撃墜して生還した不死身のエースだった。齋藤中尉はその卓越した技量を活かして、ニューギニアでは難攻のB24爆撃機も簡単に撃墜してみせるなど苦戦する地上部隊を支え続けた。

ニューギニアで斎藤正午中尉と並んで活躍したのが**斎藤千代治少尉**だった。斎藤少尉もノモンハン事件で21機の敵機を葬った歴戦の勇士であり、ニューギニア戦線では強敵P38戦闘機を次々と叩き落としたことから〝P38撃墜王〟の異名を持つほどの空戦の名手だった。斎藤少尉の最終スコアは28機だった。

ノモンハン事件で11機の敵機撃墜を記録した**城本直晴准尉**は、開戦劈頭よりマレー作戦に参加した後も各地で戦い続け、昭和18年（1944）1月にラバウルに進出してガダルカナル島を巡る戦いにも参加して大戦果をあげている。同年1月31日の戦闘では、たった1人で20機からなるP38戦闘機の大群の中に突入して2機を撃墜後、2機を空中衝突させたことにより、1回戦で4機の敵機を葬った凄腕の持ち主で、終戦までの総撃墜数は21機を記録した。

大東亜戦争末期の昭和19年3月に最新鋭戦闘機・四式戦「疾風《はやて》」で編成された飛行第22戦隊の戦隊長として中支・北支戦線などで大活躍した**岩橋譲三中佐**は、これまた飛行第11戦隊の第4中隊長として敵機20機以上撃墜の記録をもつエースだった。

公式撃墜記録は30機であるが、実際はその数をはるかに超える撃墜スコアを持つと言われているのが**上坊《じょうぼう》良太郎大尉**だ。上坊大尉は、ノモンハン事件で18機を撃墜した記録をひっさげて、大東亜戦争では南支でアメリカ軍機と交戦した後、シンガポールなど東南アジア各地で次々と撃墜記録を塗り替えていった。とりわけ、強力な40ミリ機関砲を搭載した二式戦闘機「鍾馗《しょうき》」に乗り、自ら編み出した〝失速反転攻撃法〟という戦法で、B29爆撃機を次々と撃破していったのである。B29撃墜王の樫出勇大尉も認める上坊大尉の「76機」という撃墜記録が正しければ、上坊大尉が陸軍航空隊のトップ・エースとなるだろう。上坊大尉は平成24年（2012）8月13日に97歳で他界した。

二式戦「鍾馗」といえば、**若松幸禧《ゆきよし》少佐**だ。若松少佐は、ノモンハン事件では着任2日後に停戦となって実戦を経験できなかったが、大東亜戦争では南支で大活躍し、強豪の在支米軍機を次々と血祭りに上げていった撃墜王として広く内外に知られる存在だった。

大東亜戦争末期に〝大東亜決戦機〟として登場した最新鋭の四式戦闘機「疾風」に機首転換した後の昭和19年10月4日の梧州上空の空戦では、2機の最強戦闘機P51をわずか1連射ずつの攻撃で撃墜するなど、その腕前は当時の陸軍航空隊の中でも群を抜いていた。若松少佐は、その乗機の二式戦「鍾馗」および後の四式戦「疾風」のプロペラ・スピナーを派手に赤く塗っていたことから〝赤鼻のエース〟と呼ばれ、敵のパイロットから怖れられていた。その証拠に、なんと若松少佐の首には、2～5万元の懸賞金がかけられていたという。撃墜王の名をほしいままにした若松少佐も、昭和19年12月18日に来襲したB29およびP51の戦爆連合の大梯団を迎撃した際、敢闘空しく多数の敵戦闘機に囲まれて大空に散華した。

公式記録では若松少佐の総撃墜数は18機となっているが、実際はもっと多くの敵機を撃墜していたとも言われている。わずか1連射で敵機を次々と撃ち落としていった若松少佐の射撃技量がずば抜けていたことは誰もが認めるところであったが、**尾崎中和《なかかず》中佐**（戦死後2階級特進）の射撃技量もまた、若松少佐に負けず劣らずのものがあった。尾崎大尉（当時）の射撃技量は部隊内でも最高レベルであったといい、敵機の機銃音が聞こえる至近距離から射撃するという戦術で、次々と敵機を撃ち墜としていったのである。こんな至近距離から撃たれたら十分な防弾装甲を施したアメリカ軍機といえどもひとたまりもない。総撃墜数19機の内、6機が重武装で難攻だったB24爆撃機だったことからもその射撃技量の高さがよく分かる。

戦死後の個人感状には次のように記されていた。

〈特に敵大型機に対する攻撃に至りては真に入神の技を有し壮烈なる敵大編隊の砲火を冒し一撃必墜の肉迫攻撃〉と、〝入神の技〟とまで称えられていたのである。そんな尾崎大尉も、昭和18年（1943）12月27日、遂川上空における敵大編隊との空中戦で被弾しながら、危機に陥った部下を救うために敵機に体当たりして、僚機を助けて自らは散華したのだった。

この勇敢な行動に対して畑支那派遣軍総司令官より感状が贈られた。

〈真に皇軍戦闘機隊の精華を発揮せるものというべく其の武功抜群軍人の亀鑑《きけい》とするに足る〉

戦死後2階級特進した尾崎中和中佐は、名実ともに〝空の勇士〟であった。

敵機の大編隊の中に突入して戦うことは並大抵のことではないが、ノモンハン事件、北支航空撃滅戦から大陸での戦闘に参加し、大東亜戦争ではビルマ方面で勇猛果敢に戦った**田形竹尾准尉**は、そんな戦闘で大戦果をあげたエースの一人だ。

田形准尉は、昭和19年10月12日に台湾に来襲した米海軍第38任務部隊の艦載機F6Fヘルキャット36機の大編隊を迎撃すべく、たった2機の三式戦「飛燕」で立ち向かってゆき、わずか20分ばかりの空戦で、6機撃墜、5機撃破の大戦果をあげ、不時着後も地上からピストルで敵機を狙って引き鉄をひき続けたという荒武者だった。私がインタヴューしたとき、田形氏は笑顔でこう語っている。

「36機の敵機が相手でしたが、特に怖いと思ったことはありませんでした。どこを見ても敵機ですからむしろ闘志が湧いてきましたよ。面白いことに、敵機は、同士討ちになることを怖れてあれだけの数がいても不用意に私を撃てなかったんです。ところが私は逆ですよね。どこを向いて撃っても当たるわけですから。そして空戦に疲れたら敵機の横に翼を並べて飛んで、休むんです（笑）。すると他の敵機も味方に弾が当たる恐れがあるので私を撃てませんからね。ただ敵のパイロットは、私を見て大慌てて翼を翻して逃げていきましたね（笑）」

なんという豪傑だろう。だからこそ日本軍は強かったのだ。引き続き田形准尉の弁。

「レーダーなんかなくても、空戦に慣れてくると、不思議と、敵機がどの方角から飛んで来るかが分かるようになるんです。〝心眼〟です。これが養われるようになれば空戦はこっちのものです」

精神力だけでは戦は勝てない――確かにその通りだが、歴戦の勇士達はその技量と経験で戦い続けたのだった。

※参考文献『日本陸軍戦闘機隊』（酣燈社）

その名を轟かせた「加藤隼戦闘隊」

正式名称は陸軍飛行第64戦隊。日本陸軍が誇った戦闘機部隊で、保有機は一式戦闘機「隼」。加藤建夫中佐が戦隊長であった時代に「加藤隼戦闘隊」と呼ばれるようになった。マレー作戦、シンガポール攻略、蘭印攻略、ビルマ作戦等で奮闘し、多くの撃墜王を輩出している。

日本陸軍の主力戦闘機だった「隼」

飛行第64戦隊、通称「加藤隼戦闘隊」を率いた加藤建夫中佐

〝義足の撃墜王〟檜與平大尉

緒戦の陸軍の快進撃を支えた飛行第64戦隊

♪エンジンの音　轟々と
隼は行く　雲の果て
翼に輝く日の丸と　胸に描きし赤鷲の
しるしは我らが　戦闘機

軍歌『加藤隼戦闘隊』で知られる陸軍飛行第64戦隊は、ずば抜けた空戦技量を持つ戦隊長・**加藤建《たて》夫《お》中佐**の名前を冠して〝加藤隼戦闘隊〟と呼ばれ、陸軍航空隊の象徴でもあった。

戦死後、〝軍神〟となった加藤建夫少将（戦死後、2階級特進）は、かつて支那事変で中国軍を圧倒し、大東亜戦争では最新鋭の一式戦闘機「隼」で編成された飛行第64戦隊長として、マレー電撃作戦、蘭印攻略戦、ビルマ作戦など陸軍の主要な作戦に参加、陸軍地上部隊の作戦成功に大きく貢献した。

そんな卓越した空戦技量を誇った名空中指揮官・加藤建夫中佐は、誰よりも部下思いで、また部下からも愛された。僚機として一緒に飛んだ撃墜王の1人・**檜《ひの》與《き》平《よへい》少佐**（後述）は、加藤戦隊長の空戦技術をこのように記している。

〈シンガポール上空に一機、敵が舞い上がってきたので、部隊長が私に行けと合図された。私がモタモタして発見が遅れたとたん、部隊長は落下タンクをぶらさげたまま発進し、ピタリと敵の後方にくいついた。三回、四回と宙返りで逃げる敵についていて、機をうかがっていた部隊長は、一連射をかけたとみるまに、敵は紅蓮の炎につつまれて舞い落ちていった。まったくあざやかな腕前だった〉（『丸エキストラ　戦史と旅⑤　陸軍戦闘機の世界』潮書房）

こうして次々と敵機を撃ち墜としていった歴戦の勇士・加藤戦隊長も、昭和17年（1942）5月22日、ビルマのアキャブ飛行場に来襲したイギリス軍のブレニム爆撃機を追撃中に、同機の後部銃座に撃たれてベンガル湾に没した。享年40だった。再び檜少佐の回顧。

〈かくて運命の日、五月二十二日を迎えた。十四時三十分、敵ブレニムを急追し、アレサンヨウ沖に巨星は消えていったのだ。軍神部隊長をうしなった部隊の大半の者が、その日、突如として原因不明の病気で寝込んでしまった。しかし加藤戦隊の撃墜数は実に二百数十機をかぞえる。自ら戦果をへらされたことを勘案すると、その実数は三〇〇機をくだらないと思われる。

「自分で人に話のできるような戦闘は、一回もまじえることができなかった」

と、もらしていた加藤部隊長の戦闘経験は、古今を通じて不滅の金字塔を打ち立てたのである〉（前掲書）

このあたりについては後述するが、公式には加藤建夫少将の撃墜数は18機、部隊全体の撃墜数は260機に上り、感状は実に7回を数えた。もしや〝加藤隼戦闘隊〟の大活躍がなかったなら、緒戦における陸軍部隊の連戦連勝の快進撃はなかったであろう。

海軍に「零戦」、陸軍には「隼」があった――。陸軍航空隊は、ノモンハン事件（昭和14年＝１９３９）で抜群の運動性を武器にソ連軍機を圧倒した「97式戦闘機」の経験を活かして、同じ中島飛行機が開発したのが一式戦闘機「隼」だった。1型丙以降は12・7ミリ機関砲2門を搭載し、ずば抜けた運動性をもって終戦間際でもアメリカ軍の最強戦闘機Ｐ51ムスタングやＰ47サンダーボルトを撃ち負かすなど、ベテランパイロットならはるかに高性能の敵機をも格闘戦で圧倒できた傑作機だった。戦後、とりわけ戦争中期以降は連合軍機に歯が立たなかったように言われることの多い「隼」だが、実はビルマ方面では敵機撃墜数は被害機数を上回っていたという記録もあり、優勢な連合軍機に対して互角以上の戦いを続けていたのだ。「隼」の生産量が「零戦」に次ぐ５７５１機と陸軍機では最多であったことも、同機が優秀な機体だったことを物語っている。

陸軍では「隼」の撃墜王（エース）が数多く誕生している。加藤隼戦闘隊の３中隊長を務めた**黒江保彦《やすひこ》少佐**は、陸軍士官学校出身パイロットの中では最多の51機撃墜というずば抜けた撃墜王であった。昭和17年（１９４２）４月に加藤隼戦闘隊の第3中隊長として着任したその1カ月後に加藤戦隊長が戦死したため、黒江大尉（当時）は64戦隊の中心となって部隊を守り続け、一式戦「隼」で、最優秀レシプロ戦闘機といわれたアメリカ軍のＰ51ムスタングを次々と葬っていたのである。彼は、昭和18年11月25日の空戦の模様をこう綴っている。

〈隼は、たしかにＰ51よりは急降下性能は劣るとはいえ、これは高空でのことで、低空では、それほどの差はあらわれないものだ。（中略）ころあいをみて、射撃を開始した。そして数射でＰ51のエンジンが止まり、そのうえ冷却器にも命中したらしく、敵機はそのまま眼下のシッタン河のドロ沼にすべりこんで胴体が折れた。

この日、われわれは味方数機の八倍の敵機と一戦をまじえてＢ24、Ｐ38、Ｐ51あわせて一四機を射落とし、味方の損害は檜大尉がＢ24を追跡中、Ｐ51に後方から攻撃され、大腿部を負傷しながら帰還、着陸時に機体を破損したが、この一機だけであった。Ｐ51とはじめてまみえたこの一戦は私にとって快心の戦闘として、けっして忘れることができない〉（『丸エキストラ版75　大空の決戦』潮書房）

ちなみに黒江少佐と協同して敵機に見事な揺さぶりをかけた**隅野五市大尉**も、昭和19年6月6日に戦死するまでに敵機27機を撃墜したエースだった。とにかく黒江大尉の操縦技量は群を抜いており、それゆえに昭和19年1月にビルマから本土に戻され、対Ｂ29爆撃機用の新型戦闘機のテストパイロットを務めた。そして実際に、大口径の37ミリ砲を搭載したキ１０２高高度戦闘機でＢ29爆撃機の撃墜にも成功しており、四式戦「疾風」でも2機のＢ29を撃墜している。黒江少佐は、戦後も航空自衛隊で戦闘機パイロットとして防空任務にあたり、小松の第6航空団司令を務めるなど（昭和40年11月事故死）、生涯〝空の勇士〟であり続けた。

黒江少佐が証言する昭和11月25日の空戦で大腿部を負傷した檜大尉とは、前述の加藤戦隊長の僚機として戦隊長を守り続けた**檜與平少佐**のことである。檜少佐もまた、マレー半島、蘭印、ビルマ方面で主としてイギリス空軍と戦ったエースパイロット（12機撃墜）の1人であった。

昭和18年11月23日、Ｐ51を不時着させたその2日後、黒江少佐の証言のようにラングーンに来襲した敵大編隊を迎え撃ち、檜大尉（当時）はB24爆撃機およびP38、P51戦闘機各1機を撃墜するという大戦果をあげている。しかしこのとき、P51との空戦で受けた銃弾によって右脚を切断せざるを得ず、義足の身になってしまった。それでも檜少佐は〝義足の戦闘機パイロット〟として飛び続け、戦闘機操縦者の教育にあたりながら、昭和20年7月16日に本土空襲にやってきた250機ものP51をわずか24機の新鋭「五式戦闘機」で迎え撃ち、見事に宿敵P51を撃墜して仇討を果たしている。この日の戦闘で檜少佐は、P51の12機編隊の最後尾に忍び寄って敵機に機関砲弾を叩き込んで敵機を撃墜した。そのときの様子を檜少佐は短くこう振り返っている。

〈二十メートルまで肉迫して、一連射、五、六発を撃ち込んだ。敵はたちまち砕け散った〉（『丸エキストラ　戦史と旅⑬』潮書房）

〝義足の戦闘機パイロット〟による世界初の撃墜記録である。

そんな歴戦の勇士・檜與平少佐の撃墜数が12機とはあまりにも少ないように感じる。もっとも冒頭に紹介した加藤建夫少将のそれが18機であることにも首を傾げる人も多いだろう。実は、加藤戦隊長は、個人の撃墜をひけらかしたり、また新聞などでその戦果を大々的に報じられることを嫌っていたといい、加藤隼戦闘隊員の個人撃墜記録は、およそ支那事変やノモンハン事件の際のもののみとなっていたようである。そのことについて檜少佐は次のように証言している。

〈支那事変当時は各中隊に撃墜旗をかかげ、飛行機の胴体に赤鷲のマークを撃墜ごとに入れさせた部隊長も、太平洋戦争になってからは、個人の功名手柄を許さなかった。部隊の綜合戦力を主体とし、上空掩護があって、はじめて安心して活躍ができるのであると、チームワークを最大の方針として教育された。

そのため、極度に新聞報道を忌避されたのも、偉大な進歩であった。そのため加藤戦隊には、表だった撃墜王はただ一人もあらわれなかった。パイロットの撃墜数を整備員が知らない場合も多かった〉(『丸エキストラ　戦史と旅⑤』)

第64戦隊最後の戦隊長となった**宮辺英夫少佐**もまた、12機以上の撃墜記録を持つ凄腕のエースだったが、戦争後期には夕弾とよばれた散布弾による対地攻撃でも大きな戦果をあげている。

宮辺少佐はこう語っている。

〈昭和二十年一月六日、北ビルマにあるイエウ附近にいる機甲部隊を攻撃するため、両翼に五〇キロの夕弾を一発ずつだいてゆくと、はるか遠くから砂煙がみえた。

それは戦車、装甲車を先頭に約二百五、六十両であった。このあたりは密林地帯とちがって、車両のかくれ場所がなかった。そこで奇襲にあわてた車両群は、前方車に追突し、あるいはハンドルを切りそこねて転覆するもの、乾田をころげて逃げる兵など、痛快な光景を展開した。

それでも部隊はつづいて砲撃をおこない、各所で炎上し、壊滅状態におちいった車両群をみとどけて帰還した。さらに十一日にも十八機で、再度、イエウ附近の装甲部隊を攻撃し、六〇両を炎上させた〉(『丸エキストラ　戦史と旅⑬』)

戦後も自衛隊で操縦桿を握り続けた陸鷲たち

蘭印およびニューギニア方面で活躍した飛行第59戦隊の**南郷茂男中佐**もまた「隼」の撃墜王だった。「ニューギニアは南郷でもつ」といわれたほどの空戦技量をもった南郷大尉（当時）は、圧倒的優勢な米軍機を相手に戦果をあげ続け、26歳で戦死するまでに約15機を撃墜したとされているが、実際は20機以上の敵機を撃墜したとみられている。

陸軍士官学校のトップ・エースが黒江保彦少佐なら、少年飛行兵のトップ・エースは、鬼退治の桃太郎に因んで〝ビルマの桃太郎〟と呼ばれた**穴吹智曹長**だった。開戦劈頭のフィリピン攻略戦で米軍P40戦闘機を撃墜して以来、ビルマ方面に転戦して大活躍し、昭和17年12月24日の空戦では、被弾のため主脚が出たまま3機のイギリス軍戦闘機ハリケーンを撃墜した腕前を持つ。その後も穴吹曹長は、日本軍の劣勢が明らかになってからも1回戦で複数機撃墜の驚異的な記録を重ねた。

昭和18年3月31日の空戦では、わずかな攻撃のチャンスを逃さず、立て続けに3機のハリケーン戦闘機を撃墜した。穴吹曹長は自著でこう述べている。

〈敵に察知されないように、グウァーと左ラダーを使いながら、特異の二段突進をしかけ、敵が最大限に回避機動を打つ、その側上方から、必殺の十三ミリ機関砲の一撃を、ダダダダッ……と撃ち込み、集中弾をハリケーンの横っ腹に叩き込んだ。敵も回避したが、一瞬遅かった。わが炸裂弾を食らって、サアーッと薄い黒煙を噴き、やがて真っ黒いおびただしい黒煙に包まれて緩い錐もみ状態となり、さらにグウーンと機首を突っ込み、長く長く黒煙の尾を引いて、パタガ東方のマユ山系に墜落し、ひときわ大きく黒煙を噴き上げて炎上した。
「穴吹軍曹、ハリケーン一機撃墜…」
戦果確認を終えると、すぐに次の目標めがけて、スロットル前回で上昇に移った〉（穴吹智著『続蒼空の河』光人社NF文庫）
穴吹軍曹は、その後も彼我30機が入り乱れての空戦を続け、新手の敵機に一撃を加えて火を噴かせるも、残念ながらその墜落を見届けることができなかった。そのため〝撃墜不確実〟となったが、さらに追いつ追われつの激しいドッグファイトの末に3機目のハリケーンをナフ河西岸に撃墜した。集合点に行ってみると、出撃した8機の味方機のうち2機だけが確認できたという。
〈そこへ、わが山本編隊の二機が加わり、四機となって、大きな左旋回で待つうちに、敵を長追していた深追い組が、一機、二機、また一機と帰ってきて、なんと八機が全機そろったではないか。まるで夢のようだった。あの激しい空中戦によくも打ち勝ったものと思う。私は、わが僚友たちの強さに舌を巻く思いであった。戦隊長機以下八機の「隼」は、ゆうゆうと帰途の途につく。煙霧に煙るアラカン戦線のあちこちに、墜落して炎上する黒煙が十数条、噴き上がっている。どれもこれも、みな敵機のものだった〉（前掲書）
一式戦闘機「隼」は強かった。穴吹曹長は昭和18年1月には軽武装の「隼」でありながら重武装のB24爆撃機も撃墜している。さらにその年の10月8日には、たった1人でB24爆撃機とP38戦闘機の編隊に戦いを挑み、なんとＢ24爆撃機２機とＰ38戦闘機２機を撃墜し、さらにもう１機のＢ24に体当たりしながら海岸に不時着して生還を果たしている。華々しい武勲に輝く穴吹曹長には生存者であるなら感状が贈られ、ビルマ軍司令官オン・サンまでもが見舞いのために病床を訪れたという。その後も本土防空戦でＢ29爆撃機やアメリカ海軍のＦ６Ｆ戦闘機を撃墜するなどした穴吹曹長の総撃墜数は実に51機を数え、これは先の黒江少佐とタイ記録である。

穴吹曹長は戦後、陸上自衛隊に入隊してヘリコプター部隊の指揮官として活躍し、平成17年（２００５）に85歳で天寿をまっとうした。

黒江少佐、穴吹曹長をはじめ、陸軍一式戦闘機「隼」の操縦桿を握って熾烈な空の戦いを勝ち抜き、多数の敵機を撃墜したエース・パイロットの多くが、戦後も自衛隊で再び操縦桿を握って防空任務に就き、そして後進の育成に全力を注いだのである。

飛行第59戦隊の編隊長を務めた**牟田弘國**《むたひろくに》**少佐**は、「隼」の操縦桿を握って南方戦線で大活躍し、戦後は航空自衛隊で第６代航空幕僚長に就任（昭和41年）した後、制服組トップの第４代統合幕僚会議議長を務めた（昭和42～44年）。

軽武装で防弾装備がなかった一式戦闘機「隼」――。しかし、パイロットの技量次第で高性能の連合軍機と互角以上の戦いを演じ、かくも大きな戦果をあげていたのである。そしてその空戦技術は、戦後も自衛隊にしっかりと受け継がれていたことを知っていただきたい。

※参考文献『日本陸軍戦闘機隊』（酣燈社）

B29を打ち負かした「陸軍航空部隊」の活躍

大東亜戦争末期、日本本土を焼け野原にすべく飛来したB29爆撃機。だが彼らの前に敢然と立ちはだかったのが本土防空を担う陸軍航空部隊だった。この陸鷲の果敢な肉薄攻撃により、B29は次々と撃ち落とされていったのである。

“超空の要塞”と呼ばれたB29爆撃機

“B29撃墜王”の樫出勇大尉

700機以上のB29を撃墜した日本軍

ノモンハン事件、支那事変、南方作戦など、陸軍航空隊は各方面であらゆる敵と大空の戦いを演じたが、終戦間際には慣れない水上艦艇に対する特攻作戦に多くのパイロットが投入され、また同時に本土に来襲するB29爆撃機に対する防空戦闘に明け暮れた。

全長30メートル、全幅43メートル、強力な2200馬力のエンジンを4発搭載した10人乗りの巨大なB29は、9トンもの爆弾を搭載し、防御用として12・7ミリ対空機銃を10挺と20ミリ機関砲1門を備え、1万メートルの高高度を巡航速度時速350キロ（最高速度時速570キロ）で飛行することができた第2次世界大戦最大にして最強の爆撃機で、〝超空の要塞〟（スーパーフォートレス）と呼ばれた。

この最強爆撃機を撃墜することは至難の技だった。だが、帝都防空の重責を担った陸軍飛行第70戦隊（千葉県・柏）で、本土空襲にやってきたこのB29を次々と撃ち落していった戦隊トップ・エースが**小川誠少尉**であった。小川少尉は、二式戦「鍾馗」で7機のB29と護衛のP51戦闘機を2機撃墜し、その武勲が讃えられて武功章を受章、准尉から少尉に昇任した凄腕のパイロットだった。主として、夜間に来襲してくるB29の迎撃を得意としていた。

二式戦闘機「鍾馗」は敵戦闘機との格闘戦を想定して設計された一式戦「隼」より大きい1500馬力（「隼」1150馬力）のエンジンを搭載し、最高速度も時速605キロ（「隼」約550キロ）で、12・7ミリ機関砲を4挺あるいは2挺に加えて大口径の40ミリ機関砲を両翼に2門ずつ搭載したタイプ

（2型乙）もあり、とりわけ爆撃機など大型機に対する一撃離脱戦法で大きな戦果をあげた。

小川少尉は群馬県太田上空に飛来したB29の7機編隊に対して、先頭のB29が、今まさに爆弾を投下しようと爆弾倉を開いたその瞬間を捉えて40ミリ機関砲弾を爆弾倉に撃ち込んだのである。するとB29は空中で大爆発を起こし、近くに飛んでいた他の機体もその爆発の巻き添えとなって墜落したという。小川少尉は、一挙に2機のB29を撃墜するという快挙を成し遂げたのである。

この同じ第70戦隊の第3中隊長・**吉田好雄大尉**も、夜間の戦闘でB29を6機撃墜する戦果をあげるなど、70戦隊は帝都防空に大活躍したのであった。終戦までに第70戦隊が撃墜・撃破した敵機は約120機を数えたが、損害はわずかに戦死8名、殉職者9名だった。飛行第70戦隊の本土防空戦は大勝利だったのである。

二式戦「鍾馗」の他にも本土防空戦でB29に大打撃を与えたのが、二式複座戦闘機「屠龍《とりゅう》」であった。1080馬力のハ102エンジンを2発搭載した2人乗りの「屠龍」は、様々なタイプがあり、なかでも対爆撃機用は、一発命中すれば巨大なB29とて吹き飛んでしまう強力な大口径の37ミリ機関砲を機首に1門、下方から撃ち上げるために機体上部に斜め上向きに取り付けた2門の20ミリ機関砲、後方警戒用の7・7ミリ機銃を備えた特殊戦闘機であった。

この二式複戦「屠龍」のエースといえば、飛行第4戦隊（山口県小月）の**樫出勇大尉**だ。樫出大尉は、終戦までにB29を26機も撃墜した文字通りの〝B29撃墜王〟であった。ノモンハン事件では、くしくも9月15日の停戦日の空戦が彼にとって初陣となったが、2機を撃墜する戦果をあげ、その後は九州・大刀洗の飛行第4戦隊に転じて台湾などで防空任務に就き、主要な作戦には参加することなく、「屠龍」による防空訓練に明け暮れていた。

そんな中、昭和19年（1944）6月16日、17機のB29爆撃機が初めて本土に来襲した。このとき日頃の猛訓練の成果を如何なく発揮して第4戦隊はこれを迎え撃って内6機を撃墜し、不確実撃墜3機、しかも味方の損害はゼロという〝パーフェクトゲーム〟をやってのけたのである。この日の空戦で樫出大尉は、八幡上空で2機（1機不確実）を撃墜した。戦後、樫出大尉は、たった1撃でB29を撃墜した迎撃戦の様子をこう書き記している。

〈ついに射距離は約二百メートル、後方の無線士田辺軍曹に、

「撃墜するぞ」

と伝声管で連絡した。

「教官殿、頼みます」

田辺軍曹の声もさすがに緊張していた。距離約八十メートル、私は歯を食いしばり、愛機の誇る火砲三十七ミリの引鉄を引いた。

鍛えに鍛えた一発必中の弾丸は、愛機にわずかな衝撃を残し、「ドン」と発射砲口より殺気を帯びた青白い炎を吐きつつ、見事敵機の致命部たる左翼取付部附近に吸いこまれて行った。命中確実の自信はあったが、敵機の巨体は私に負いかぶさるように迫ってきた。

あわや衝突というとき、私は無意識に離脱操作をしていた。一瞬、空中接触を観念しつつ反転離脱

した〉（複戦「屠龍」北九州　B29邀撃記――『丸エキストラ戦史と旅⑤』潮書房）

その2カ月後の8月20日には、80機ものB29の大編隊が北九州に来襲した。このときも第4戦隊は首尾よくこれを迎え撃ち、23機を撃墜、日本側の未帰還機はわずかに3機という大勝利が報じられている。もちろんこの日も樫出大尉は出撃し、2機のB29の撃墜に成功している。この日の迎撃戦では、野辺軍曹と高木兵長の操る「屠龍」が巨大なB29に体当たり攻撃を仕掛けて敵と刺し違え、なんと2機のB29を葬っている。樫出大尉はこの壮絶な肉弾攻撃を目の当たりにしながら、自らも別の機体を見事に撃墜している。その時の壮絶な状況を樫出大尉はこう綴っている。

〈「野辺、ただいまより体当たり」

と早口に悲壮な訣別無電を送るとともに、そのまま第一梯団編隊長機に、猛然として激突を敢行したのである。彼我両機は一瞬、空中に巨大なる火の渦を生じ、同時に敵の四発機は飛散、双発の野辺機も吹っ飛んだ。蜘蛛の子を散らすがごとき無数の残骸に、敵の二番機が激突し、これまたたちまち錐揉状態となって墜落したのである。

私は目前に野辺機の壮烈きわまる戦闘を目撃し、一瞬目を閉じ、冥福を祈るとともに、二勇士の仇討ちとばかり、編隊の四機に対し編隊長につづけとB29群に突っ込み、一発必中弾を巨人機の翼の付根付近にぶちこんだ。その一機は左翼を分解され、断末魔にもだえつつ散華していった〉（前掲書）

樫出大尉は、この日の邀撃戦の戦果を、撃墜16機、不確実4機、撃破13機としており、公表戦果と違いがあるものの、アメリカ軍にとって大打撃であったことは間違いない。さらに樫出大尉は、昭和

20年3月27日の迎撃戦でもB29を3機撃墜、3機撃破という大戦果をあげている。

飛行第4戦隊には、樫出大尉に優るとも劣らぬ〝B29撃墜王〟がいた。樫出大尉がB29迎撃戦で初陣を飾った昭和19年6月16日の戦闘で、B29を2機撃墜し、3機を撃破して戦隊最大の戦果をあげたのが**木村定光中尉**だった。木村中尉は、昭和20年3月27日の夜間迎撃戦で、一晩で3回も出撃してB29を5機撃墜したうえに、2機を撃破するという前人未到の大戦果をあげている。次々とB29を血祭りに上げていった木村中尉だったが、撃墜スコア〝22機〟をマークしながら、終戦1カ月前の昭和20年7月14日の迎撃戦で大空に散っている。

この他にもインドネシアのアンボンにあった飛行第5戦隊の伊藤藤太郎大尉は、「屠龍」でB24リベレーター爆撃機を4機撃墜しており、本土防空戦では「屠龍」「飛燕」「五式戦」などで9機以上のB29を撃墜して、武功章を受章した〝B29撃墜王〟の1人だった。

また、ビルマ方面で大活躍した飛行第50戦隊の**佐々木勇曹長**も、天才的な操縦技量で知られ、撃墜数38機を誇るエースだった。南方から本土帰還後の昭和20年5月25日、夜間空襲のために帝都に飛来したB29爆撃機の編隊に対して四式戦「疾風」で果敢に攻撃を仕掛け、立て続けに3機を撃墜するという大戦果をあげ、その後もB29に挑み続けて3機を撃墜し、3機を撃破した。そしてその功績が称えられ、昭和20年7月15日には武功章が授与されて准尉に特進している。この撃墜王・佐々木勇准尉は戦後、航空自衛隊に入隊して3等空佐（少佐）で退官している。

このように難攻不落の空の要塞B29も、日本軍の戦闘機および高射砲によって次々と撃墜されていたのだった。B29爆撃は3900機が生産され、そのすべてが対日戦に投入され、日本本土に14万トン超の爆弾や機雷を投下し、さらに広島および長崎に原子爆弾を投下して、日本の敗戦を決定的にした。だが、驚くべきことに、714機ものB29が日本陸海軍の防空戦闘機と高射砲によって撃墜、あるいは事故によって喪失していたのである。また、陸海軍の防空部隊によって485機が撃墜され、その他に撃墜には至らずとも2707機が撃破されているとの記録もある。

戦後、「B29には手も足も出なかった」かのように伝えられてきたがこれは誤りであり、実は陸海軍の戦闘機部隊はかくも多くのB29を撃墜する大戦果をあげていたのである。

帝都上空の死闘「飛行第２４４戦隊と震天制空隊」

帝都防空を任ぜられた陸軍飛行第２４４戦隊。高々度を飛ぶＢ29爆撃機を三式戦「飛燕」で迎え撃ち、また特別編成された決死隊の「震天制空隊」がＢ29に体当たりするなどして、次々と戦果をあげていったのだった――。

B29への“馬乗り攻撃”の3D再現イメージ（『撃墜王』小社刊、CG制作／後藤克典）

第244戦隊の精鋭たち。左から隊長の四宮徹中尉、板垣政雄伍長、吉田竹雄軍曹、阿部正伍長（244戦隊HPより）

高度1万メートル「超空の死闘」

昭和17年（１９４２）４月に新編された飛行第２４４戦隊は、当初は調布基地（東京）を拠点に帝都防空戦に大活躍した部隊であり、保有機は40機の三式戦闘機「飛燕《ひえん》」であった。

ライセンス生産したドイツ製ダイムラーベンツＤＢ６０１液冷エンジンを搭載したその独特のフォルムは、空冷エンジン搭載がいわば標準であった日本軍機の中では異彩を放った。そんなことから「飛燕」は〝和製メッサーシュミット〟と呼ばれ、事実ニューギニア戦線で初めて遭遇した米軍パイロットが、ドイツのメッサーシュミットが現れたと勘違いしたエピソードも残されている。

この「飛燕」の性能は、最高速度時速約６１０キロ（Ⅱ型）、航続距離は約１６００キロで、武装は、12・７ミリ機関砲４門を搭載したⅠ型、12・７ミリ機関砲２門と20ミリ機関砲２門を備えたⅡ型などがある。これまで私がインタヴューした複数の「飛燕」のパイロットは、一様に同機の操縦性を絶賛しており、実際にドイツのメッサーシュミットＢｆ１０９Ｅよりも運動性はもとより性能は優れていた。ただ、エンジンの故障が多かったため整備員泣かせで、可動率に問題を抱えていたことも報告されている。

昭和19年（１９４４）11月28日、この「飛燕」を揃えた飛行第２４４戦隊に、若干24歳の若武者・**小林照彦大尉**が戦隊長として着任した。後にこの若い戦隊長・小林大尉（後に少佐）は、Ｂ29爆撃機10機を含む敵機12機を撃墜した本土防空戦のエースとなり、その率いる飛行第２４４戦隊の輝かしい戦果とともに瞬く間に日本中に知れ渡ることになる。飛行第２４４戦隊で先任飛行隊長を務めたエースの**竹田五郎大尉**は、小林戦隊長の思い出をこう語る。

「それはもう、小林戦隊長は実に立派な方でした。何事にも率先実行して勇敢に戦われ、また戦隊全員の尊敬を集めておられました」

いよいよ三式戦「飛燕」で〝超空の要塞〟と言われたＢ29爆撃機を迎え撃つことになった竹田大尉だったが、高度1万メートルを飛ぶＢ29を邀撃することは容易ではなかったという。

「Ｂ29が最初に東京に飛来したのは確か昭和19年11月３日だったですかね。たった1機で来たんです。これに対して邀撃すべく上がったんですが、とにかく飛行高度が高くてとてもあの高度まで上がれなかったんですよ。高高度を飛ぶＢ29を攻撃するには、高度をとって敵機の前方進路上に上がっていなければならないんです。

例えば、同じ高度に上がれてもＢ29が自機の真横２〜３千メートルを飛んでいる場合は、もう攻撃はかけられません。なにせ、高度９千メートルぐらいになりますと空気が薄く、飛行機はふらふらして旋回すると３００メートルくらいは降下してしまうんですよ。そのうちに、これはいままでの装備では無理だということになって、『飛燕』を徹底して軽量化させることになったわけです。まず４門積んでいる機関砲を２門に、弾も1門あたり１００発に減らして、さらに座席の後ろにあった防弾板も下ろしました。そうしたらなんとかなったんです」

飛行第２４４戦隊の第1飛行隊長として、終戦までにＢ29を５機撃墜・７機撃破、Ｐ51戦闘機３機撃墜の記録を誇ったエース**生野文介大尉**が語る。

「私の機は、重量を軽くするために2挺の12・7ミリ機銃を外しましたね。それで破壊力の大きい20ミリ機関砲だけを積んでB29に挑んだわけです。あれは凄かった。この20ミリ機関砲はドイツのマウザー砲というやつで砲弾が電動式装填される仕組みになっていたので、B29迎撃にはかなり有効でしたね」

そして迎えた12月3日、飛行第244戦隊はB29の大編隊を迎え撃って、6機撃墜・2機撃破の大戦果をあげることができたのである。このとき、「はがくれ隊」の**四宮徹中尉**、**板垣政雄伍長**、**中野松美伍長**は、飛来してきたB29に対して体当たり攻撃を敢行し、敵機を葬った後、見事に生還を果たしている。神業ともいうべきB29への体当たり攻撃はたちまち日本国中に知れ渡り、国民の戦意を高揚させた。

このときの体当たり攻撃で四宮中尉は片翼をもぎ取られながら帰還したが、なんと中野伍長は、B29の巨体に馬乗りになって「飛燕」のプロペラでB29の胴体を切り裂いて撃墜し、見事に生還を果たしている。この日の戦闘を竹田氏はこう回想する。

「この特別攻撃隊に使われた『飛燕』は、防弾板はもちろんのこと、機関砲もすべて取り外されて、機体を武器として文字通り肉弾攻撃をかけたんです。四宮中尉の場合は、B29の尾翼に自機をぶつけたんです。それで相手の尾翼をもぎ取ったんですが自機も主翼の半分をもぎ取られ、それでも片翼で帰ってきたんですよ。彼は私とまくらを並べて寝ておったんでが……本当に勇敢な男でした。後に四宮中尉は、対艦船の特攻隊に志願して沖縄で壮烈な戦死を遂げております。それともう1人、B29に〝馬乗り攻撃〟をかけた中野伍長ですが、彼から聞いたところ、彼はB29の後方から突っ込んでいって機体を引っ張り上げたら、そうしたらB29の上に乗っかっちゃったというような感じだったそうです。実はこの中野伍長は、2度体当たり攻撃して2度とも生還しているんですよ。ああ、あともう1人、板垣伍長も2度体当たり攻撃をかけて生還しています」

B29は次第に関東だけでなく中京地区にも飛来するようになったことから、飛行第244戦隊は東京と名古屋の中間に位置する浜松基地に進出して敵を迎え撃つ態勢を整えた。

昭和20年（1945）が明けた1月3日、およそ90機のB29が名古屋・大阪に向けて飛来してくるという情報が戦隊本部に飛び込んできた。ところが上級司令部である第10飛行師団司令部からは何の命令もない。折りしも小林戦隊長は東京に出張中であり、そこで先任飛行隊長・竹田大尉が独断専行の出撃命令を下したのである。

飛行第244戦隊は竹田大尉の陣頭指揮のもとに勇戦奮闘し、5機のB29を撃墜し、7機を撃破するという大戦果をあげた。しかも、我が方の損害はゼロ。飛行第244戦隊の完全勝利であった。このとき竹田大尉もB29を攻撃し、照準機で捉えたB29に全弾を浴びせると、敵は左翼から黒煙を噴き出して急降下していったというから、これは明らかに〝撃墜〟であろう。

「高高度での戦闘というのは、テレビや映画で見るように3機できちっと編隊を組んで空中戦闘をやることなどほとんどありません。自分の狙った敵機に食らいついてゆくのが精一杯で、ばらばらに戦うことになるんです。ですから、この1月3日の戦闘でも後で報告を聞いて集計して初めて戦果を知ったんです。私の独断による邀撃でこうした戦果をあげたということで、東部軍司令部から表彰を受けることになったわけですが、小林戦隊長はいつも『見敵必殺』と言っておられましたから、とにかく上がろうというわけで出撃命令を出したまでなんです。賞賛していただいたのですが、邀撃の指揮官としては当たり前のことをやったというふうに思っています」（武田氏）

面白いことにB29に対する攻撃方法は昼間と夜間では異なっていたという。昼間の攻撃方法について、前出の生野文介大尉はこう明かしてくれた。

「理想的な攻撃法は、敵機の後上方からの攻撃ですが、B29に後方から攻撃をかけると、銃座からもの凄く撃たれるんですよ。B29には最後尾にも機銃がありますからね。それに、後方からの攻撃は前方攻撃とは違って自分の飛行機を敵機の速度に合わせるわけですから、相手に狙い撃ちされやすくなるんです。だから昼間の攻撃は、もっぱら正面攻撃でしたね。

B29を攻撃するのに最も被害が少なく、戦果をあげられるのは正面攻撃です。しかも、正面上方から攻撃を仕掛けるやり方です。上方から敵機めがけて突進すると自機に速度がつきますからね。B29の前方は装備されている機関銃の死角があり、こちらが撃たれにくいんですよ。それに相対速度がありますから敵機への接近時間が短く、それに敵の防御射撃にさらされる時間も短いんです。攻撃のときは、自機を10度ほど傾けて敵機の真正面に銃弾を浴びせかけ、それで一気に地面に向かって垂直に下降するわけです。こうして正面から攻撃して即座に90度の角度で下降する。この〝一撃離脱戦法〟ですと敵機の機銃攻撃をうまくかわせるんですよ」

戦隊史によれば、飛行第２４４戦隊が大戦果（B29撃墜5機、撃破7機）をあげた昭和20年1月3

日の同日14時45分、生野大尉は伊良湖岬南方50キロの洋上で1機を撃墜している。こうして生野大尉は〝超空の要塞〟と呼ばれたB29を次々と血祭りにあげていったのである。生野氏によるとB29の防御射撃は凄まじく、僚機が撃たれている状況を目の当たりにすると身震いがするほどだったという。

「ところがね、自分が敵の猛烈な銃弾の雨あられの中に突っ込んでゆくと、どうやって撃ち落してやろうかという思いでいっぱいになって〝恐怖感〟などというものは微塵も感じなくなるんですよ」

恐怖を感じる余裕すらないというのが本当の戦場心理なのだろう。そんな生野大尉にとって、夜間は絶好のB29狩りの時間帯だったという。米軍機は夜間なら安全と考えていたのか低空で飛来してきたため、飛行第２４４戦隊の格好の餌食となった。

昭和20年（１９４５）４月13日深夜、約１７０機のB29が帝都を空襲したとき、生野大尉は千住上空で1機を撃墜し、さらに板橋上空で1機を撃破している。生野大尉はB29の後下方から忍び寄って銃砲弾を浴びせかけB29を確実に仕留めたのだ。生野大尉は少し機種を下げて戦果を確認し、敵機が火を吹いていなかったため、再び機種を少し上げて敵機の下腹に弾丸を撃ち込んだという。生野氏はそんな夜間戦闘を振り返る。

「夜間攻撃ではかなりの戦果をあげられたと思います。灯火管制で真っ暗ですが、B29のエンジンの赤い排気が目印となりますし、地上の探照灯に照射されて夜空に浮かび上がった巨大なB29の後下部にもぐりこんで撃つわけです。ところが昼間とは違って、後ろから攻撃をかけても夜間ではB29はなぜか撃ってこなかったんでよ。不思議だったたね……。だからB29相手の夜間戦闘はやりやすかったたんです」

暗闇の中で、次第に近づいてくるかすかな羽根の音をたよりに小さな蚊を追い回すのが至難の業であるように、夜間爆撃中のB29にとって、小さな「飛燕」は発見しづらかったのだろうか。あるいは、暗闇での応射による味方機への誤射を恐れたのだろうか。いずれにしても搭載機銃が発射されなかったことは我が迎撃機にとってはなによりだった。

「〝演習〟で上がればいいんだ!」

飛行第244戦隊には他にも〝B29狩りの名人〟がいた。**市川忠一大尉**である。昭和20年4月15日のB29の夜間爆撃に対する迎撃では、市川大尉は一晩で2機のB29を撃墜した他、1機を撃破し、さらにもう1機に体当たりしてパラシュートで生還した強者であった。その後も市川大尉は、B29に対する迎撃戦に挑み続け、小林戦隊長は「わが部下ながら神様なり、頭の下がる思いなり」(『日本陸軍戦闘機隊』酣燈社)と、日記に記したという。

対29爆撃機迎撃で目覚しい戦果をあげ続けた飛行第244戦隊に対し、昭和20年5月15日には第1総軍司令官・杉山元帥より感状が贈られた。このとき飛行第244戦隊は、敵機撃墜84機、撃破94機を記録していたのである。

そして沖縄戦が佳境を迎えた頃の昭和20年5月、これまでの「飛燕」から最新鋭の「五式戦闘機」に機種転換した飛行第244戦隊は、沖縄への航空特攻を支援するため九州鹿児島の知覧へと進出し、特攻基地が集まる九州南部の防空と特攻機の直掩を行った。竹田大尉らが機種転換した5式戦闘機は陸軍最後の正式戦闘機で、三式戦闘機「飛燕」の液冷エンジンを空冷式の「金星」に換装した機体であった。これにより五式戦は、運動性や操縦性が三式戦「飛燕」よりも格段に向上し、米軍戦闘機と互角以上に戦える性能を誇ったのである。

「この戦闘機は素晴らしかった。非常に高い性能をもっておりました。上昇性能も抜群でしたし、旋回性能も良かったんです。もしこの飛行機がもう1年早く登場しておれば、B29の邀撃も、もう少しはよかったんじゃないかな……」（武田氏）

竹田大尉は五式戦で本土防空戦を戦い抜いた。昭和20年7月、飛行第244戦隊は第11飛行師団の隷下となり、本土決戦に備えて八日市飛行場（滋賀県）へと転進した。この転進はあくまで本土決戦に備えることを目的としており、第244戦隊は〝虎の子部隊〟であったため、兵力温存のために敵機が来襲しても出撃することが禁じられていたという。上級司令部からの出撃禁止の命令には闘志旺盛なるパイロット達は切歯扼腕の思いであった。「ではいったいどうすれば敵機と戦うことができるだろうか」、竹田大尉はそのことを考え続け、ある妙案を思いついたという。

「〝演習〟で上がればいいんだ！」

この妙案を具申するや、小林戦隊長は「よし明日は戦隊訓練だ！」と即決合意したという。

「もちろん実弾を積んでいますから、上がったときに敵機が来たのだから攻撃するのは当然という理屈をつけて、早朝から整備して上がったんです。そして高度差をとって各飛行隊が敵機を待ちうけていたんです。私が指揮した飛行隊は、最上階について上空直掩を担当しました。空中戦闘というのは、相手機よりも高い高度に位置して攻撃をかければまず勝つんです。そうしたら運良く、10数機のF6Fヘルキャットが八日市飛行場を銃撃しはじめたんです。ところが我々はすでに上空にあって、今か今かと待ちわびていたわけですから、まさに〝飛んで火に入る夏の虫〟でした。我々は高空の優位な位置から攻撃をしかけたんですよ。不意をつかれた米軍機は次々と友軍機に撃ち落されていきました」

このとき竹田大尉は1機のF6Fを補足し、後方から近づいたが敵機は竹田機に気づいていないようだったという。

「高度を下げてゆくと、私の目の前を敵機が飛んでいたんです。そこで機関砲弾を浴びせかけ、命中弾を食らわしたんですがその途中で突如機関砲が故障してしまったんですよ。そこで私は上昇しながら機関砲の故障を調べている内に、今度は私が敵機の銃弾を浴びることになったんです。別の1機が私の後方に忍び寄っていたんです。翼端に敵機の銃弾を浴びながら、私は急上昇しました。すると敵機は失速して落ちていったんです。もしやこれが『飛燕』だったら撃ち落されていたでしょうね。私は、五式戦のおかげで命拾いしたんです」

昭和20年7月25日、この日飛行第244戦隊は大勝利を収めたが、出撃禁止の命令が出ていたにもかかわらず戦闘を行ったため、小林戦隊長は司令部に呼び出されて叱責された。

「小林戦隊長は、上級司令部から帰ってくるなり『なんで戦果をあげたのにあんなに怒られるんだ！』といって不満をもらしておられましたよ（笑）」

ところが、この日の大戦果が上聞に達し、飛行第２４４戦隊は天皇陛下から御嘉賞をいただいた。これに慌てた上級司令部は、なんと一升瓶を1ダース持ってやって来たという。そして迎えた昭和20年8月15日、日本の敗戦と同時に栄光の飛行第２４４戦隊の戦いは終わったのである。

戦後、小林照彦少佐、竹田五郎大尉、生野文介大尉は、航空自衛隊で再びジェット戦闘機の操縦桿を握って本土防空の任務に就いた。

竹田大尉は、第14代航空幕僚長（昭和53年）を務めた後に自衛隊制服組トップの統合幕僚会議議長（現在の統合幕僚長）について昭和56年に退官した。生野大尉も長くパイロットとして後進の育成に努め空将補で制服を脱いだ。戦隊長の小林照彦少佐は、第1飛行団第1飛行隊長を任じていた昭和32年（１９５７）6月4日、T33練習機で浜松基地を離陸直後に墜落して殉職された。

B29に〝体当たり攻撃〟を行った「震天制空隊」

「最初にB29が本土にやってきたとき、我々も迎撃に上がったんですが、高度7、8千メートルぐらいまでしか上がれませんでした。ですから、1万メートルの高高度で飛んでくるB29を落とすことができなかったんですよ」

そう語るのは、陸軍飛行第２４４戦隊の元軍曹・板垣政雄氏（戦後、加藤に改姓）だった。

帝都防空戦で大活躍した陸軍飛行第２４４戦隊の中でも、板垣軍曹（陸軍少年飛行兵11期）は、2度もB29爆撃機に体当たりしながら、奇跡的な生還を果たした〝スーパースター〟である。だが当初、昭和19年11月初旬、飛行第２４４戦隊は偵察のために高高度で飛来したB29を迎撃することができなかったのだ。板垣氏は言う。

「いや、そりゃもう……ただ東京都民に申し訳がなくてね……心苦しくて外出もできませんでしたよ。だから、とにかくB29を落として大きな顔で町を歩けるようになりたかったですな…」

そこで考案されたのが「対空特別攻撃隊」だった。要は敵爆撃機に対する戦闘機による〝体当たり攻撃〟である。この対空特別攻撃隊は「はがくれ隊」（葉隠隊）と命名され、四宮徹中尉を隊長して、吉田竹雄軍曹、阿部正伍長、そして板垣政雄伍長の４名４機で編成された。発足当初は一式戦闘機「隼」によって編成されたが、後に高高度性能のよい液冷エンジンを搭載した三式戦闘機「飛燕」に機種変更された。そしてできるだけ機体重量を軽くするために両翼の機関砲を取り外すなどの改造を施してB29を迎え撃ったのである。

『陸軍飛行第２４４戦隊史』（櫻井隆著／そうぶん社刊）によれば、飛行隊長の村岡大尉が板垣伍長（当時）と鈴木伍長を率いて三式戦「飛燕」の上昇限界を試したところ、村岡大尉は高度1万4百メートル、板垣伍長は1万2百メートルを記録したが、編隊を組めたのは8千メートルが限界だったという。空気の薄い高高度では飛行機の姿勢を制御するのは簡単なことではなかったのだ。

昭和19年11月24日、飛行第２４４戦隊は１００機ものB29の大梯団を迎え撃った。「はがくれ隊」にとってはこれが初陣であった。しかし残念ながら、このときの戦闘では「はがくれ隊」は戦果をあげることができず、飛行第２４４戦隊の戦果は1機撃墜、1機撃破にとどまった。「はがくれ隊」の隊長・四宮中尉は逃げていくB29を追撃し、果敢に体当たり攻撃をしかけたものの惜しくも失敗に終わっている。

この日、佐藤権之進准尉と中野松美伍長が「はがくれ隊」に加わった。中野伍長は、板垣伍長と同じ少年飛行兵11期であった。さらにその5日後の29日には、陸軍航空隊のエース・小林照彦少佐が戦隊長として着任し、飛行第２４４戦隊は磐石の態勢でB29迎撃戦に臨むこととなった。

前述の通り、新戦隊長・小林照彦少佐率いる飛行第２４４戦隊は、昭和20年12月3日、来襲したB29の大梯団を迎え撃った。この日飛来したB29の数は86機。小林戦隊長は自ら操縦桿を握って戦闘に参加し、飛行第２４４戦隊は6機のB29を撃墜する戦果をあげたのである。その内3機は、「はがくれ隊」の体当たり攻撃によるものであった。

「B29は、スズメがぶつかっても高度が下がります。高高度はそれほど空気が薄いということです。ですから飛行機がぶつかれば当然B29は高度を下げるだろうから、それを本隊が攻撃して落とすことを考えたわけです」（板垣氏）

この日の迎撃戦では、板垣伍長も見事敵機に体当たりを成功させている。板垣伍長は、11機編隊の最後尾を飛んでいたB29の前上方から体当たりを試み、敵機に激突した瞬間、その衝撃で空中に放り出されたのである。ところが落下傘が奇跡的に開いたために千葉県印旛沼付近に着地し、農家で応急手当を受けた後に取手駅から電車に乗って調布基地へ戻ったという。それにしても、空戦で落下傘降下したパイロットが電車で基地に帰るというのはとても考えられないことだが、当時とすればそうするしかなかったのだろう。板垣氏は述懐する。

「あのときは、どうやってB29にぶつかってやろうかという思いだけで、『怖い』とかそんなことは思わなかったです。生きるとか死ぬとか……そういうことは考えなかったですな。あの日の戦闘では、B29よりも確か１００メートルか２００メートルほど高い高度をとって真正面から突進したんです。その瞬間のことはよく覚えていませんが、なんだかその衝撃で操縦席から放り出されてしまって、落ちてゆく途中で意識を取り戻したんです。

そして、落下傘が開いているかなと恐る恐る見上げたら、落下傘がちゃんと開かずにくるくる回っていたんですよ。落下傘の紐が引っかかっていたんです。それで両腕を思いっきり伸ばして3回ほど左右に回転しながら、なんとかもつれを直したんです。落下傘の紐のもつれを直すには相当な力が必要で、思わず『神様、助けてください！』なんて叫んでいましたよ。ところがちょうどそのとき、地上から汽車の音が聞こえてきましてね、『ボー』という音が。そうしたら急に冷静になったんです。それで空から降りてくる兵隊さんが『助けてくれ、神様、助けてくれ』と言っているのが地上の人たちに聞こえたら笑われるぞと思って……それからは黙って降りてきたんですよ」

そのときの体当たりの様子を、飛行第２４４戦隊・先任飛行隊長であった竹田五郎大尉は、戦後次のように記している。

〈板垣伍長も十一機編隊の敵を発見し、その編隊長をねらって反転し、攻撃をかけようとした。しかし、高度差が不足したためやむなく最後尾機をねらった。

約百門による火網は、仕掛け花火のように烈しくむかってくる。発動機、燃料タンクも赤い炎を噴き出し、焼けつくような熱気に包まれた。

つぎの瞬間、敵の主翼付根に体当たりした。主翼は飛散し、彼の愛機も空中分解し、板垣伍長は機外に放り出され失神した。気がつくと落下傘は開いており、無事着地した。彼は腰を痛めたが、大した傷もなく、翌日からまた任務についた〉（別冊『丸』―終戦への道程、潮書房）

この日の戦闘では、もう1人、敵機に豪快な体当たりを敢行した勇者がいる。前に紹介した中野松美伍長だ。戦闘の様子は『陸軍飛行第244戦隊史』に次のように記されている。

〈中野伍長は数度の体当り失敗の後、十五時三十分頃、印旛沼北方高度九千五百メートル付近で十二機編隊のB29の編隊長機に対し後下方から接近、敵機の左昇降舵を自機のプロペラで噛った後、敵機の背に乗り上げていわゆる『馬乗り体当り』を敢行した。この武勇伝は、後日新聞によって喧伝されることになる。

中野機はエンジンが停止した滑空状態となったが、茨城県稲敷郡太田村の水田に不時着し、中野伍長は頭に負傷したものの無事だった〉

中野伍長は、そのときの〝馬乗り攻撃〟についてこう述べている。

〈基地を離陸してから、すでに三時間もたっており、しかも高々度である。一刻も早くやらなくては、燃料がなくなってしまう。よし、やれと、操縦桿を思いきり引きあげると同時にレバーを全開にした。つぎの瞬間、異常な音を感じるとともに、愛機に強い震動がはじまった。思わず操縦桿をおさえると、今度はB29の真上にきた。

たしかに水平尾翼の昇降舵ふきんをふき飛ばしたはずだ、そのうちに落ちるだろう。

今度は自分が敵の胴体の真上にあり、なぜか小学校の歴史の時間にならった新田四郎を思い出した。

B29の内側左右のエンジン二基は、愛機の翼にかくれて見えないが、外側のエンジンは轟々とうなっている。何秒飛んだであろうか、私にとってはじつに長い時間のように思われた。そのうち、敵は急に機首をさげて突っこみはじめた。私もそれにあわせて突っこんだが、機体の震動はますますつのるばかりなのでついに高度六千メートルで追撃を断念してスイッチを切り、操縦桿をじょじょにひいて機首を水平ちかくまでもってきたのち、方向舵を左右の足で操作すると、ありがたいことに動いてくれたのである。

「しめた、オレは生きている」

この時、はじめて自分に帰った〉(『丸エキストラ版85』潮書房)

B29への馬乗り攻撃とは、つまり〝B29との白兵戦〟である。想像するだけで身震いするような肉弾戦だが、中野伍長の脳裏に去来するものは、護国の二文字だったのだろう。

この戦闘の後、竹田大尉が中野伍長にB29の上部の色を尋ねたところ、中野伍長は淡々と「ねずみ色です」と答えたという。中野伍長もまた、板垣伍長と同様に降下現場近くの農家で手当てをしてもらって電車で帰隊している。不時着した中野伍長の乗機は、しばらく日本橋三越百貨店の屋上に展示され、この曲芸のような荒業でB29を撃墜した武勲機を一目見ようとやってくる見物客で賑わったという。

この2人の英雄に対し、後に「武功徽章乙」が授与され、両伍長は、そろって軍曹に昇進した。加えてこの対空特別攻撃隊はこの日の武勲により「震天制空隊」と命名されたのである。それにしても、捨て身の体当たり攻撃を受ける側のB29乗員の心境はいかばかりであったろう。

震天制空隊はその名のとおり、天空のB29の乗員の心胆を寒からしめ、恐怖のどん底に叩き込んだ。撃っても撃っても怯むことなく真一文字に突っ込んでくる日本軍機への恐怖は計りしれず、同じく特攻機の攻撃を受けた艦艇乗組員よりも深刻だったに違いない。ところが震天制空隊の隊長・四宮中尉は、新編された対艦特別攻撃隊「振武隊」に自ら熱望して転出し、昭和20年4月29日に鹿児島県の知覧から沖縄方面に出撃して散華した。四宮中尉は、体当たりによって一気に数百人を道ずれにできると考えたのだろうか。

もう1人、震天制空隊の創設メンバーだった吉田竹雄曹長は、昭和19年12月27日の迎撃戦でB29に体当たりして壮烈な戦死を遂げた。沖縄特攻で戦死した四宮中尉の後任として震天制空隊の隊長を務めた高山正一少尉と丹下充之少尉は、昭和20年1月9日の迎撃戦で見事B29への体当たりに成功して2機を葬った。だがこのときの戦闘で、高山少尉は生還したが、丹下少尉は敵機もろとも大空に散っている。

迎えた昭和20年1月27日、この日は70機のB29が東京を襲った。陸軍飛行第244戦隊は総力をあげてこれを迎え撃ち、これまでの対空特攻最多の7機がB29に体当り攻撃をかけた。その中の1人が小林照彦戦隊長だった。小林戦隊長は無事生還を果たしたが、1度目の体当たりで生還した震天制空隊長の高山少尉は、このときに散華している。

一方、板垣軍曹と中野軍曹は再び敵機に体当たりしながらまたもや生還を果たし、2つ目の武功徽章乙を受章した。板垣氏は当時を振り返る。

「この頃になると、B29も慣れてきたのか、ずいぶん高度を下げて飛んできていました。高くてせいぜい8~9千㍍ってところだったと思います。そして2回目の体当たりのときは、B29の後方からぶつかっていったんです。自機のプロペラで、B29の巨大な方向舵と昇降舵をガリガリとやったんです……そのときは、『ああ、やったぞ！』という思いだったですね」

B29の真正面から飛んできた板垣軍曹機は、敵機とすれ違うや急反転して後方から肉薄。自機のプロペラで、敵機の垂直尾翼の方向舵と水平尾翼の昇降舵にかじりついたという。

「それで敵機の尾部に激突した瞬間に操縦桿を足で蹴飛ばしたんです。その後はどうなったか覚えていないんですが、また落下傘が開いて目が覚めたんですよね…」（板垣氏）

とてつもない度胸と強運の持ち主である。先任飛行隊長・竹田大尉は、板垣軍曹、中野軍曹の大活躍に最大の賛辞を送っている。

〈両伍長はともに少飛十一期生で、当時、二十歳。多少茶目っ気はあるが純朴、一見、普通の青年であった。まさに鬼神を哭かしめるような行動ができたのは、天稟によるものであろうが、殉国の至誠と責任感にあったのではあるまいか。

体当たりは死を意味する。一度地獄を見た生身の人間が、また次の死を前にして、内に苦しみを秘めて悠々と書を読み、将棋に興じている姿を見て、彼らはまさに生きながらにして神であると、信ずるほかなかった〉(別冊『丸』―終戦への道程、潮書房)

そう、「震天制空隊」は米軍の無差別爆撃から命懸けで国民を守る〝生き神様〟だったのだ。

私は、板垣氏にとってもっとも印象に残った空戦について聞いてみたが、板垣氏は、遠慮がちに笑みを浮かべながらこう繰り返した。

「いや~別にないですな。毎日、何とかしてあのB29を撃墜して大きな顔で外出したい、ただそれだけでしたから…」

かくして陸軍飛行第244戦隊は、およそ100機ものB29爆撃機を撃墜し、加えて敵搭乗員に底知れぬ恐怖を与え続けたのである。大東亜戦争末期の日本は、高高度を大挙して押し寄せるB29に手も足も出せなかったなどという話が横行しているが、そうではなかったのだ。

日本防空部隊によるB29の撃墜数が485機(714機が撃墜されたという資料もある)。日本本土上空で撃墜されたB29のおよそ五分の一は、陸軍飛行第244戦隊の戦果だったことになる。板垣氏は、この2度目の体当り攻撃後も「飛燕」から「五式戦」に機種転換し、本土防空戦および特攻機の直掩任務のために終戦まで操縦桿を握り続けたエース・パイロットである。

知られざる「帝国海軍潜水艦」の活躍

海中に潜み艦船に魚雷を浴びせる潜水艦。その活躍は空母や戦艦の陰に隠れ、大きく取り上げられることが少なかった。さらに、日本軍の潜水艦の運用は酷評にさらされることが多く、その活躍が評価されることも少なかった。だが、大東亜戦争開戦時から終戦に至るまで、日本海軍の潜水艦は、絶えず重要な役割を果たしていた！

「伊19」潜水艦の魚雷が命中し爆発する米駆逐艦オブライエン（右手前）と炎上する米空母「ワスプ」

戦略原潜のモデルとなった「伊400」型潜水艦

米空母「ワスプ」を葬った「伊19」の奇跡

潜水艦——水上艦艇のように艦隊行動はとらず、常に単艦で行動し、ひっそり海中に潜み敵の艦艇に攻撃を仕掛ける〝海の忍者〟である。そもそも潜水艦がその真価を発揮したのは、第1次世界大戦だった。なかでもドイツの「Uボート」は有名で、その活躍が潜水艦の脅威と重要性を広く内外に知らしめるきっかけとなった。大戦中にUボートは、連合国の商船を5千隻以上も撃沈し、連合軍将兵を恐怖のどん底に陥れたのである。戦後のベルサイユ条約では、ドイツが潜水艦保有を禁じられたという事実が、その被害の深刻さを物語っている。

続く第2次大戦では、ドイツ海軍は再び高性能のUボートを投入して3千隻もの商船を撃沈する大戦果をあげた。こうしたUボートによる通商破壊作戦は、敵軍への物資補給を妨害し敵国の経済活動に大打撃を与えたのである。もちろんUボートは、連合軍の戦艦や空母など多数の戦闘艦艇も沈めている。再びドイツのUボートによる大損害を被った連合国は、戦後、西ドイツが再軍備するにあたり、潜水艦は、〝小型の潜水艦〟に限って保有を認めるという規制を設けた。東西冷戦後、こうした制限がなくなって初めて、ドイツは制限なしで高性能のハイテク潜水艦を建造できるようになったという経緯がある。

では、米海軍はどうか。世界で初めて〝潜水艦〟を実用化させた米海軍は、大東亜戦争ではソナーやレーダーなどを搭載した優秀な潜水艦を大量に投入し、通商破壊作戦で多くの日本の商船や輸送船などを撃沈した。米海軍は約240隻の潜水艦を投入し、南方から日本本土に運ばれる工業原料を満載した商船や南方へ投入する将兵を乗せた輸送船を待ち伏せして魚雷攻撃や機雷敷設を行った。そのため、多くの艦艇が沈められ、日本は継戦能力を失い敗戦に追い込まれていったのである。

米軍の潜水艦による通商破壊作戦によって沈められた日本の商船は実に1千隻以上であり、それは戦争中に失われた全商船のおよそ半分に相当した。加えて、日本の航空母艦をはじめ数多くの水上艦艇も米潜水艦によって沈められている。

では、日本海軍はどうだったのか。日本の潜水艦部隊の活躍はあまり伝えられていないのだが、実は、日本海軍の潜水艦は重要な局面で大きな戦果をあげていたのだ。日本海軍における潜水艦の運用は、インド洋におけるイギリス商船等に対する通商破壊作戦を除けば、そのほとんどが敵の水上戦闘艦に対する攻撃に振り向けられていた。インド洋では、日本海軍は38隻の潜水艦を投入して輸送船など120隻（60万8千トン）を沈め、16隻（9万6千トン）を撃破した。戦闘艦艇については敵潜水艦1隻を撃沈し戦艦1隻を撃破したにすぎなかったが、損失した潜水艦はわずかに3隻だった。

一方、太平洋方面では、輸送船など船舶59隻（29万4千トン）を沈め、33隻（20万6千トン）を撃破したにすぎなかったが、日本海軍潜水艦が魚雷攻撃で撃沈した敵戦闘艦は14隻を数え、その内訳は正規空母2隻、護衛空母1隻、重巡洋艦3隻、軽巡洋艦1隻、駆逐艦5隻、潜水艦2隻だった。加えて、撃破した敵戦闘艦は7隻で、同じく内訳は、正規空母2隻、戦艦1隻、重巡洋艦1隻、軽巡洋艦1隻、駆逐艦2隻という戦果をあげていたのである。だが、こうした華々しい戦果と引き換えに約120隻もの潜水艦が失われたのも事実である。

ただ、興味深いことに日本の潜水艦部隊は、〝ここぞという場面〟では特に活躍している。

空母4隻を失って大敗を喫したかのミッドウェー海戦では、空母艦載機の攻撃で大破した米空母「ヨークタウン」を沈めて一矢を報いたのは「伊168」潜水艦だった。「伊168」から発射された4本の魚雷の内2本が「ヨークタウン」の左舷に命中、巨大な水柱を噴き上げた。そして同時に「ヨークタウン」に横付けしていた駆逐艦「ハンマン」にも1本の魚雷が命中してこれを轟沈したのである。「伊168」は、1度に2隻を葬ったのだった。

昭和17年（1942）8月31日には、ソロモン海域で潜水艦「伊26」が米空母「サラトガ」を大破せしめた。当時「伊26」の艦長であった長谷川稔大佐は、緊迫した艦内の様子をこう記している。

〈「方位角右九十度」

「方位盤よし」

艦内は寂として声なし。すぐに空母の中央が潜望鏡の十時のマークにしずしずとよって来る。

「用意、射てッ！」

この号令を怒鳴った瞬間に、間髪入れず左の方から備前の名刀のような反りのある鋭い駆逐艦の艦首が、ニューッと視野いっぱいにかぶさってしまった。ああ万事休す。いまにも潜望鏡が折られ、艦橋が圧し潰されて、司令塔もろともにぶっ飛ばされるか。

「潜望鏡おろせ」

「深さ百、いそげ」

しかし、覚悟した衝突の衝撃はなかった。すぐにと思われた爆雷も飛んでこなかった。まったくの幸運である。第一の危機は突破したのだ。やがて深度は急速に深まっていく。

全員身をかたくして、「魚雷が命中しますように」と祈っている。と、一分経過、二分経過、そして二分十秒経ったとき〝ドカーン〟ときた。

さあ大変、艦内ではいままでのコチコチの緊張が一瞬に解けて、感激の拍手がまきおこる。顔が自然に笑ってしまう。どうしようもない〉（『丸エキストラ戦史と旅⑧』潮書房）

これが空母「サラトガ」に対する魚雷攻撃のドキュメンタリーである。この「伊26」潜水艦は、日本海軍きっての武勲艦であった。大東亜戦争開戦の日の昭和16年12月8日、なんとハワイ北方海上に浮上して、アメリカの貨物船「シンシア・オルソン」を艦首の14センチ砲で砲撃して撃沈しているのだ。

当時「伊26」の先任下士官であった岡之雄氏はこう綴っている。

〈距離は三千メートルぐらいであろうか。四本のマストに、中央にひょろり長い煙突が一本見える。思ったより小さい船だ。ブリッジの下、船腹に大きくアメリカ国旗が描かれている。いよいよ戦争だと思うと、身体が締めつけられるような緊張をおぼえた。

砲員は、砲術長をはじめ晒木綿の白鉢巻を、目尻がつり上がるほどにきつく締め、勇ましい姿であった。艦長の、「撃ち方はじめ」の号令で、轟音とともに茶色の硝煙が艦橋全体に流れる。艦長より見張員にたいし、飛行機に充分気をつけるよう指令が出ていたが、見渡すかぎり敵船のほかは海と空ばかりで、異常はない。自然と目は弾道を追った。
敵船の向こう側に十四サンチ砲弾の水柱が立つ。本艦は微速で敵船との距離をつめてゆく。敵船は潜水艦の浮上と砲撃で、急停船をしたらしい。マストに船名らしい旗旒が揚がる。そして、あわただしく二隻の救難艇をおろしはじめた〉（『丸別冊　戦勝の日々』潮書房）

その後、「伊26」は2隻の救難艇が離れるのを待って砲撃を行い、同船を撃沈した。ところが、この攻撃は、我が航空部隊による真珠湾奇襲よりも20分も早かったというのだ。戦後、開戦25周年時のアメリカの新聞には、この「伊26」の14センチ砲の砲撃が「パールハーバーの前奏曲」として掲載されていたという。その後、「伊26」は真珠湾攻撃で撃ち漏らした米空母を求めて、アメリカ西海岸まで進出して作戦行動を行っている。さらに、昭和17年8月31日には、ソロモン海域で米空母「サラトガ」に対する先の魚雷攻撃に成功し、同年11月13日には米軽巡洋艦「ジュノー」を雷撃して撃沈した他、太平洋およびインド洋で通商破壊を行って数多くの商船を撃沈したのである。

なんと本艦の撃沈数は、軽巡洋艦「ジュノー」を含めて9隻（約4万9千トン）を数え、他にも「サラトガ」など数多くの敵艦艇を撃破したが、最期は昭和19年（１９４４）10月25日、フィリピンのスリガオ海峡沖で爆雷攻撃を受けて沈没したのだった。

「伊19」潜水艦の大戦果も忘れてはならない。

昭和17年9月15日、これまたソロモン海域で「伊19」潜水艦が米空母「ワスプ」を発見、ただちに6本の魚雷を発射して、内3本が命中し大爆発を生じさせたのだった。その後、「ワスプ」は米軍の手によって海没処分されているが、この「伊19」の魚雷攻撃には続きがある。

空母「ワスプ」を外れた残りの魚雷3本が、なんと10キロ先を航行していた戦艦「ノースカロライナ」と駆逐艦「オブライエン」に次々と命中したのだ。船体に大穴を開けられ戦死者5人を出した「ノースカロライナ」は、修理のために3カ月も戦線を離れ、また「オブライエン」は大破した後にその被害がもとで沈没している。これは神がかり的であり、また長射程を誇る日本海軍の酸素魚雷ならではの大戦果だったといえよう。

「伊19」の機関長だった渋谷郁男大尉はこう振り返る。

〈敵は西北西に進路を変針、敵自らわが餌食となるべく目前にせまってくるではないか。まことに幸運中の幸運である。しかも待ちに待った米正規空母である。敵は日米潜水隊の哨戒区域であることを知っているので、ジグザグ運動をしていたと思われるが、それがかえって敵にわざわいした。木梨艦長はなおも隠忍自重、肉迫をつづけて距離九千メートルに達した。

方位角右五十度、絶好の射点を得て、満を持した必殺の魚雷全射線（六本）を発射した。時に一一四五。ズシンという手ごたえがあって、命中音四発を聞いた（敵の発表によれば三本命中という）。やったぞ。なんという爽快さ。今までの苦労が一ぺんにふっとんでしまった。

一同思わず「万歳」を叫ぼうとして声をのんだ。敵に聴知されるかどうかわからないが、とにかく無音潜航である〉（前掲書）

「伊19」はその後も通商破壊活動を行い、次々とアメリカの貨物船を沈め、昭和18年（1943）11

月25日にギルバート諸島近海で米駆逐艦「ラドフォード」の爆雷攻撃で撃沈されるまでに、敵艦船４隻（約3万2千トン）を撃沈し、5隻（約6万7千トン）を撃破したのである。

このように日本海軍の潜水艦部隊は、米空母に大きな損害を与え続けていたのである。ちなみに世界戦史上、潜水艦によって米空母を撃沈、あるいは再起不能となるほどの大打撃を与えたのは、日本海軍だけである。

米本土を爆撃していた潜水艦部隊

日本海軍の潜水艦の中で特筆すべきは「伊４００」型潜水艦であろう。

最終的に3隻建造された「伊４００」型潜水艦は、水中での排水量約６５００トン（基準排水量は３３５０トン）、全長が１２２メートルと、世界最大の潜水艦であり、なんと地球を1周半も航行できる並外れた長大な航続距離をもっていた。武装も、艦首に魚雷発射管を8門（通常の潜水艦は4～6門）も備え、対艦用攻撃火器として14センチ短装砲1門、対空火器として25ミリ3連装機銃3基を備える重武装艦だった。加えて本艦は、特殊攻撃機「晴嵐」を3機も搭載し、敵艦や敵基地を空から攻撃することもできる〝潜水空母〟だったのである。この「晴嵐」は、２５０キロ爆弾を4発も搭載可能（零戦ならば１発）であり、魚雷を積んで雷撃、あるいは対艦攻撃用８００キロ爆弾も搭載することができた。したがって「伊４００」に搭載された3機が1度に攻撃を仕掛ければ、ある程度の航空作戦が可能だった。

ちなみに、現代の最新鋭潜水艦である海上自衛隊の「そうりゅう」型は、全長が84メートル、水中での排水量4200トンという諸元であり、米海軍の最新鋭原子力潜水艦「ヴァージニア」級が全長114メートルで水中での排水量7800トンであるから、「伊400」がいかに大きかったかお分かりいただけよう。

実は、この奇想天外な発想で建造された「伊400」型潜水艦が、現在の核弾道ミサイルを搭載した戦略ミサイル原子力潜水艦や、トマホーク巡航ミサイルなどを搭載する攻撃型原子力潜水艦の始祖となったのだ。戦後、この「伊400」型潜水艦は、アメリカ海軍によって徹底的に調査され、後の潜水艦開発に大きな影響を与えていたのである。

また、世界戦史上唯一の〝アメリカ本土空襲〟が日本海軍の潜水艦によって行われたことはほとんど知られていない。

1942年（昭和17年）9月9日、米本土のオレゴン州沖に進出した「伊25」型潜水艦から発進した藤田信雄兵曹長の操縦する「零式小型水上機」が、同州に爆弾2発を投下して森林を延焼せしめ、9月29日にも再度爆撃を敢行したのである。この快挙に日本中が湧きたち、当時の朝日新聞の紙面には、『米本土に初空襲敢行／オレゴン州に焼夷弾　果敢・水上機で強行爆撃／全米国民に一大衝撃／海上に悠々潜水艦』と見出しが躍った。

戦後、昭和37年（1962）5月、自営業を営む藤田信雄氏のもとに米オレゴン州ブルッキンズ市から「貴殿の勇気と愛国心に敬意を表したい」と招待状が送られてきた。藤田氏は、その武勇がアメリカ国民に称賛され、大歓迎を受けたのである。その後、藤田氏は2度ブルッキンズ市を訪問して図書館に寄付を行い、自分の爆撃で喪失したレッドウッドの苗木を植樹した。そして平成9年（199

7)、元海軍兵曹長・藤田信夫氏にはブルッキンズ市から「名誉市民賞」が贈られたのである。現在もブルッキンズ市図書館には「フジタコーナー」があり、そこには藤田氏が寄贈した日本刀や名誉市民賞、さらには零式小型水上機に同乗していた奥田省三兵曹（後に戦死）の勲章などが展示されている。また藤田兵曹長が爆撃したブルッキンズ市の山中には、「日本軍による爆弾投下地点」という標識もあるというから驚きだ（名越二荒之助編『昭和の戦争記念館　第3巻　大東亜戦争の秘話』展転社）。

たとえ敵兵であっても、至純の愛国心と忠誠心をもって戦った戦士達は、〝英雄〟となり、その武勇は讃えられて尊敬を集めているのである。

最後に、大東亜戦開戦劈頭の真珠湾攻撃で、真珠湾内に深く侵入した2人乗りの「特殊潜航艇」5隻が、我が空母艦載機による奇襲に呼応して敵戦艦に対する魚雷攻撃を行っていたことも忘れてはならない。以後、潜水艦は前出のように重要な場面で敵艦を撃沈・撃破し、あるいは通商破壊を行った。そしてアメリカ本土をも爆撃してみせた。加えて同盟国ドイツから、高性能兵器などに関する情報を隠密裏に運んだ。大戦末期には、人間魚雷「回転」による攻撃が行われ、また水中特攻を目的とした特殊潜航艇「海龍」なども製造されている。

大東亜戦争において日本軍が沈めた最後の米軍艦艇は、3発目の原子爆弾を輸送中だったといわれる重巡洋艦「インディアナポリス」であるが、これは「伊58」潜水艦の魚雷攻撃によるものだった。栄光の帝国海軍の有終の美を飾ったのは、潜水艦だったのである。

その帝国海軍の末裔である海上自衛隊は、通常型潜水艦戦力では世界最強を誇っており、その保有する最新鋭ハイテク潜水艦「そうりゅう」型は、各国海軍の羨望の眼差しを集めている。

鬼神をも哭かしめた「硫黄島の戦い」

昭和20年（1945）2月、米軍は日本本土侵攻の前哨戦となる硫黄島に上陸を開始した。だが、そこで彼らを待ち受けていたのは、栗林忠道中将率いる日本軍守備隊の空前の猛反撃だった。同地で米軍は、日本軍のそれを上回る大損害を被ったのである。

日本軍は地下要塞に籠り米軍に徹底抗戦した

智将・栗林忠道陸軍中将

市丸利之助海軍少将

強固な地下陣地を構築し米軍を返り討ちに

昭和20年（1945）2月、ついに米軍は日本本土の玄関口にあたる硫黄島に来襲し、対日戦の総仕上げにとりかかった。だが連戦連勝の米海兵隊員を待ち受けていたのは、彼らの予想をはるかに超える日本軍守備隊の猛烈な反撃と頑強な抵抗であった。

硫黄島は〝米兵の墓場〟と化したのである。

2月19日から3月26日までのおよそ1カ月余の戦闘で米軍は戦死傷者2万8686名を出し、その数は日本軍の戦死傷者2万933名を大きく上回ったのだった。日本軍守備隊は、あらかじめ島中に張り巡らせた地下壕陣地と隠蔽壕陣地による巧みな戦術で米上陸部隊を迎え撃ったのである。

硫黄島を守る日本軍守備隊の総兵力は、陸軍の栗林忠道中将を兵団長とする小笠原兵団の約2万1千人。栗林中将自らが師団長を務める第109師団には、池田益雄大佐率いる歩兵第145連隊、千田貞季少将の混成第2旅団、そして1932年のロサンゼルスオリンピックの馬術金メダリストの西竹一中佐が率いる戦車第26連隊（97式中戦車改および95式軽戦車23両）など、約1万3600人の精鋭が集められていた。さらに、市丸利之助少将率いる海軍第27航空戦隊および井上左馬二大佐の硫黄島警備隊など、小笠原兵団の直轄部隊として約7400人の海軍部隊があった

一方、硫黄島に押し寄せた米軍の総兵力は、米海軍リッチモンド・ターナー中将率いる11万人の大軍団であった。第51、53、54、56、58任務部隊には、艦砲射撃を担任する戦艦6隻、巡洋艦5隻、駆

逐艦16隻をはじめ護衛空母12隻、駆逐艦22隻の他、多数の揚陸艦などを擁していた。そしてこれら大艦隊に守られた上陸部隊は、ハリー・シュミット少将の海兵隊総兵力6万1千人からなる第5水陸両用軍団で、第3海兵師団（グレーブス・アースキン少将）、第4海兵師団（クリフトン・ケーツ少将）、そして第5海兵師団（ケラー・ロッキー少将）の3個海兵師団で編成されていた。これらの海兵師団は、それぞれ2〜3個海兵連隊と1個砲兵連隊に加え1個戦車大隊を擁しており、この3個海兵師団だけでも、日本軍守備隊の3倍の戦力を持っていた。上陸させた野砲は合わせて168門、M4戦車は150両を数えた。

日米両軍の戦力の差はあまりにも大きく、当初、その戦いの趨勢は誰の目にも明らかだった。

だが、栗林忠道中将はずば抜けた戦略眼を持つ智将であった。

栗林中将は、硫黄島そのものを要塞化することで圧倒的物量を誇る米軍を迎え撃ち、その絶望的な戦力差を縮めようとしたのである。東京から南に約1200キロに位置する硫黄島は、面積わずか22平方キロ、南部に標高169メートルの摺鉢《すりばち》山があるものの、あとは比較的平坦で守りにくい地形だった。そこで栗林中将は、米軍の猛烈な艦砲射撃と空襲に耐え得る堅固な地下陣地の構築を命じた。その目的は持久戦によって敵に多くの出血を強要し、できるだけ長くこの島に敵を釘付けにして本土への侵攻を遅らせることであった。

縦横に張り巡らせた地下陣地の全長は実に18キロ（当初目標は28キロ）に及んだ。地下10〜15メートル、随所に設けられた複郭陣地には兵員の棲息壕や糧食の備蓄壕もあり、また機関銃座や砲座が連携できるよ

■「硫黄島の戦い」概要図

参考／『戦史叢書』

う綿密に計算されて配置されていた。

この地下陣地は小笠原兵団の陸海軍将兵によって構築されたが、その作業は想像を絶する過酷な環境下で行われた。摂氏50度の地熱で履いている地下足袋の底のゴムが溶け、またあちこちで噴出する硫黄ガスにも襲われた。まるでサウナのような現場では、防毒マスクを装着した兵士達の作業は1人5分が限度で、作業員は5分ごとに交代が必要だったという。しかも補給された水は1人あたり1日水筒1個というから過酷なことこのうえない。こうした筆紙に尽くしがたい苦労の末に完成した地下陣地は、その期待にこたえて艦砲射撃や空爆によく耐えた。

米軍は上陸3日前から猛烈な艦砲射撃を行い、ありったけの艦砲弾を小さな硫黄島に叩き込んだ。さらに上陸当日の2月19日には120機ものB29による大空襲と、島容を一変させるほどの艦砲射撃を行った。だが、その被害は軽微であった。

入念な艦砲射撃と爆撃を終えたあと、午前9時頃に米4海兵師団および第5師団の2個師団が上陸を開始した。上陸時に日本軍の攻撃はほとんど見られなかったが、米軍が上陸して内陸部に前進を始めるや、複郭陣地に潜んで待ち構えていた日本軍守備隊の大小火器が一斉に火を噴き、米上陸部隊を次々と撃ち倒していった。上陸初日、海兵隊と同時に上陸させた米軍の戦車56両の約半数が日本軍守備隊の猛烈な抵抗によって撃破され、戦死者および戦傷死者は合わせて548名、負傷者は1755名に達し、米軍は壊滅的な損害を受けたのである。

硫黄島の日本軍守備隊の特徴は、他に類例をみないほど多くの野砲や榴弾砲、迫撃砲などが配備されていたことであり、陸海軍の大砲の総数は実に191門を数えた。さらに、硫黄島の地形に合わせて迫撃砲やロケット弾などが大量投入され、敵戦車の侵入が予想される場所には対戦車火器として90門の47ミリ速射砲を配置して米軍を待ち構えていたのである。

なかでも米軍兵士を恐怖のどん底に陥れたのが、破壊力の大きな98式臼砲や4式20センチ噴進砲（ロケット砲）であった。97式臼砲弾の重量は300キロもあり、これは航空機から投下される250キロ爆弾に匹敵する威力があった。そんな巨弾が近距離から飛んでくるのだから米兵もたまったものではない。加えてこれらの兵器はたいへん大きな音を発して飛翔したため、米兵に言い知れぬ恐怖感を与えたという。


　こうした日本軍守備隊の攻撃は見事に連携していたが、その攻撃パターンは次の通りである。

〈海兵師団が主陣地に対して進撃を始めると、玉名山地下司令部に陣取った旅団砲兵団は、地下通路の有線電話等を通じて、各部隊に榴弾砲やロケット砲（噴進砲）による弾幕射撃を命じた。海兵隊の歩兵部隊は、シャーマン戦車と共に前進していたのだが、辺り構わず飛び散る無数の破片を避けるため、散り散りとなって身を伏せ、岩影や弾痕に退散。釘付けである。

　しかしそれだけでは済まなかった。今度は真上から迫撃砲弾が容赦なく曲射弾道を描いて落下し、歩兵を吹き飛ばすようになり、動かなくても損害がジリジリ増していったのである。また戦車隊が歩兵の掩護を待たずに単独で突き進むと、前線の隠蔽陣地に伏せていた速射砲が集中射撃を浴びせてくるのである〉（河津幸英著『アメリカ海兵隊の太平洋上陸作戦㊦』アリアドネ企画）

前掲書によると、大口径の臼砲やロケット弾は主陣地帯背後の隠蔽砲陣地に集められ、Ｍ４シャーマンの側面を撃ち抜くことができる47ミリ速射砲は、敵戦車の側面を撃てるように隠蔽された陣地に配置されていたという。さらに、西中佐の戦車第26連隊所属の23両の戦車（装甲が薄く米軍戦車とはまともに戦車戦を戦えない）は、車体を地中に埋めて砲塔だけ出して砲台のようにして敵を迎え撃ったというから驚きだ。

なかでも米軍から〝ミート・グラインダー〟（人肉粉砕機）と呼ばれ恐れられたのが南地区の３８2高地の複合要塞だった。ここでは、海軍の25ミリ連装高射機関砲12基、88式７センチ野戦高射砲３門、47ミリ速射砲４門、75ミリ野砲３門、97式中戦車改２両、97式中戦車（57ミリ砲）１両、95式軽戦車１両、そして多数の迫撃砲など様々な火砲が巧みに配置され、寄せ来る米兵を次々となぎ倒し、滅多打ちにしたのである。

このように地下壕陣地と連携した銃砲座が最後まで米軍を苦しめ続け、当初、硫黄島を５日で攻略してみせると豪語した米軍を36日間もこの島に釘付けにし、そして戦死傷者２万８６８６名という未曾有の犠牲を強いたのだった。「敵により多くの出血を強いて、できるだけ長く敵を釘付けにする」という栗林中将の目論見は見事に成功したのである。

ノルマンディーを上回った米軍の死傷者数

熾烈な陸上戦闘が開始されて間もなく、孤軍奮闘する硫黄島守備隊を支援すべく日本海軍航空隊は硫黄島近海に遊弋《ゆうよく》する米艦隊に決死の航空特攻を仕掛けた。

米軍の硫黄島上陸から3日目の2月21日、艦上爆撃機「彗星」12機、艦上攻撃機「天山」8機、直掩の零式艦上戦闘機12機から成る神風特別攻撃隊「第2御盾隊」が香取基地（千葉）から出撃し、硫黄島を取り囲む米大艦隊に肉弾攻撃を行ったのである。

特攻機の体当たり攻撃を受けた護衛空母「ビスマルク・シー」は大爆発を起こして沈没、正規空母「サラトガ」には特攻機4機が体当たりした上に爆弾2発が命中して戦死傷者315人（戦死者123人、負傷者192人）の被害を出す大損害を被った。そのほか、護衛空母「ルンガ・ポイント」と貨物船「ケーカック」が損傷するなど第2御盾隊は敵空母を撃沈破する大戦果をあげた。この第2御盾隊の肉弾攻撃は、硫黄島守備隊の将兵からも見えたという。敵空母に壮烈な体当たりを行う友軍機の勇姿とその戦果を報せる大きな火柱を見て、彼らはどんなに頼もしく感じたことだろう。恐らくその多くは感涙に咽び、連合艦隊の来援を信じて闘志を湧き立たせたに違いない。

硫黄島守備隊の猛烈な火力を目の当たりにした米軍は、坑道に籠って戦う日本軍守備隊に対し、火炎放射器や黄燐弾による攻撃や、坑道にガソリンを流し込んで焼き払うという残虐な手段によって、一つずつ地下壕陣地を潰していく戦術をとり始めた。その戦闘の様子は、市丸利之助少将が大本営に打電した次の一文に端的に表れされている。

「本戦闘の特色は、敵は地上にありて、友軍は地下にあり」

迎えた2月23日、第5海兵師団の海兵隊員は摺鉢山の頂上部を制圧して星条旗を掲げることに成功する（後日、さらに大きな星条旗が用意され、最初に掲げた旗と取り換えて掲揚された）。報道カメラマン・ジョー・ローゼンタールが撮影した、米海兵隊員が摺鉢山の頂上に星条旗を立てるシーンの写真はあまりにも有名だ。この写真は以後、米海兵隊の象徴となり、ワシントンDCにもその巨大なモニュメント「合衆国海兵隊戦争記念碑」（通称「イオウジマ・メモリアル」）が建立されているだけでなく、摺鉢山に星条旗が掲げられた日が「海兵隊記念日」となった。この硫黄島の激戦は、米海兵隊にとって最も思い出深い攻防戦だったのである。

摺鉢山を占領されても、日本軍守備隊の抵抗は終わらなかった。怨敵必滅の信念に燃えた日本軍守備隊はその後1カ月間も頑強に戦い続け、米海兵隊に予想をはるかに超える未曽有の損害を与えたが、水枯れ弾尽きた3月16日、栗林中将は大本営へ決別電報を送った。

「戦局最後ノ関頭ニ直面セリ　敵来攻以来麾下将兵ノ敢闘ハ真ニ鬼神ヲ哭シムルモノアリ　特ニ想像ヲ越エタル量的優勢ヲ以テス　陸海空ヨリノ攻撃ニ対シ　宛然徒手空拳ヲ以テ克ク健闘ヲ続ケタルハ小職自ラ聊カ悦ビトスル所ナリ　然レドモ　飽クナキ敵ノ猛攻ニ相次デ斃レ　為ニ御期待ニ反シ　此ノ要地ヲ敵手ニ委ヌル外ナキニ至リシハ　小職ノ誠ニ恐懼ニ堪ヘザル所ニシテ幾重ニモ御詫申上グ　今ヤ弾丸尽キ水涸レ　全員反撃シ最後ノ敢闘ヲ行ハントスルニ方リ　熟々皇恩ヲ思ヒ粉骨砕身モ亦悔イズ特ニ本島ヲ奪還セザル限リ皇土永遠ニ安カラザルニ思ヒ至リ　縦ヒ魂魄トナルモ誓ツテ皇軍ノ捲土重来ノ魁タランコトヲ期ス　茲ニ最後ノ関頭ニ立チ重ネテ衷情ヲ披瀝スルト共ニ　只管皇国ノ必勝ト安

泰トヲ祈念シツツ 永ヘニ御別レ申シ上グ 尚父島母島等ニ就テハ 同地麾下将兵如何ナル敵ノ攻撃ヲモ断固破摧シ得ルヲ確信スルモ何卒宜シク申上グ 終リニ左記駄作御笑覧ニ供ス 何卒玉斧ヲ乞フ」

国の為重き努を果し得で 矢弾尽き果て散るぞ悲しき
仇討たで野辺には朽ちじ吾は又 七度生れて矛を執らむぞ
醜草の島に蔓る其の時の 皇国の行手一途に思ふ

この決別電文が送られた翌日の3月17日、栗林中将は陸軍大将へと昇進。と同時に栗林大将は、最後の総攻撃の命令を下した。

一、戦局ハ最後ノ関頭ニ直面セリ
二、兵団ハ本十七日夜、総攻撃ヲ決行シ敵ヲ撃摧セントス
三、各部隊ハ本夜正子ヲ期シ各方面ノ敵ヲ攻撃、最後ノ一兵トナルモ飽ク迄決死敢闘スベシ 大君(不明)テ顧ミルヲ許サズ
四、予ハ常ニ諸子ノ先頭ニ在リ

そして迎えた3月26日、ついに総攻撃が行われ、栗林大将以下約400人は敵陣地に夜襲を仕掛け敵に大損害を与えて散華したのである。

日本軍守備隊は強かった。このことは、前掲書『アメリカ海兵隊の太平洋上陸作戦』に克明に記述

されているので紹介したい。

〈米海兵隊は、三六日間の作戦において、日本軍守備隊の損害（二万〇一二九人）を上回る合計二万三五七三人（米軍全体の損害は二万八六八六人）の大損害を受けた（注：数字データは資料によって異なり一致しない）。周知のようにこれは戦史上、稀有な例であろう。（中略）

陸前艦砲射撃を、一〇日間の海兵隊要求にもかかわらず三日間に減らしたこと、スミス将軍がシュミット将軍や師団長の要求を拒否し、精鋭第3連隊（予備兵力）を投入しなかったこと。栗林将軍の卓越した戦闘指導と日本軍守備隊の堅固な地下要塞などだ。海兵隊公刊戦史は、イオー・ジマ作戦において、全てのアドヴァンテージは、日本軍側にあったと記述している。常に日本側の戦史は、米軍の圧倒的な物量を敗北の理由にするが、具体的な戦闘を精細かに分析すると、むしろ逆の状況が浮かび上がってくる。

例えば南地区第二線陣地などは、最前線の物資（火力）は常識に反して日本軍守備隊の方が上回っている。海兵隊歩兵の火力は、銃と火炎放射器くらいだが、日本軍守備隊の火力は地下陣地に隠された重火器と背後の野砲・大口径迫撃砲なのである。また荒れた岩・谷地形は、守る日本軍に圧倒的に有利であった。強力なトーチカ破壊力を有するシャーマン戦車の接近を阻止し、圧倒的な艦砲射撃と砲兵の準備砲撃を無力化するからだ。

少なくとも栗林兵団の『縦深立体防御システム』が、海兵隊の大出血を強要した最大の原因であるのは間違いない。そしてこの防御システムこそが、海兵隊戦史が言うところの全てのアドヴァンテー

ジの最大限の活用に他ならないのである〉

日本軍かく戦へり——。硫黄島の戦いにおける米軍の戦死傷者数は、なんとノルマンディー上陸作戦における死傷者数を上回ったのだった。栗林大将をはじめ日本軍人のずば抜けた敢闘精神とその勇猛な戦いぶりは、世界軍事史上他に類例をみず、それゆえに今も、米軍はもとより世界各国の軍隊から畏敬の念をもって高く評価されているのだ。

市丸利之助海軍少将が綴った『ルーズベルトニ与フル書』

そしてもうひとつ、この硫黄島の戦いを語る上で忘れてはならないのが、海軍部隊を率いた先の市丸利之助少将の「遺書」である。それは『ルーズベルトニ与フル書』と題する米ルーズベルト大統領に宛てられた書簡であった。

「日本海軍、市丸海軍少将、書ヲ『フランクリン ルーズベルト』君ニ致ス」の書き出しで始まるこの文書は、当時の大東亜戦争における日本の立場、考えが明瞭に記されており、理性をもって敵の大将であるルーズベルト大統領にこれを訴えているものだ。

以下に現代語訳を紹介したい。

日本海軍市丸少将が「フランクリン・ルーズベルト」君に書を宛てる。

私は今、我が戦いを終えるにあたり一言、貴方に告げることがある。

日本国がペリー提督の下田入港を機とし、広く世界と国交を結ぶようになったときより約100年の間、国の歩みは困難を極め、自ら欲しないにもかかわらず日清戦争、日露戦争、第1次欧州大戦（第1次世界大戦）、満州事変、支那事変を経て、不幸にも貴国と交戦することになった。そして貴方は我々を、あるいは好戦的国民であるとし、あるいは黄禍論を用い貶め、あるいは軍閥の独断専行を指摘する。

これは考え違いも甚だしいと言わざるを得ない。貴方は真珠湾攻撃の不意打ちを対日戦争（大東亜戦争）唯一の宣伝資料とするが、そもそもにおいて日本国が自滅を免れるためこの行動に出るほかないという窮地にまで追い詰めたような諸種の情勢というのは、貴方の最も熟知するものであると思う。

畏れ多くも日本天皇は皇祖皇宗建国の大詔に明らかなように、養成（正義）、重暉（明智）、積慶（仁慈）を三綱（秩序）とする八紘一宇（天下を一つの屋根の下に）の文字によって表される皇謨に基づき、地球上のあらゆる人間はその分に従い、その郷土においてその生を生まれながらに持たせ、それによって恒久的平和の確立を唯一の念願になさったのに他ならない。

これは「四方の海皆はらからと思ふ世になど波風の立ちさわぐらむ」（人は皆家族であるのに、なにゆえ争わねばならないのか）という明治天皇の御製は貴方の叔父セオドア・ルーズベルト閣下が感嘆したものであるがゆえに、貴方もよく熟知しているのは事実であろう。

私たち日本人はそれぞれ階級を持ち、また各種の職業に従事するけれども、結局はその職を通じ皇謨、つまりは天業（天皇の事業）を翼賛（補佐）しようとするのにほかならない。

我ら軍人は交戦を以て天業を広めることを承るにほかならない。

我らは今、物量に頼ったあなた方の空軍の爆撃、艦隊の射撃の下、外形的に後ろへ退くもやむなきに至っているが、精神的にはついに豊かになり、心地ますます明朗になり、歓喜を抑えることができなくもある。

この天業翼賛の信念が燃えるのは、日本国民共通の心理であるが、貴方やチャーチル君は理解に苦しむところであろう。

今、ここに貴方達の精神的貧弱さを憐れみ、以下の一言を以て少しでも悔いることがあれば良いと思う。

貴方達のなすことを見れば、白人、とくにアングロサクソンが世界の利益を独占しようとして、有色人種をその野望実現のための奴隷として扱おうということに他ならない。

この為に邪な政策をとり有色人種を欺き、所謂悪意の善政を行うことで彼らを喪心無力化しようとしている。

近世に至り日本国が貴方達の野望に抗し有色人種、特に東洋民族を貴方達の束縛より解放しようと試みたところ、貴方達は少しも日本の真意を理解しようと努めることなくただ貴方達に有害な存在となし、かつて友邦とみなしていたにもかかわらず仇敵野蛮人であるとし、公然として日本人種の絶滅を叫ぶに至った。これは決して神意にかなうものではないだろう。

大東亜戦争によって所謂大東亜共栄圏が成立し、所在する各民族はわれらの善政を謳歌しているから、貴方達がこれを破壊することが無ければ、全世界にわたる恒久的平和の招来は決して遠くは無いだろう。貴方達はすでに成した。十分な繁栄にも満足することはなく数百年来にわたるあなた方の搾取から免れようとするこれらの憐れむべき人類の希望の芽をどうして若葉のうちに摘み取ろうとするのか。

ただ東洋のものを東洋に返すに過ぎないではないか。

あなた方はどうしてこのように貪欲で狭量なのか。

大東亜共栄圏の存在は少しも貴方達の存在を脅威するものではない。むしろ世界平和の一翼として世界人類の安寧幸福を保障するものであって、日本天皇の真意はまったくこれに他ならない。このことを理解する雅量（器）があることを希望してやまないものである。

翻って欧州の事情を観察すると、また相互無理解に基づく人類闘争がいかに悲惨であるかを痛感し嘆かざるをえない。今ヒトラー総統の行動の是非を云々するのは慎むが、彼の第2次世界大戦開戦の原因が第1次世界大戦の終結の際、その開戦責任の一切を敗戦国ドイツに押し付け、その正当な存在を極度に圧迫しようとした貴方達の処置に対する反発に他ならないということは看過できない。

貴方達の善戦によって力を尽くしてヒトラー総統を倒すことができたとして、どうやってスターリン率いるソヴィエトと協調するのか。世界を強者が独専しようとすれば永久に闘争を繰り返し、ついに世界人類に安寧幸福の日はないだろう。

あなた方は今世界制覇の野望が一応、まさに実現しようとしている。あなた方は得意げに思っているに違いない。しかし貴方達の先輩ウィルソン大統領はその得意の絶頂において失脚した。

願わくば私の言外の意を汲んでその轍を踏まないで欲しい。

市丸海軍少将

日本軍は強いだけではなかった。当時の無慈悲な国際情勢を冷静に把握した上で、白人支配の世界秩序に挑んでいったのである。大東亜戦争は侵略戦争ではなかったのだ。望むはただ一つ、世界平和であった。

果たしてこの手紙を目にした米政府はどのような気持ちで読んだのだろうか。

この手紙は、現在もアナポリス博物館に保管されている——。

超エリート部隊「第343航空隊」の奮闘

終戦の8カ月前、海軍航空畑を牽引した源田実大佐の発案で、「本土周辺での制空権の確保と本土防空」を企図して創設された。企図して創設された第343航空隊。各地から生き残りの腕利きパイロットを集めたため、部隊は精強を極めた。彼らは加速度的に悪化する戦況の中で大戦果をあげ、日本海軍航空隊の意気地を大いに示し、終戦まで敵を圧倒し続けた。

第343航空隊の主力機となった傑作戦闘機「紫電改」

第343航空隊の拠点である松山基地で(左は源田司令、右は志賀飛行長

傑作戦闘機「紫電改」

大東亜戦争末期の昭和20年（1945）、本土防空戦で米軍の心胆を寒からしめる大戦果をあげていた〝最精強の航空部隊〟第343海軍航空隊の活躍を、果たしてどれほど多くの日本人が知っているだろうか。

当時、南方の島々では日本軍守備隊の玉砕が相次ぎ、かつて栄光を誇った連合艦隊もフィリピンで事実上壊滅して、もはや航空特攻による肉弾攻撃だけが優勢なる米軍に一矢を報いる有効な反撃手段となっていた。そんな敗色濃厚の昭和19年12月、航空参謀として真珠湾攻撃を成功させた**源田実大佐**（戦後、航空自衛隊第3代航空幕僚長、参議院議員を歴任）が、本土防空戦の切り札として、各地で活躍する凄腕のエース・パイロット（撃墜王）たちをかき集めた〝超精鋭部隊〟の創設に踏み切った。源田大佐は戦後、このエリート部隊創設について次のように回想している。

〈なぜ、戦争に勝てないのか――十九年の後期にいたって、私はつくづく反省してみた。究極的にでてくる答えは、制空権の喪失ということであった。これらをさらに結論づけると、戦闘機が負けるから戦争に負ける、ということになる。したがってなによりもまず、敵の戦闘機をせん滅しなければならないと考えた。（中略）

想うに開戦いらい、向かうところ敵なく、太平洋からインド洋まで縦横に活躍した海軍戦闘機隊も、交代のない稼働の連続により、熟達した歴戦のパイロットの多くを失い、零戦もまた、かつての威力を失いつつあった。そのため十九年中期以降は、空中における彼我の形勢はまったく逆転してしまっていたのである。海軍戦闘機隊の出身者でもある私にとって、このような戦闘機隊の劣勢化は、二重に心の痛むことであった。

さて、こうした状況下にあって、私はなんとしかして精強無比な戦闘機隊をつくりあげ、徹底的に相手をたたくことによって、制空権の奪回をはかり、その怒涛のような敵の進撃をくいとめなければならない、と考えるようになった。

私の考えは、さいわい軍令部に受けいれられることになった。そして、その指揮官役を私みずから買って出たのである。これが、松山に基地をおき、紫電改で身をかためた三四三航空隊発足のそもそものはじまりである〉（潮書房『丸』エキストラ版）

第３４３海軍航空隊――その名も「剣部隊」。源田実大佐自らが司令を務め、飛行長には、真珠湾攻撃・ミッドウェー海戦を経験してきた歴戦の勇士・**志賀淑雄《よしお》少佐**、そして隷下部隊には、ラバウルおよびフィリピンの激戦で大活躍した名指揮官・**鴛淵《おしぶち》孝大尉**を隊長とする第７０１飛行隊、同じくラバウルの勇士・**林喜重《よししげ》大尉**率いる第４０７飛行隊、さらに、南方戦線では機体に黄色い帯を描いていたことから〝イエローファイター〟と恐れられた撃墜王・**菅野《かんの》直《なおし》大尉**（最終の個人・共同撃墜72機）が率いる第３０１飛行隊の３個戦闘飛行隊（計48機）が置かれた。

そしてなにより、この第３４３航空隊には、１２０機撃墜のスコアを持つ〝スーパー・エース〟**杉田庄一上飛曹**（戦死後・少尉）をはじめ、〝空の宮本武蔵〟と呼ばれた**武藤金義少尉**、ラバウル航空隊で大活躍したエースの**宮崎勇少尉**や**本田稔兵曹**、支那事変から戦い続けた**松場秋夫中尉**や**坂井三郎中尉**など、日本海軍の凄腕の撃墜王がずらりと顔を並べる、今で言う〝オールスター・チーム〟といった陣容であった。

ずば抜けた空戦技量で敵機を次々と撃ち墜としていったエース・パイロットの一人、本田稔氏（407飛行隊）は、私のインタヴューにこう話してくれた。

「よくこれだけ集めたなという気持ちでしたね。なんと343空には、ラバウルで一緒に戦った宮崎さんや松場さんという腕のいい歴戦のパイロットがおられて、懐かしかったというかなんというか……。とにかく、『よし、これならラバウル時代のようにもう一度、敵に一泡ふかしてやれるぞ！敵を叩けるぞ！』という、言い知れぬ闘志が湧いてきたことを覚えています」

もちろん、日本軍の歴史の中でこのような部隊編成を行った例は後にも先にもない。さらに珍しいのは、第343航空隊を「剣部隊」と称し、隷下の第701飛行隊は「維新隊」、第407飛行隊は「天誅隊」、そして第301飛行隊には「新撰組」なる勇ましい名称がつけられていたことだ。〝空の新撰組〟というわけである。

加えて、3個の戦闘飛行隊の他に、パイロット育成を担任する練成飛行隊として浅川正明大尉の第401飛行隊〝極天隊〟、および、偵察を担任する橋本敏男大尉（戦後、航空自衛隊・空将補）の偵察第4飛行隊〝奇兵隊〟があった。この偵察飛行隊は、当時最新鋭だった艦上偵察機「彩雲」で編成されていたが、おそらくこれは源田大佐自らが体験したミッドウェー海戦の教訓であろう。

編成当初の343航空隊は「紫電」で編成されていたが、最新鋭戦闘機「紫電改」(正式名称「紫電21型」)の配備を今か今かと待ちながら、来るべき決戦の日に備えて厳しい訓練に明け暮れた。だがその訓練は、これまでの日本軍伝統の単機による格闘戦ではなく、米軍やドイツ軍と同じ「2機編隊」によるものだった。この思い切った戦術転換は伝統墨守を旨とする帝国海軍にとって画期的だったが、と同時に、米軍にとっても衝撃的だったようだ。後の3月19日の戦闘で、343航空隊と激突した空母「ベニントン」の艦載機パイロットであるモブリー少佐は、戦闘報告書で次のように記している。

〈日本軍戦闘機の戦技は標準的なアメリカ軍の戦技ときわめてよく似ていた。敵機は四機あるいは二機ごとに組んで攻撃してきた。攻撃はすべて連携がよくとれていて、ほとんどが二機編隊によるものだった。敵機はわれわれが旋回の外側にいるところを叩いてきた。彼らの射撃と操縦技倆は、我が飛行隊のパイロットがこれまで見た最高の技倆と同程度に優れていた。対戦したパイロットは、明らかに日本軍航空部隊の精鋭であった〉(ヘンリー境田・高木晃治共著『源田の剣』双葉社)

昭和20年2月、相次ぐ故障でパイロットに不評を買っていた「紫電」に代わって、待望の最新鋭戦闘機「紫電改」が343航空隊にやってきた。本田氏は、そのときの心境をこう振り返る。

「もうこれで死ぬことはない……と思いましたね。紫電改は、ほんとうにいい飛行機でした。その名前のとおり紫電の改良型ですが、まったく別の機体でしたね。胴体は紫電より細く、それまでの中翼が低翼になって視界も良くなり、なんといっても操縦性が抜群に向上したんです。それに、機体が大きく変わったことで、これまでの自動空戦フラップはさらに性能が向上して飛行性能も高まりました。これは低速になるとグッと利いてきますからね。紫電改の機体重量は零戦に比べてずっと重いんですが、零戦と変わらんぐらいに舵はよく利くんです。抜群の操縦性でしたね。これまでになかった防弾装置もついていたので被弾しても火が出ませんでしたし、風防の前面ガラスも厚い防弾ガラスでしたから、パイロットを守ることも考えられていたんです」

本田氏が語る「自動空戦フラップ」とは、空戦時にかかる「Ｇ」（重力）に対応して自動的にフラップを動かす画期的なシステムであり、この新技術によって戦闘機の運動性能は抜群に向上し、米軍戦闘機を驚かせている。米空母「エセックス」の艦載機の戦闘報告書には次のように綴られている。

〈日本機は、真後ろからの射撃をかわせるようにうまく出来ている。敵機の翼からフラップが飛び出て、Ｆ６Ｆは前にのめった〉（前掲書）

「紫電改」は20ミリ機関砲を４門という重武装であった。当時の実用戦闘機で20ミリ機関砲を４門も搭載していたのは、「紫電」「紫電改」の他は「雷電」だけだった。「紫電改」が搭載していた20ミリ機関砲1門あたりの弾の数は２００発で、したがって1機あたりの搭載弾数は８００発ということになる。

一方、米海軍のＦ６Ｆ「ヘルキャット」やＦ４Ｕ「コルセア」などの標準装備は12・７ミリ機銃６挺であり、彼我の武装設計思想には大きな開きがあった。米軍機が搭載していた12・７ミリ機関銃は、1挺あたりの弾数は４００発であるから総搭載弾数は２４００発となった。米軍機は、大量の銃弾を物凄い勢いでばら撒いて攻撃する戦法をとった。

「紫電改」の20ミリ機関砲4門の破壊力は12・7ミリ機銃を大きく上回るが、機関砲弾を命中させるには高い技量と練度を必要とした。だが、歴戦の名パイロットだけを集めた343航空隊のような航空隊にはうってつけだったわけである。

戦闘301飛行隊で菅野大尉とともに戦ったエース・**笠井智一兵曹**（10機撃墜）はこう語る。

「20ミリ機関砲は、初速が遅いので『ド、ド、ド、ド、ド、ド』という具合に発射されるんです。これが4門搭載されていましたが、最初から4門同時に撃つことはありませんでした。まずは2門で撃って、それから必要に応じて4門に切り替えるんです。とにかく20ミリ機関砲の破壊力は抜群で、当たり所によっては3〜4発で敵戦闘機は空中爆発しますし、それでなくても相手に致命的な損傷を与えることができましたから、米艦載機との空戦に勝つ自信はありましたね」

武装だけでなく、「機上無線」が使えるようになったことも大きかった。これまでの日本軍機も機上無線を積んでいたが、性能が悪いためあまり役に立たなかったという。だが、「紫電改」に搭載された無線は味方機同士および地上の指揮所との交信もできるように改善されていたのだ。

しかも「紫電改」の燃料タンクは防弾仕様で、おまけに被弾時に備えて自動消火装置まで装備されていたのだから、当時の日本軍機としてはかなり贅沢な設計の戦闘機であった。「紫電改」は、日本軍機の抱えていた問題点をことごとく解決した傑作機であり、パイロット達は「これなら勝てる！」と誰もが思ったという。本田氏はしみじみと言う。

「『紫電改』ならF4UやF6Fと互角に戦えましたから、あともう半年早く登場していたらよかったのにと思いますよ…」

半年前ならば、米軍のレイテ島上陸の前であり、サイパン、グアム、テニアンといった絶対国防圏が破られ始めたぐらいの時期であるから、少なくともその後の戦い方は変わっていたであろう。また、昭和19年（１９４４）10月25日に開始された「神風特別攻撃隊」も、「紫電改」の登場で見送られたかもしれない。そんな〝歴史のＩＦ〟に思いを巡らせば、なるほど本田氏の「もう半年早ければ」という言葉に大きくうなずける。

初陣で米軍の大編隊を撃破

昭和20年3月19日、敵機動部隊の艦載機が本土に来襲するとの情報が飛び込んできた。

早朝、源田司令は全員にこう訓示した。

「今朝、敵機動部隊の来襲は必至である。わが剣部隊は、この敵機を邀え撃って痛撃を与える考えである。目標は敵の戦闘機隊だ。爆撃機などには目もくれるな。1機でも多くの敵戦闘機を射落すように心掛けよ。古来、これで十分という状態で戦を始めた例は1つもない。目標は敵戦闘機！」

続いて志賀飛行長が示達した。

〈かねて訓練してきたとおり編隊を離れるな。敵は二十ないしは三十機単位の悌団《ていだん》で波状攻撃をかけてくるものと思われる。我々も燃料の都合でそれらすべてを相手にするわけにもいかぬ。まず第一波は全機撃滅を期せ、『紫電』隊にねらわれたらもう帰れないという印象を与えるような全勢力を集中

して徹底的に叩いてしまえ！〉（本田稔著『本田稔空戦記』光人社NF文庫）

高速偵察機「彩雲」から敵情報が入った。

「敵機動部隊見ユ、室戸岬ノ南三〇浬、〇六五〇」

これを受けて戦闘７０１飛行隊16機・戦闘４０７飛行隊17機・戦闘３０１飛行隊21機の合計54機のエンジンが一斉に始動した。続けて索敵中の偵察機「彩雲」から入電。

「敵大編隊、四国南岸北上中！」

源田司令はただちに発進を命じた。

〝サクラ、サクラ、ニイタカヤマノボレ〟

開戦劈頭を大戦果で飾った真珠湾攻撃時に用いられた「ニイタカヤマノボレ」の暗号電文が、再びこの本土防空戦で使われたのである。

迎撃に上がった３４３航空隊は、上空約５千《メートル》で態勢を整えて敵機を待ち構えた。

「アラワシ、アラワシ、敵発見、攻撃用意！」

無電が飛び込んできた。敵編隊は約1千《メートル》下方に位置しており、我が方が敵に対して絶対優位のポジションであった。54機の「紫電改」が猛然と敵大編隊に襲いかかり、彼我入り乱れての大乱戦となる。この模様は地上からも観戦でき、基地に残った隊員達はその空戦を固唾をのんで見守ったという。

我が方が絶対優勢の戦いだった。本田稔氏はこう回想する。

〈紫電改の二十ミリ機銃四門がいっせいに火を吹く。次の瞬間、私がねらいをつけたグラマンはパッと白い煙を吐いた。と、翼が飛散し空中分解を起こして墜ちていった。「紫電改」の火力のすごさをものがたる見事さであった。同時にもう一機が黒煙を吐いているのが私の視野に入った。列機の誰かが撃ったのであろう。一降下すると敵の編隊は乱れ、やがて彼我入り乱れての乱戦となった。敵味方の曳光弾が激しく飛び交う中を私の区隊はがっちりと編隊を組んだまま二度目の攻撃を加えようと態勢を整えた。

よく見ると小癪にも敵四機編隊が攻撃態勢に入っている。全く同位である。ここは鍛えた腕のみせどころとばかり激突寸前まで接近し、敵の機銃が火を吹くと同時にいっせいに体をかわし、小まわりのきかないグラマンを一旦やり過ごし急反転、わが方の態勢を有利にもち直して敵に追撃をかけた。この時は敵を後上方から襲う形になり、最も優位な姿勢であった。再び「紫電改」四機、十六門の二十ミリ機銃弾が逃げる四機のグラマンを追いかける。やがて後部の二機から黒煙が流れ出し機首を下げて突っ込みはじめた。この第一編隊はどうしても叩きのめさねばならないと執念を燃やしていたので、さらに逃げる二機を執拗に追いかけ、うしろの一機に尾翼から胴体をなめるように銃撃を加えた。これはくるりと横転したかと思うと次の瞬間、錐もみ状態となって墜ちていった。残る一機も誰かが撃ったとみえて派手に煙を出したなと思ったら、パッと黒い塊が落ちて行った。パイロットの落下傘であった〉(前掲書)

壮烈な空中戦である。本田兵曹の2番機を務めたのが**小高登貫**《のりつら》**兵曹**だった。

小高兵曹は、343航空隊に着任当時、すでに敵機撃墜約100機(共同撃墜を含む)、および潜水艦2隻撃沈というスーパー・エースだった。そんな小高兵曹は、この時の戦いの様子をその著書『わが翼いまだ燃えず』(甲陽書房)で次のように綴っている。

〈ダダダダダダー。灰色の雲を背にして「紫電改」の翼から射弾が、つーっと伸びていくのがありありと見える。敵にとっては恐るべき火箭の束なのだ。と、見るまにグラマンが一機、二機と墜ちてゆく。まさに紫電一閃、名刀の冴えにもにた鮮やかな攻撃だ。

このとき私たちの小隊はまだ上空にいたが、やっと番がまわってきた。相手にとって不足なしのグラマン四機である。場所もすでに松山南方上空に移っていた。

小隊は、すばやく切り返した。真下のグラマンの青黒い翼には、米軍の星のマークが、くっきりえがかれている。後上方からの攻撃で、高度差は一〇〇〇メートルある。F6Fの一機を照準器に、ぴたりと入れた。距離八〇〇、五〇〇、三〇〇、二〇〇、私は思いきり発射レバーをにぎった。弾丸が吸いこまれるように敵機に命中する。

やったぞ! 思わず叫んだその瞬間、グラマンは白煙をふいて横にねじれながら、松山南東の山中に突っ込んでいった。と、横を見れば区隊長の本田稔少尉も、確実に一機を撃墜したらしい。火をふいて山中に突っこんでいくのが見られた。

私は上昇のまま、つぎのグラマンをさがしもとめた。すると、私の目にめずらしくもあり、またなつかしいF4U「コルセア」の編隊が後続してくるのが望見された。

「よーし、この野郎め! ほんとうに久し振りだ。これも血祭りだ」と、即座に切り返し、急反転の体勢でやや斜後方からF4Uの一機に食いついた。射程二〇メートルまで接近して機銃を連射したが、敵は私の近寄ったのにまったく気づかなかったらしい。水平飛行のまま、命中と同時に黒煙を吹いた。また一機撃墜だ。上昇しながら次の敵影をさがし求めたが、後方には一機の敵影も見あたらない。どうやら私たちの小隊が攻撃したのは、敵編隊の最後尾だったらしい〉

では、米軍側はこの戦いをどのように見ていたのだろうか。鴛淵大尉率いる戦闘701飛行隊と対戦した空母「ホーネット」のF6Fヘルキャット戦闘機隊VBF17第2小隊長のワイス大尉は、343航空隊の戦闘を次のように語っている。

〈日本機の編隊に突っ込まれ一撃をかけられると、味方のおよそ半数が撃墜されるか、戦闘不能になっていた。我が機の胴体落下タンクは燃えており、胴体と翼には穴が幾つかあいていた。ぼくはタンクを捨て、火を消すために急降下した〉(『源田の剣』)

空母「ホーネット」のVBF17飛行隊は完膚なきまで叩きのめされ、岩国基地への攻撃を断念せざるを得なかった。同隊の戦闘報告書には「かつて経験したことのない恐るべき反撃を受けた」として、次のように記録されている。

〈この大空中戦に参加した当飛行隊員のなかでも戦闘経験の深いパイロットの意見では、ここで遭遇した日本軍パイロットは、東京方面で出遭ったものより遥かに優れていた。彼らは巧みに飛行機を操り、甚だしく攻撃的であり、良好な組織性と規律と空中戦技を誇示していた。彼らの空戦技法はアメリカ海軍とそっくりだった。この部隊は、戦闘飛行の訓練と経験をよく積んでいると窺えた〉(前掲書)

敵戦闘機隊は、我が「紫電改」部隊に打ちのめされ、どうにか空母にたどり着いても着艦時に大破するなどして海に投棄せざるを得ないものまであったようだ。大損害を被った米軍は精強部隊がまだ日本に残されていたことに驚愕し、新鋭機「紫電改」に細心の注意を払うよう指示を出したという。「紫電改」の強さは米軍パイロットの度肝を抜き、彼らを恐怖のどん底に陥れたのである。

この日の戦闘で、343航空隊は、なんと撃墜57機（グラマンF6Fヘルキャットおよびチャンスボード F4Uコルセア53機／カーチスSB2Cヘルダイバー4機）という大戦果をあげたのである。一方、我が方の損害は、未帰還・自爆13機。日本軍の大勝利だった。偵察機「彩雲」1機が体当たりを敢行して敵戦闘機2機を道連れにした闘魂も忘れてはならない。

飛行長・志賀淑雄少佐は、この3月19日の戦いを『三四三空隊誌』に次のように記している。

〈かくて松山基地見張員が上空に敵編隊を発見し、地上から無線電話で「敵編隊、飛行場南西、高度四〇〇〇」と通報した時は、既に直援隊山田良市大尉も発見しており、上空支援の位置を占め、総指揮官戦闘七〇一隊長鴛淵大尉からは「我既に敵を発見、空戦に入る」と平素と変わらない明るい張りのある声が無線電話で地上に返ってきた。

敵は多い。翼を拡げ列をなして堂々の進撃であった。既に山田直掩隊支援の下、維新隊十六機は整々果敢の編隊攻撃に入り、各機二十粍四挺の弾雨を集中する下で、F6Fが一機また一機と火を噴きながら編隊から脱落して行く様は、正に念願の快挙であった。それはまた、かつて零戦隊が太平洋を制した往時の姿が、今ここに甦るかの如き紫電改初陣の姿でもあり、司令以下粛然と空を注視し、

一同暫し無言であった〉

かくして３４３航空隊は、損害13機と引き換えに、敵機撃墜57機なる大戦果を収めたのであった。この大戦果の報に、本土空襲など蔽いきれない劣勢に意気消沈していた当時の日本国民は歓喜した。そしてこの武勲はたちまち上聞に達し、３４３航空隊は、連合艦隊司令長官・豊田副武《そえむ》大将から感状が授与されたのである。

昭和二十年三月十九日敵機動部隊艦上機ノ主力ヲ以テ内海西部方面ニ来襲スルヤ松山基地ニ邀撃シ機略ニ富ム戦闘指導ト尖鋭果敢ナル戦闘実施トニ依リ忽ニシテ敵機六十余機ヲ撃墜シ全軍ノ士気ヲ昂揚セルハ其ノ功顕著ナリ仍テ茲ニ感状ヲ授与ス。

昭和二十年三月二十四日　聯合艦隊司令長官　豊田副武

B29も撃墜した３４３航空隊

昭和20年3月末、米軍は沖縄県慶良間諸島に上陸を敢行、続いて4月1日、ついに沖縄本島に上陸を開始した。これを迎え撃つべく日本軍は、九州南方の航空基地から特攻機を繰り出して敵艦隊に必殺の肉弾攻撃を仕掛けたが、米軍は空母艦載機を差し向けて我が特別攻撃隊の前に立ちはだかった。

そこで圧倒的強さを誇った３４３航空隊は、四国松山から鹿児島の鹿屋基地に前進して特攻機の突撃路の啓開任務を担うことになった。

迎えた4月12日、特攻機の掩護のため菅野直大尉を総指揮官とする総勢42機が出撃、機首を沖縄に向けて翼を連ねた。エンジン不調などで鹿屋に引き返した機体が出たため、最終的に32機で航路啓開の任務を担うことになった。鹿屋基地を離陸して約1時間、奄美大島、喜界島上空で敵機約80機と遭遇して空戦に突入した。

「こちら菅野一番、敵近し、見張ヲ厳にせよ！」

これを聞いて前出の笠井智一兵曹が下方に目をやると、喜界島に立ち上る煙を発見した。喜界島が米軍機の空襲を受けていたのだ。菅野大尉の声が飛び込んできた。

「敵機発見、敵機発見、左下方30度！」

敵機はＦ６Ｆヘルキャット20機とＦ４Ｕコルセア30機であったが、さらに東方からＦ６Ｆヘルキャット30機が加わった。菅野大尉は、松村大尉率いる第2中隊に上空直掩を命じるや、下方の敵機に猛然と襲いかかった。菅野大尉の突撃に合わせて笠井兵曹も敵機めがけて真一文字に急降下を開始した。笠井兵曹はこう振り返る。

〈隊長機は、すでに敵一番機に接近すると一連射を浴びせた。突然、パッと白い煙を吐いたと思ったら、そのまま真っさかさまに落ちてゆく。つづいて二番機も白煙を吐きながら落ちていった〉（『源田の剣』）

笠井兵曹が急降下から機体を引き起こして2撃目に入ろうとしたとき、今度は上空から敵機が襲いかかってきた。
〈クソッ！　負けてたまるか。編隊は絶対に離れてはならない。そのとき、突如として杉田兵曹が切り返して降下してゆく。私も同時に切り返した。そして前方を見ると、グラマンＦ６Ｆが照準器にピッタリである。そのとき編隊を組んでいることも忘れ、夢中になって二十ミリ機銃四挺を同時に撃った。二十ミリの小気味よい発射振動がカラダに伝わる。曳航弾がグラマンに吸い込まれていく。ついにやった！　敵機は黒煙を吹いて堕ちてゆく。これでよし、とふとわれにかえって一番機を探す。しかし、その姿はどこにも見えない。シマッタ、私は杉田兵曹からあれほどやかましくいわれ、絶対に禁じられていた深追いをしてしまったのだ〉（前掲書）

笠井兵曹は、逃げてゆく敵機を10連射したというが、ちょうど2、3連射目で、必殺の20ミリ機関砲弾が敵機に命中し、エンジン付近から煙を吹き始めたという。

「敵味方入り乱れての凄い混戦状態でした。追いつ追われつの戦闘となり、私の前をグラマンが右旋回しようとしたので、そいつめがけて後方から5、6連射したら、操縦席に命中したんでしょうな、敵機の搭乗員がのけぞるようにしたのが見えました。そして黒煙を吐いて降下していったんです」

空戦の結果、敵機撃墜Ｆ６Ｆヘルキャット20機（内不確実2機）およびＦ４Ｕコルセア３機（内不確実1機）の合計23機（内不確実３機）であった。一方、３４３航空隊の損害は未帰還10機であった。

この喜界島上空での大空戦の３日後の４月15日、敵Ｆ６Ｆヘルキャットが鹿屋基地を襲った。このとき、空襲下にありながら敵機の迎撃に上がった撃墜王・杉田庄一上飛曹（戦死後、２階級特進して少尉）が離陸直後を撃たれて戦死している。

杉田兵曹は、ラバウル航空隊の歴戦の勇士であり、ブーゲンビル上空に散華した連合艦隊司令長官・山本五十六大将乗機の護衛6機のうちの1人であった。その撃墜スコアは、撃墜70機、共同撃墜40機という海軍航空隊のスーパー・エースだったのだ。

３４３航空隊は、４月の一時期、国分（鹿児島）に移転した後、大村（長崎県）に構えて防空戦を戦った。もうこのときは艦載機だけでなく、３４３航空隊の敵には強敵「B29爆撃機」もが加わっていた。第４０７飛行隊の撃墜王・本田稔氏はこう言う。

「どうやってこの大型爆撃機を攻撃すべきか、その戦法についてあれこれと研究しました。そこで我々が編み出したのが、B29の直上から、コクピットめがけて真っ逆さまに撃ちおろしながら敵機の鼻っ先をかすめて下方に抜けてゆく戦法でした。この戦法ですと、４門の20ミリ機関砲が敵機のコクピットに降り注ぎますし、しかもハリネズミのようなB29の対空火器の死角となって、あまり敵の機銃弾が飛んできませんでした。ただこの攻撃は少しでも計算が狂うと、そのまま直上から敵機に激突してしまいますから高い技量が求められる方法でした」

３４３航空隊は４月の迎撃でB29爆撃機を３機撃墜したのを皮切りに、強力な防御火器を搭載し〝超空の要塞〟と謳われたB29を次々と撃ち墜していったのである。

４月29日、１２１機ものB29が九州各地を襲ったとき、菅野大尉率いる第３０１飛行隊が主力となってB29の大梯団を迎え撃った。第４０７飛行隊分隊長・市村吾郎大尉は、このときの様子を『三四三空隊誌』に綴っている。
〈この日の天候は、雲量2～3の割合に好天候のもと、十数機の紫電改は敵B29の邀撃のため、南九州の桜島の北東を南に飛行中、前下方に南下中のB29数機の編隊を発見、菅野指揮官機より攻撃開始の無線電話とともに、『疾風、疾風、上空支援に残れ』と、戦闘四〇七に指示があり、ただちに落下増槽を投下、味方編隊の上空をバリカン運動で支援を開始した。（筆者注＝この時の指揮官の判断は、敵小型機がB29の直掩に同行していると思っていたのかも知れない）
これと同時に菅野機を先頭に、B29編隊の直上方から矢のような突撃に入るのが確認されたが、つぎの瞬間B29の一機がまるで高速度撮影のフィルムをスローで見るように右のエルロンの内側のヒンジ一つがはずれて飛び散り、同時にあの大きなB29がゆるやかに大きなきりもみ状態で落下してゆくではないか。本当に二十粍機銃の一撃がこれほど威力のあるものかと痛感したことはない〉
このとき「紫電改」は、新兵器「対B29用ロケット弾」でも撃墜している。市村大尉は続ける。
〈大村基地を発進していくばくもなく、北九州福岡の東方でB29の大編隊を発見。この中の一つの梯団に対して同時徹底攻撃をするように無線指示があり、戦闘七〇一はB29の編隊に対して同高度反航ロケット攻撃のため全速で敵編隊の前方に急行、戦闘三〇一、四〇七は直上方攻撃のため戦闘七〇一に続いて全速上昇し、敵編隊の右上方数百米にて同行。敵編隊に支援戦闘機のいないことを確認する。
やがて総指揮官機が数千米前方で反転、全機突撃の指示があり、隊形上しんがりを飛行していた我が隊が、B29に対して最初に直上方攻撃をするようになった。先ずまっ先に眼に入ったのはB29編隊の前方に炸裂したロケット弾の真白い爆煙、同時にかすかにみだれる敵編隊の隊形、この時、私を含む数機は一撃を終り、敵編隊の真下にあって紺碧の大空に輝く銀色の四発大型機を見れば、我が隊の攻撃が功を奏したのか、翼中央より数条の煙霧を後方数十米にたなびかせガソリンの漏洩を続けていた。

つぎからつぎと攻撃する味方機の前に、ふたたび高度をとり、左後下方にB29の編隊を見たときには、数機が火のかたまりとともに北九州の山中に墜落していった〉（前掲書）

本田兵曹の列機を務めた小高登貫兵曹は、B29迎撃戦の模様を隊誌の中にこのように綴っている。

〈五月八日晴、今日も空襲のサイレンは大村湾に鳴りひびいた。それっとばかり紫電改は大村基地の芝生を思いきりけって飛び上がり、佐賀の上空でB29四機を発見した。高度は六千米で、この当時のB29はわりあいに低高度で侵入していた。

我が小隊はその四機に攻撃をしかけた。翼幅四十米以上もあるB29は美しい編隊を組んで遠慮なしに飛んでいる。目標は一番外側のB29カモ番機だと一番機が攻撃を開始、無線電話をつうじて私たちの耳もとでくり返しがなる。

「攻撃開始。〳〵」

私はすばやくB29に近づいていった。同時に小隊はそれぞれ単機となりつぎつぎと索敵をはじめた。その距離千五百米。高度差千米。敵はがっちりと編隊を組んでいる。

索敵を終え先頭の機（筆者注＝おそらくこれが本田機と思われる）が切り返すと、みるまにものすごい勢いで射撃を開始した。垂直攻撃の機からまたB29の機銃から曳光弾の線が交差した。B29のエンジンからは白色の煙がふきだした。

見事な射撃である。よしッ、今日は最初からいいぞ、と思いながら私も攻撃するためにぐっと接近した。慎重に近づき左胴体へB29を見ながら切り返した。その距離千三百米、高度差千米、私は完全に背面になった。とB29は見えなくなった。が、すぐまた巨体から白煙を吐いているB29を私のOPK照準器は確実につかんだ。機の速度は増し、見る間に照準器から翼がはみでる。距離五百、三百、二百、全力を出し発射レバーを握る。ダダダダダダ・・・前方から流し射ちをしながら操縦桿を引いた。

弾丸がエンジン、翼に命中するのがよく見える。速度四百ノット近い私の機は、B29とB29の間をものすごい速度で下方にぬけた。B29に体当たり寸前である。B29から射撃してくる弾丸はまったく無かった。射ってこなかったのか一発も飛んできた様子はなかった〉

B29爆撃機との空中戦闘は、4月17日から5月11日まで続き、343航空隊は、合わせて21機ものB29爆撃機を撃墜している。一方、343航空隊の被害は、空中戦闘で3名の搭乗員を失った（地上で搭乗員1名を含む24名が戦死）。「紫電改」は対B29爆撃機に対しても圧倒的強さを誇っていたのである。事実、5月4日から11日までの戦闘では、9機のB29爆撃機を撃墜しながら、343航空隊の「紫電改」の損害はわずかに1機であった。

〝ブルドッグ隊長〟菅野直大尉の戦死

昭和20年5月中旬、林喜重大尉がＢ29との戦闘で壮烈なる戦死を遂げた後、第４０７飛行隊には、その後任として前任隊長と同じ姓の**林啓次郎大尉**が着任した。林啓次郎大尉は、第３０１飛行隊長・菅野大尉の海兵70期の同期生で、それまでボルネオで製油所の防空任務に就いていた歴戦の勇士であった。

そんな林大尉が３４３航空隊の総指揮官として初めて出撃したのが6月2日の迎撃戦だった。敵は、空母「シャングリラ」のＦ４Ｕコルセア隊（総指揮・第85空母航空隊司令Ｗ・Ａ・シェリル中佐）で、九州南部の知覧・出水の特攻基地を叩きに来たときの戦いだ。

鹿屋上空高度６千《メートル》、眼下にＦ４Ｕコルセアの編隊を発見。林隊長はバンクを振って列機に合図を送り、隊長機を先頭に16機の「紫電改」が猛然と襲いかかった。本田稔氏は、このときの様子を、『本田稔空戦記』の中で次のように記している。

〈各小隊は格好の目標を定め、高度千、五百、百と近づき、いっせいに二十ミリ機銃を発射して完全な奇襲をかけ、Ｆ４Ｕを片っ端から撃墜してしまった。この時三〇一飛行隊は上空警戒に当たっており、我々の攻撃を見ていたが、その前方にさらにＦ４Ｕ八機がゆうゆうと飛行しているのを発見してこれを奇襲し、その五機を墜としたのである。この日、わが方は二機の未帰還機があったが、十八機にのぼる敵艦載機を撃墜した〉

本田兵曹は、この奇襲の第1撃で敵編隊の約半数を撃墜破したとみており、自身もF4Uコルセア1機を撃墜している。本田氏が言う。

「いや〜あの〝戦争〟（筆者注＝本田氏は、空戦のことを〝戦争〟と表現することが多い）は、あまりにも楽に敵機を墜とせたので今でもよく覚えております。あんな楽な戦いは、後にも先にもなかったんじゃないですかね。敵はまったくこちらに気付いていなかったと思いますよ。我々と敵編隊との高度差は2千㍍で、我々が上空から一撃を加えたら、敵は〝編隊のまま墜ちた〟という感じでした」

343航空隊司令・源田実大佐も、自身の『始末記』に次のように綴っている。

〈殆ど完全な奇襲であったから敵としては手の施しようもなかった。尋常の格闘戦に入ることすら出来ず、殆どすべて我が機が後尾についたり、上空から急降下攻撃をかけたりして、片っ端から撃墜し始めた。火を噴くもの、翼の飛散るもの、錐揉みに入るもの、様々である〉（『源田の剣』）

6月2日の空戦も343航空隊の大勝利だった。

では、米軍はこの空戦をどのように見ていたのだろうか。米海軍第38機動部隊指揮官ジョン・S・マッケーン中将から各空母航空隊司令宛てに機密の電信通達が発信された。

〈全搭乗員に徹底せよ。最近九州南部上空において、経験を積み熟練した敵戦闘機隊に遭遇した。ジョージ、零戦、疾風、雷電あるいはトニー（飛燕または五式戦）とも識別される最新型の高性能機を装備し、とくに対空母機戦闘の訓練を積み、疑いなくレーダー管制下の迎撃態勢にある。この型の飛行機は、場合によりコルセアに匹敵する高速の上昇力を持つと認められる。この戦闘機隊は、緊密な二機および四機編隊、果敢な攻撃性、連携のとれた攻撃性を特徴とする。この練度の高いアクロバットチームと交戦した我が軍パイロット、殊に特攻機あるいは爆撃機を相手に容易な撃墜に慣れ、自信過剰となり警戒心をおろそかにした搭乗員はショックを受けている…〉（『源田の剣』）

米軍はこの通達の中で、「紫電改」への対抗策として、編隊を崩さず、相互に掩護できるよう直ちに交差飛行するよう呼びかけも行っている。

ただし、終戦間際のこの頃になると優秀な搭乗員の消耗がこの最精強部隊３４３航空隊をじわりじわりと苦しめていった。『源田の剣』によれば、剣部隊の初戦闘となった昭和20年3月19日以降、６月末までの約３カ月で、搭乗員の戦死者は60名を数えた。それでも剣部隊の搭乗員と整備員達は怨敵必滅の信念に燃え、ただひたすら祖国を守らんと、一丸となって押し寄せる敵に敢然と立ち向かっていった。

昭和20年7月2日、沖縄読谷飛行場から飛び立った米海兵隊２２４飛行隊と３１１飛行隊のＦ４Ｕコルセア隊が、九州の特攻基地に攻撃を仕掛けてきた。ちょうどこのとき、米海兵隊戦闘機部隊の下方に菅野大尉の率いる３４３航空隊の３個飛行隊がいた。今度は６月２日の完全奇襲攻撃の逆となり、米軍の優位戦となってしまった。

『三四三空隊誌』によると、この日の損害は3機、戦果は不明となっている。だが、米軍の記録によれば、少なくとも沖縄に帰投中の1機が投棄されており、米軍はいかなる優位戦でも無傷では帰れなかった。ただ彼らには十分なスペア機が用意されており、パイロットさえ助かれば、またすぐに戦力を回復できた。一方の３４３航空隊はというと、補充機はおろか修理機材の確保にも難儀していた。

日本軍最精鋭部隊として名を馳せた３４３海軍航空隊といえども多勢に無勢の戦いでベテランパイロットが相次いで失われてゆくため、その補充のために相当な労力を費やさねばならなかった。この部隊は海軍航空隊きってのエリート部隊であり、したがってパイロットなら誰でもよいというわけにはいかなかったからである。

６月22日、林喜重大尉の後任として第４０７飛行隊に着任した林啓次郎大尉が戦死し、その後任としてやってきたのが**光本卓雄大尉**だった。また、戦死した撃墜王の杉田庄一兵曹の後任として、これまた支那事変以来のエース・パイロット武藤金義少尉が着任し、菅野直隊長機の２番機を務めることになった。武藤金義少尉は、昭和20年２月に「紫電改」に乗り込んで12機のＦ６Ｆヘルキャットを単機で迎え撃ち、４機を撃墜するという離れ業を見せて〝空の宮本武蔵〟と呼ばれた格闘戦のベテランだった。

戦況はもはや覆しようのない劣勢となった昭和20年７月、降伏した同盟国ドイツのポツダムで、米英ソ３カ国の首脳が集まって戦後処理について会談が開かれた。そして、日本軍の無条件降伏を求めた「ポツダム宣言」が７月26日に発表された。そんな状況下でも、３４３航空隊は黙々と寄せ来る米軍機を堂々迎え撃ち、勇戦敢闘していた。

７月24日、米第38機動部隊の５００機を超える敵艦載機が呉軍港の在泊艦艇を襲った。これに対し、総指揮官・鴛淵孝大尉率いる24機の「紫電改」が、爆撃を終えて帰投するこの大編隊を迎え撃った。

総指揮官を鴛淵孝大尉とする総勢24機だったが、この日の空戦も343航空隊の勝利だった。機体不良から途中引き返しなどでわずか21機となった343航空隊だったが、敵機撃墜16機という大戦果をあげたのである。8月15日の終戦まで3週間、されど剣部隊はその精強ぶりを米軍に見せつけたのだった。

ところが戦後、公式に作成された米軍機損失記録によると、この日の戦闘では、F6Fヘルキャット7機、F4Uコルセア6機、SB2Cヘルダイバー艦上爆撃機13機、TBMアベンジャー雷撃機7機の合計33機が撃墜されていたというのだ。この損失機数には、呉の在泊艦隊からの対空射撃による撃墜が含まれているが、いずれにせよ米軍にとっては痛恨の大損害であった。

だが我が方も、この大勝利の陰に未帰還6機という損害を出しており、もはや戦力に余裕のない343航空隊にとっては大きな痛手であった。未帰還機の中には、着任して間もない〝空の宮本武蔵〟こと武藤金義少尉と、部隊編成時から部隊を引っ張ってきた第701飛行隊長の鴛淵孝大尉が含まれていたのである。鴛淵孝（戦死後、少佐）――享年25であった。

源田司令は、鴛淵大尉についてこう記している。

〈先任隊長である関係上、三飛行隊の全機出撃する場合など、四〇機、五〇機という大編隊を集合から会敵、会敵から戦闘まで、巧く誘導しなければならないのであるが、彼の指揮誘導には、殆んど文句のつけようがなかった〉（源田実著『海軍航空隊始末記　戦闘篇』文藝春秋社）

鴛淵孝大尉を最もよく知る**山田良市大尉**は、『三四三空隊誌』の中でこう述べている。

〈鴛淵大尉は、わたしが兵学校に入校したときの一号生徒（六十八期）で、ただ単に先輩と後輩、隊長と分隊長という単純な関係でなく、呼吸がぴったりあった一号と四号との関係であり、また互いに信頼しあっていた。鴛淵隊長ほど上官からも部下からも信頼された人物はめずらしい。

それは大尉のみごとな統御によるところが大きい。このため隊員たちも「隊長とともに死す」ということに誇りを感じていたものであった。性質は温厚な武人であったが、ひとたび戦闘となれば、その温厚さもふっとんでしまうほどの闘志をかきたてた。いかなる場合にもつねに先頭にたってすすんだものであった。また多数機編隊を指揮誘導する空中指揮能力も抜群で、私たち部下には絶大な人望があり、隊員たちはこの隊長を誇りにし、ことあるごとに自慢していた〉

ちなみに山田良市大尉は戦後、鴛淵大尉の妹である光子さんと結婚し、航空自衛隊で第15代航空幕僚長を務めた。山田大尉もまた、生涯〝空の防人〟であり続けた武人であった。

終戦間近の昭和20年8月1日、B24爆撃機の編隊が南西諸島を北上中との情報を受け、菅野大尉率いる24機の「紫電改」が迎撃に上がった。

このときの菅野区隊の2番機は、私の親族である**中西健造大尉**、3番機・**真砂福吉上飛曹**、4番機・**田村恒春2飛曹**であった。ところが離陸後、中西大尉機は、エンジンから噴き出した黒いエンジンオイルが風防ガラスにかかって前方が見えなくなったためにやむなく引き返し、第2区隊長の**堀光雄飛曹長**が2番機に入った。

しばらくして屋久島近くの上空で2機のB24爆撃機の編隊を発見。高度6千メートル《メートル》だった。敵機を確認するや、菅野大尉はいつものように上空から猛然とB24に襲いかかった。だが菅野大尉が射撃を試みるや自機の左翼が爆発し、大きな穴が開いいてしまったのだ。「機銃筒内爆発」である。

このとき、2番機の堀飛曹長は、「機銃筒内爆発、コチラ、カンノ一番！」という無線電話を聞き、現場に駆けつけた。そして堀兵曹が菅野大尉の左側について菅野機を見たところ、菅野機の左翼中央部に大きな穴が開いているのを確認したのである。そこで堀兵曹は、B24への攻撃を断念し、菅野大尉機を守るべく寄り添った。

すると菅野大尉は、指先でB24の編隊の方を差したのである。「俺に構わず敵を追え！　攻撃第一だ！」というサインである。堀兵曹は2、3度頷いたが、それでも菅野大尉機から離れないでいると、菅野大尉は左手の指を3、4回敵の方へ投げつけて堀兵曹を睨み、攻撃に行けと催促したのである。堀兵曹は、その命令に従って菅野機から離れて敵機攻撃に向かった。

そして堀飛曹長が再び戦場に戻ってB24に攻撃を仕掛けていたとき、菅野大尉から「空戦ヤメ、集マレ」の無線が入った。そこで堀兵曹は急旋回して屋久島の方向に受かったが、もう菅野隊長機の機影はどこにも見当たらなかったという。堀兵曹は何度も呼びかけたが応答はなかった。

〈布告214号——19・1より11月までカロリン群島・比島に転戦し、撃墜破三〇機の個人戦果を挙げたり。19・12　戦闘三〇一飛行隊長に補せられ、強力なる飛行隊を育成せり、邀撃侵攻作戦において単独18機、協同24機の戦果を収めたり、B24南西諸島北進中の報に接し、屋久島北方にて2機撃墜せるも戦死す〉

勇猛さでその名を馳せた〝ブルドック隊長〟こと菅野直大尉（撃墜数72機）の戦死は、2階級特進とともに全軍に布告された。

「菅野大尉は空戦のとき、私の飛行機に近寄ってきて『今日は何機墜したか？』と、聞いてこられるんですよ。それで私が、指を2本立てて『2機』という具合に合図を送ると、自分の撃墜数がそれより少ない時には、『そうか、それならもう1回やってくるか！』とばかりに飛行機をサッと翻して、再び敵機を求めて飛んでいかれましたね。私は、407飛行隊で菅野隊長とは飛行隊が違うのですが、いつもそんな調子でしたよ」

〝ブルドック隊長〟と呼ばれた菅野大尉は、〝空戦の名人〟であった本田稔兵曹を良きライバルとしてみていたようだった。本田氏は言う。

「菅野さんは、そりゃバリバリの戦闘機乗りでした。負けん気の強い方で、いつも『絶対に勝つ！』という強い信念をもって戦っておられましたよ。とにかく1機でも多くの敵機を墜としてやろうという闘志の塊のような人でしたね。菅野さんの戦死は本当に悔しくてならんかったですよ…」

これが最精鋭部隊第343航空隊の最期の戦闘となった。

昭和20年3月19日の初陣から終戦までに、〝剣部隊〟こと第343航空隊があげた撃墜スコアは、B29爆撃機を含む170機にも上ったのである。海軍きっての〝エリート戦闘機部隊〟第343航空隊は、最後の最後まで米軍機を圧倒し続けたのであった――。

「栗田艦隊謎の反転」と戦艦「大和」

連合艦隊最後の大海戦となったレイテ沖海戦。小沢治三郎中将が率いる空母機動部隊が〝おとり艦隊〟として米艦隊を引き付けている間に、戦艦「大和」以下、主力艦隊がレイテ湾に突入するというこの乾坤一擲の作戦は失敗に終わる。当時の「大和」副砲長がすべてを明かした。

超弩級戦艦「大和」は帝国海軍の象徴だった

大和の主砲弾が命中した米護衛空母「ガンビア・ベイ」

米護衛空母「ガンビア・ベイ」を仕留める

昭和19年（1944）10月17日、数十万の上陸部隊（指揮官・W・クルーガー中将）を載せた400隻の輸送船と、戦闘艦艇、補助艦艇合わせて300隻余を誇るT・キンケード海軍中将の第77機動部隊が暴風雨のフィリピン・レイテ湾に姿を現した。もはや一歩も譲れない日本軍と、フィリピンを奪還して対日戦に王手をかけたい米軍の間で、今まさに壮絶な戦いが繰り広げられようとしていた。

日本にとってフィリピンは南方の資源供給地との中間に位置する要衝であり、アメリカの手に陥ちれば日本の継戦能力は潰えてしまう。したがって日本軍はどんなことがあってもフィリピンを守らねばならなかった。まさしくフィリピンの戦いは〝大東亜戦争の天王山〟だったのだ。歴史にその名を残す「神風特別攻撃隊」が誕生したのもフィリピン決戦だった。

「将兵はここに死傷逸せざるの覚悟を新たにし、獅子奮戦、もって驕敵を殲滅して皇恩に応ずべし」

連合艦隊司令長官・豊田副武大将は、レイテ湾に向けて驀進する艦隊の壮途を激励した。昭和19年10月20日、レイテ島に米軍上陸の報を受け、大本営は「捷《しょう》一号作戦」を発令。陸軍のレイテ島への戦力集中に呼応して、海軍も敵上陸部隊を撃滅せんとレイテ湾に急行したのである。

空母「瑞鶴」「瑞鳳」「千代田」「千歳」を中心とする最後の空母機動部隊（指揮官・小沢治三郎中将）17隻を〝おとり艦隊〟としてルソン島北方海域に進出させ、ハルゼー提督の米第3艦隊を吊り上げている隙に、主力艦隊がレイテ湾に突入して敵輸送船団を殲滅するという連合艦隊最期の一大作戦が始まった。

10月22日、戦艦「大和」「武蔵」「長門」を含む32隻の第一遊撃隊（指揮官・栗田健男中将）はブルネイを出港し、シブヤン海からサンベルナルジノ海峡を抜けてサマール島東岸沿いにレイテ湾へ。さらに戦艦「山城」「扶桑」以下7隻の西村艦隊（指揮官・西村祥治中将）もミンダナオ島北方のスリガオ海峡を抜けてレイテ湾を目指した。この西村艦隊にはスール海から重巡「那智」「足柄」を中心とする10隻の志摩艦隊（志摩清英中将）が合流する計画だった。総勢66隻を数える主力艦艇が動員されたことからも、日本海軍がこのレイテ決戦にすべてを賭けていたことがお分かりいただけるだろう。

最後の日米艦隊決戦ともいえる比島沖海戦は、10月23日の米潜水艦による重巡「愛宕」「摩耶」「高雄」沈没を皮切りに、26日まで続いた壮絶な戦いだった。

開戦直後の10月24日に戦艦「武蔵」が米艦載機の雷爆撃により沈没したのだが、戦艦「大和」の副砲長としてこの海戦に参加した深井俊之介元海軍少佐はこう振り返る。

「あのとき雲霞のごとく押し寄せてきた敵機は、『大和』と『武蔵』を狙ってきました。しかし『大和』の艦長・森下信衛大佐は、水雷戦隊出身で現場主義の艦長でしたから操艦が大変上手かった。それに『大和』は、これまでずっと訓練してきましたからね。ところが『武蔵』は新しい艦だったうえに、猪口敏平艦長は砲術畑の人でした。そんなところにも違いがあったと思います」

なるほど、この空襲で戦艦「武蔵」は、魚雷23本と爆弾17発を受けて沈没しているが、「大和」は爆弾1発を受けただけであった。深井氏はそのときの生々しい状況について語る。

■「レイテ沖海戦」概要図

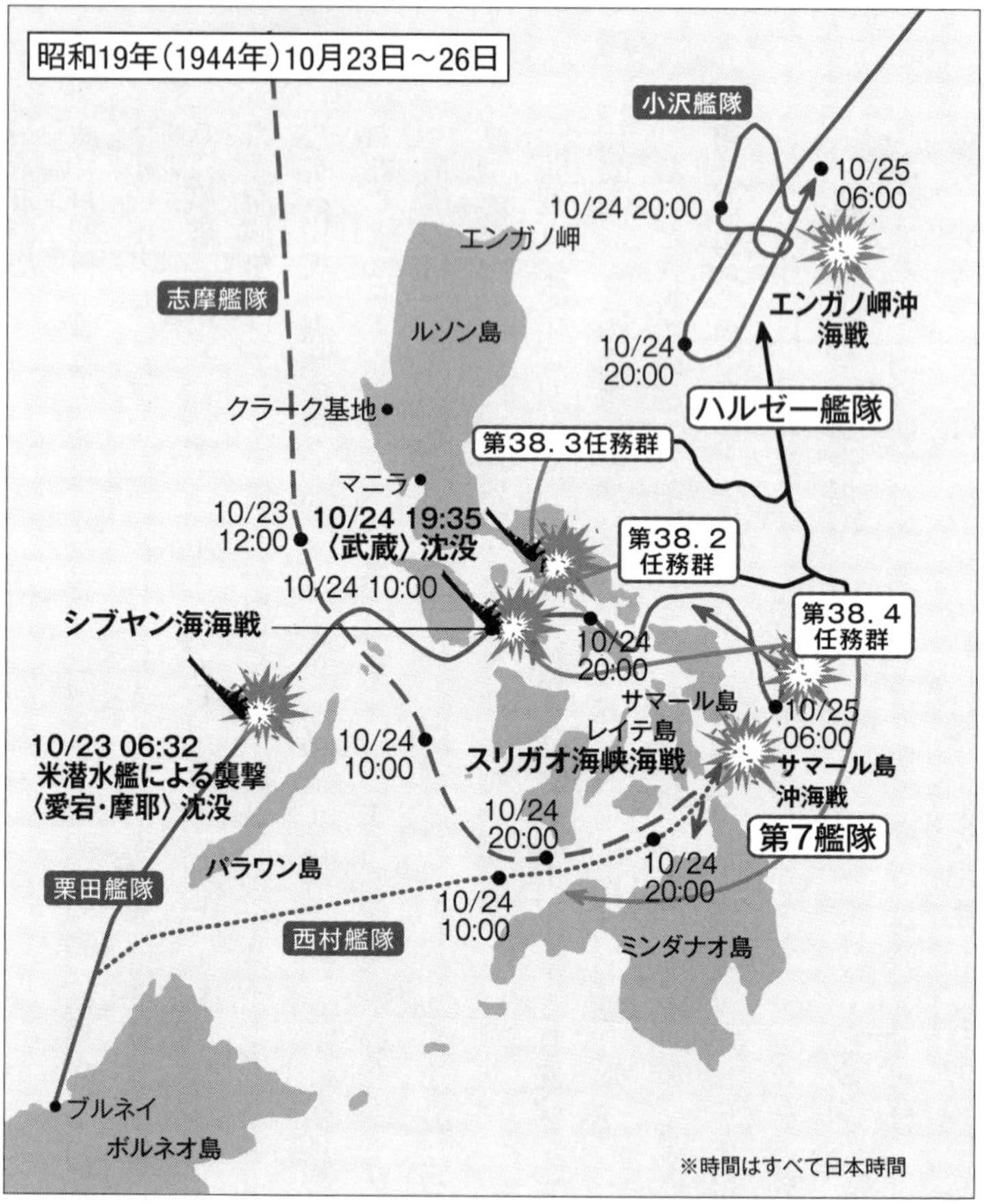

『激闘！　太平洋戦争全海戦』（小社刊）より転用

「ブルネイを出て、一晩過ごした23日朝、明るくなる頃には攻撃があるからと全員が戦闘配置につき、重巡洋艦『愛宕』を敵艦に見立てて砲戦訓練をやっていた。その時、急に『愛宕』と『摩耶』と『高雄』、3隻の1万トン級の巡洋艦が2隻の敵潜水艦に沈められたんです。それでやむを得ず彼らを置き去りにして、シブヤン海に入りました。

米軍の攻撃がどこから来たかというと、そのときルソン島沖、太平洋への通路であるサンベルナルジノ海峡の出口、レイテ沖に、３つの敵航空母艦群が４隻ずつ、計12隻おりました。ほかにもう1つ、補給基地に帰っていく空母群４隻があって、38任務部隊というこの４つの空母群から、栗田健男長官が指揮する我々栗田艦隊に攻撃が来たんです。

朝8時頃に、敵の飛行機が我々の頭上を飛んで、これを触接というのですが、こちらの進路や速度を報告したんです。それを受けて敵空母から飛行機が飛び立ち、昼前の11時過ぎに第1波の攻撃が来ました。それから1時間か2時間おきに5回来ました。だいたい1回の攻撃は80機ぐらい。この80機が2つに分かれて、お目当ての『大和』と『武蔵』に攻撃を仕掛けてきました。他の艦艇への攻撃は、帰りがけの駄賃で爆弾を落とすぐらいで、ほとんど全部が『大和』と『武蔵』に来た。『男たちの大和』という映画を見ましたけど、実際はあんな生やさしいものじゃない。本当に、口では表現できないほど凄まじい戦いでした。こっちに爆弾が落ちたかと思うと、こっちにも落ちる。それで、爆弾の破片が飛んできて機銃手がやられたりして甲板に血が流れてくる。それはもうひどいものだった……。

1回目の空襲で『武蔵』に魚雷1本と爆弾が数発当たった。それでも『武蔵』はあまり被害を受けずに一緒に走っていた。ただ、2回目、3回目と続けるうちに、今度は『武蔵』に集中していくようになって、最初は、『大和』と『武蔵』に五分五分に行われていた爆撃が、いつの間にか『大和』に3、『武蔵』に7ぐらいの割合で行われるようになりました。そのうちに3度ぐらいの空襲で『武蔵』は魚雷が7本も8本も当たって、爆弾も10発ぐらい命中し、もう普通に速度が出なくなった。それで『武蔵』が落伍してしまったんです。空襲が終わり、途中で栗田艦隊は一度、4時頃にひき返している。こんなに被害を受けているのに、日本の航空部隊は何をしているんだと、航空隊の成果があがるまで水上部隊はしばらく突入を待つから、成果があがったら知らせろという主旨の電報を航空隊に打って、東に進んでいた栗田艦隊が西に進み出した。要は逃げたわけです」

深井氏は、目の当たりにした戦艦「武蔵」の最期について語ってくれた。

「『大和』の艦長は船の操艦が上手かったんです。爆弾や魚雷を、巧みに舵を取ってよける、そういう操艦が上手だった。ところが、「武蔵」の艦長は、大艦巨砲主義の権化ともいえる海軍砲術学校の校長で、長いこと陸上で教官をやっておられたから操艦に慣れていなかった。だから爆弾が落ちてきても上手く避けられなかったんでしょう。それに『武蔵』は新しくできた艦で、乗員がまだよく訓練されてない。ところが『大和』のほうは古いから、乗員も訓練されている。その差で『武蔵』は被害を受け、『大和』は生き残ったんです。

栗田艦隊は、落伍した『武蔵』を残して東に向かったんですが、さっき申し上げたように、航空隊の効果が出るまで待つということで西に向かってひっくり返してきた。そのとき、『武蔵』はもう沈みかけていました。『大和』『武蔵』というのは、舳先《へさき》がすっと上がってるんです。甲板よりちょっと坂になって上がっており、その上がった先に菊の御紋章がついている。御紋章から白波が立つでしょう。あの白波が御紋章の下からザーッと出て、後ろの甲板はもう水に浸かっていた。それでも『武蔵』は走っていました。僕らはその状態を見て、これはもう駄目だと思ってました。手負いの『武蔵』は、命令により台湾、中国間の群島にある馬公の海軍基地へ向けて航路を取っていたんですが、力尽きてシブヤン海に沈んだんです」

そして10月25日、おとり役を引き受けた小沢艦隊の空母4隻が米艦載機の攻撃を受けて沈没。さらに西村艦隊の主力・戦艦「山城」「扶桑」を含む6隻が沈没し、西村艦隊は事実上全滅した。

一方、栗田艦隊は、重巡「鈴谷」「鳥海」「筑摩」が撃沈されるも、戦艦「大和」をはじめとする戦艦群は米護衛空母「ガンビア・ベイ」を仕留めている。深井氏が述懐する。

「25日6時45分、水平線の向こうにマストが見えた。私も指揮所という高い所から双眼鏡で見ていました。僕は初め、これが敵だと思ってなかった。商船団だと思ったんです。商船団が舞い込んできたけど、これから戦争が起こるかもしれないのに危ないから早くどこかに逃げればいいな、などと思ってました。それで、この船団が何か確かめようということで、艦隊全部がこれに向かって進んだんです。

目標に近づいていくと、飛行機がポッと飛んだんです。おかしいな、飛行機が飛んだぞと言っているうちに、だんだん近づいたら空母が見えた。これは大変だ、空母だと言って、すぐ射撃の準備をして、6時52分には『大和』の主砲をドンと撃った。発見したのが45分で、弾を撃ったのは52分ですから、7分間で『大和』が初弾を発射したんです」

敵空母と「大和」の距離は、3万2千メートルあった。深井氏が続ける。

「この距離だと落ちるのに50秒くらいかかる。目標をメガネ（双眼鏡）でじっと見ていると、敵空母の向こうに半分、手前に半分、弾がバサッと落ちて、緑色の水柱が上がった。着色弾といって、どの船から撃ったか分かるよう艦によって色が決まっているんです。『大和』の弾は緑でした。水柱が落ちるまで見ていると、空母の後ろの方がガタッと沈んだので、後部に当たったんだと思いました。

靖國神社の遊就館に飾ってありますけど、『大和』の主砲は直径46チセンの大きな弾で、40チセンぐらいの鉄板なら打ち抜いてしまう。ところが、この空母は元が商船ですから、ズボッと突き抜けちゃったんです。だから爆発しなかった。船はガタッと傾いてそのまましばらく浮いていました。

あとから、これは『ガンビア・ベイ』という商船を改造した護衛空母だと分かりました。弾が当たるか当たらないかというぐらいのときに、右のほうから巡洋艦とおぼしき敵艦がダーッと出てきて煙幕を張った。普段、軍艦は見つからないよう煙を出さずに走っていますが、このときは煙突から黒い煙を出して空母群を隠したんです」

この海戦の戦果は、護衛空母「ガンビア・ベイ」だけではなかった。日本艦隊は、駆逐艦「ホエール」「ジョンストン」「サミュエル・B・ロバーツ」を撃沈し、米護衛空母「カリニン・ベイ」「ファッション・ベイ」他、駆逐艦2隻を撃破したのである。

当時の情景が蘇ったのだろう。武人の目に戻った深井氏が解説してくれる。

「護衛空母群が6隻ずつ3ついたんですが、ちょうど後ろにスコールがあって、煙幕が見えなくなる頃には、敵はこのスコールの中に逃げ込んでしまったんです。だから、『大和』からは何も見えなくなってしまった。レーダー射撃もできないし、撃つ目標は見えない。そこで煙幕を張る敵艦を副砲で沈めたんです。

敵駆逐艦の2隻は、私が指揮する『大和』の副砲で沈めたんです。あのとき私は『左砲戦、左四十度、駆逐艦！』と発して、射撃に要するデータが揃ったところで『撃ち方始め！』と命令しました。一斉射目は遠く外れましたが、『下げ6！』と指示して600メートル手前に落ちるよう修正して撃ったら、それが見事に命中したんですよ」

2隻目の敵駆逐艦も戦艦「大和」の副砲の餌食となった。

「『大和』の副砲弾を食らった敵艦が燃え出したので、『撃ち方待て！』と言って、『目標を右に変え！』と命じて射撃を始めたら、同じ敵艦に向けて戦艦『長門』が主砲を撃ってきたんです。敵艦は両方の命中弾を浴びて、轟沈されました」

深井氏はこんなエピソードも聞かせてくれた。

「あとで戦闘の戦果報告があって、戦艦『長門』から、2番目の巡洋艦は自分が沈めたという報告があったんです。しかし、『長門』の弾は赤い色がついている。『大和』の副砲は色がついておらず、私の撃った弾は白い水柱が上がる。白い水柱が上がって爆発して沈んだのは、この目で見ていました。そのときに、赤い弾が左のほうに2回くらい落ちていたので、『長門』が撃ってるなとは思っていましたが、『長門』が沈めたというのはおかしい。当時は戦果報告を聞いても黙ってましたが、実際に見ていたのでよく分かっています」

「大和」らが敵艦を葬っている頃、小沢艦隊が米ハルゼー艦隊を北方へ引き付ける〝おとり作戦〟を見事成功させていた。栗田艦隊が敵輸送船団の集結するレイテ湾へ突入する準備が整ったのだ。

ところが栗田艦隊は、レイテ湾への突入をなぜか中止したのである。栗田長官は、突如艦隊を反転させてブルネイへ引き返してしまったのだ。これは大東亜戦争最大の謎の1つである。

戦後、栗田中将は米戦略爆撃調査団のインタヴューで、このときの決断の理由をこう語っている。

〈艦隊はレイテ湾に向針していました。その日にうけた攻撃状況や、われわれの対空砲火がその空中攻撃に対抗できないという結論から、もしこのままレイテ湾に突入しても、さらにひどい空中攻撃の餌食になって、損害だけが大きくなり、せっかく進入した甲斐がちっともないとこを私に信じこませたのです。そんなことならむしろ、北上して米機動部隊に対して、小沢部隊と合同して共同作戦をやろうというところに落ち着いてきました〉（『丸』エキストラ「戦史と旅4」―レイテ湾突入ならず―潮書房）

おとり艦隊となって米軍の攻撃をひきつけ、満身創痍の小沢艦隊とどうやって共同作戦をやろうというのだろうか。この点に関してはどうも合点がいかない。これについて深井氏はある秘話を紹介してくれた。彼は秘話に触れる前、秘蔵の短刀を取り出して私に見せてくれたが、その短刀には「義烈小沢治三郎」と小沢長官の揮毫があった。

「栗田艦隊謎の反転」の真相

栗田艦隊の〝謎の反転〟について深井氏俊之介はその衝撃的な真相を証言してくれた。

以下は、靖國神社遊就館における「第一回大東亜戦争を語り継ぐ会」（産経新聞社・雑誌『正論』主催、平成26年7月27日）における私と深井氏のやり取りである。

井上　最後に、今も議論が続く「謎のUターン」のお話しをお願いします。

深井　突撃命令が出たので、「大和」も「長門」も戦艦部隊はどんどん攻めていきました。そして水雷戦隊の駆逐艦も30数ノットで逃げる敵艦を追いかけていき、もう魚雷が撃てるという5千〜6千メートルくらいまで近づいていったのです。一方、被害を受けている「大和」は22ノットぐらいしか出せませんでした。

こうして艦隊がバラバラになってしまったので、9時11分、追撃をやめて逐次集まれという命令がかかりました。それからまとまってレイテ沖に向かったんです。レイテ湾は山の陰で見えないけど、「あの辺がかすんで見える」「何か船がいるような気がするな」なんて言いながら南へ、南へと2時間ほど走ったでしょうか。もう1時間半も走ったら「大和」の主砲弾がレイテ沖の敵の軍艦なり、商船なりに当たるぞという所まで来たところで、「大和」が50〜60機の空襲を受けたのです。その弾をよけるのに、艦隊があっち向いたり、こっち向いたりして、爆撃が終わった時には、「大和」は北を向いていました。

時刻は13時10分、すると栗田長官が「レイテ突入をやめ、北上し敵機動部隊を求め決戦」という命令を出されたのです。僕らは対空戦闘が終わってもどんどん北へ行くので、おかしいなと思って、艦橋へ降りていって「どうしたんだ？」と聞いたら、みんな黙っている。

艦橋には栗田長官と、「大和」「長門」を指揮する第1戦隊司令官の宇垣纏《まとめ》さん、そして大和艦長の3人がおられるんですけど、もう3人とも変な顔なんですよ。栗田長官は黙って前を向いたまま。宇垣中将は参謀に向かって、「南に行くんじゃないのか！」と皆に聞こえるよう大きな声で言っておられる。参謀はなんだか隠れて聞こえないふりをしている。「大和」の艦長は、司令官が2人も乗っているからどうしようもない。黙って座ってるだけ。栗田長官は90マイル先の機動部隊を攻めに行くといい、宇垣長官は当初の予定通り30マイル先のアメリカを潰しに行くという。2人の意見が分かれて、それまでにだいぶやり合ったらしい。

僕らは、ここまで来てあと1時間半行けば敵の艦隊も商船も上陸したマッカーサーの陸軍だって、みんな潰してやれると思っていた。なのに目の前に敵がいるのにレイテに向かわず、90マイルも北にある敵艦隊に戦いを挑むなんて考えられませんでした。「大和」が速力22ノットで30マイルも走ればレイテ湾に着く。命令通りレイテ湾に突入してアメリカ軍を潰さなければ、日本とボルネオの油田地帯とを結ぶ交通路が遮断され、いくら船が残っていても役に立たなくなる。飛行機も飛べなくなる。だから、ここは絶対に譲れない。そう考えた私は、後ろで作戦参謀が集まっているところに怒鳴り込んで大ゲンカしたんです。普通なら軍法会議にかけられてすぐ停職になりますが、そんなことはもう頭にありませんでした。

しかし、いくら地団駄踏んでも、参謀が長官に「南へ行きましょう」と言って方針を変えない限り、

「大和」は北に向かって走り続ける。悔しくてしょうがないが、海ですから降りて歩くわけにもいかない。本当に情けない思いをしながら、昨日受けたような爆撃を何遍も受けながらブルネイの基地に戻ってきた。それが謎の反転の真実なんです。

井上　反転の理由はいったいなんだったのでしょうか?

深井　その間に怪電報があったのです。「敵機動部隊見ユ、地点ヤキ1カ　0945」というものです。これは栗田艦隊司令部にだけあって、他のどの艦も受信した記録がない。「大和」と司令部は通信所が全然違うから「大和」にもない。発信者も分からない。「ヤキ1カ」というのは飛行機用の符号なので、飛行機が打った電報だと分かっているが、栗田さんは戦後、これはマニラの南西方面艦隊司令部にいる同期生が打ってくれた電報だと言っています。その電報のヤキ1カ、「大和」の北方地点の敵に向かって反転したんだというのが参謀の言い分です。

僕があんまりしつこいから、作戦参謀がその電報を持ってきて、「この敵を叩きに行くんだ、これだ!」と示した。後から考えて、どうも作戦参謀の作文に違いないという結論に僕は達しました。作戦参謀は、とかく噂のある〝死にたくない人〟でした。以降の日程を考えても、次の日には爆撃を受けないようなシブヤン海の端まで行っている。それで逃げられると考えていたのではないか、と私は疑っています。ただし証拠はありません。

井上　栗田長官ご自身はどうお考えだったのでしょうか。

深井　あの人は下から押し上げられて偉くなった人で、そんなに器量が大きな人ではない。だから作戦は参謀任せ。参謀が言うならそれでよかろうということだったのではないでしょうか。ミッドウェー海戦で護送していた輸送船部隊を置いて沖縄に逃げ帰った経歴もあるから、僕らも信用していませんでした。それでも戦後、あれは「俺の一存だった」と全部責任を負われた。しかし実際はそうじゃないと思います。

井上 もし、栗田艦隊がレイテに突入していたらどうなったと思われますか。

深井 レイテ湾には40隻くらい敵の輸送船がいた。空船にせよ何にせよ、輸送船がどんどん沈められたらレイテ湾は使えなくなったでしょう。旅順閉塞みたいなもので、船で増援部隊、増援物資を送れなくなり、そうなれば6万の米兵が干上がってしまう。そうなれば、次の作戦までに3カ月や4カ月はかかる。また、「大和」と「長門」が艦砲射撃すれば、陸軍の守備隊も少しは盛り返して、飛行場を取り返したかもしれない。希望的観測をすればそんなところです。その3カ月か4カ月の間で、有利な条件で講和ができれば、連合艦隊が潰れていいじゃないか。国のためにやることだからしようがない……そういう気持ちでした。

井上 最後に大変貴重な写真をご覧いただきます。小沢治三郎長官から贈られたという短刀です（巻頭モノクログラビア頁を参照）。

深井 小沢さんは1期下の栗田長官をよく知っていて、あの男はもしかしたらレイテに突っ込まないのではという懸念があった。その時は「大和」の士官が率先してレイテに突っ込みなさい。俺もおとり艦隊で全滅してでもやるから、お前たちも必ず突っ込んでくれということで、出撃前に贈られた短刀です。レイテ湾に突っ込み、最後は必ず死ね――と。

後から考えて、あのとき小沢長官は僕たちを激励するためにこれをくれたのだと分かった。小沢さんの武人の魂がこれに籠っています。

驚くべき事実である。

栗田艦隊が突入を断念した後も海の戦いは続いた。翌日の10月26日、米艦載機の攻撃を受けて、軽巡洋艦「能代」「阿武隈」が沈没。４日間にわたるこの比島沖海戦の結果、日本艦隊は、戦艦３隻、空母４隻、重巡６隻、軽巡３隻、駆逐艦９隻を失い、その他多数を大・中破され、無傷で帰還できたのは、わずかに戦艦「日向」と駆逐艦９隻だけであった。

栄光の連合艦隊は、この比島沖海戦で事実上壊滅したのである――。

古今未曾有の超弩級戦艦「大和」

日本海軍の象徴たる戦艦「大和」に乗り込んで大東亜戦争を戦った深井俊之助氏は、第1次世界大戦が勃発した年の生まれで大東亜戦争の主要海戦に参加された歴戦の勇士だった。

その経歴を紹介すると、

大正3年（1914）、東京都出身。昭和5年海軍兵学校入校。9年卒業、「八雲」。10年「比叡」。11年少尉、中尉任官。14年南支方面作戦、大尉任官、「夕暮」。15年仏印作戦。16年「初雪」、マレー

沖海戦。17年エンドウ沖海戦、バタビヤ沖海戦、サボ島沖海戦、ガダルカナル作戦、第3次ソロモン海戦、「金剛」。19年「大和」副砲長、少佐任官、シブヤン沖海戦、サマール沖海戦、レイテ沖海戦。20年、第3航空艦隊参謀、終戦。「八雲」、マニラ在留邦人救出輸送任務。10月予備役。戦後は不動産建設業を営む。

以下、再び産経新聞社・月刊『正論』（平成26年10月号）に掲載された私の深井氏のインタヴューの一部を紹介したい。超弩級戦艦と称された「大和」の実相がお分かりいただけるはずだ。

井上　深井さんが最後に乗艦された戦艦「大和」はひと言で言うとどんな船だったでしょうか。

深井　うまく説明できないんですけれども、なにしろ世界一いい船。これからもこんなものはできない。今までできた軍艦の中でこれよりいい船はできないと思います。私は今でも「大和」の写真を飾ってますが、とても懐かしい。非常に特徴的なのは、排水量7万3千トン、全長さ265メートル。東京駅の新幹線のホームが260メートルぐらいです。私は東京駅を見ると、いつも「大和」を思い出すんです。両方の長く、低いところがあって、中央部が少し高くなっていて……東京駅ぐらいの船だと思っていただければいいんです。速力は28ノット。私は副砲長ですから、配置についていたのが副砲射撃場というところで、だいたい水面から40メートルぐらいの高さにおりました。7階建てぐらいのビルになるんじゃないでしょうか。

乗組員編制でいうと艦長、副長、砲術長、副砲長、高射長、航海長、通信長……とあるんですけれど、艦長が戦死されたら副長。副長が戦死されたら砲術長……という具合に指揮権が移り、私は上から5番目です。そういう立場で「大和」に乗っていました。

井上　余談ですけど、「大和」ではラムネは飲み放題で、アイスクリームが食べ放題だったと聞いております が。

深井　普段はホテル並みの食事が出て、夕方はフルコースの洋食というのが普通でした。冷暖房があるしワンルームマンションのちょっと大きいぐらいの個室があって、〝大和ホテル〟とみんな言っていました。ただ、普段はそうでも、戦争中はそんなわけにはまいりません。握り飯を食べて戦争するんです。

井上　よその艦艇からも「大和」のアイスクリームを食べに来られたと。

深井　アイスクリームもコーヒーも、何でもありました。ホテルと同じようなものです。散髪屋も歯医者さんもあったんです。歯医者さんは下手だったですけどね。私なんか「大和」で治療してもらった歯が、最近抜けちゃって困ってるんですよ（笑）。

井上　「大和」への着任は、昭和19年3月でしたね。深井さんが指揮・管制されていた副砲は、3連装の15チセン砲でしたね。

深井　副砲は前と後ろと2つあったんです。建造当初は4つあったんですけれども。航空機の脅威が高まったことから、途中で呉に帰って4つのうち2つ下ろして対空機銃に替えたんです。ですから、私がレイテ沖海戦に行ったときには前後の2基の合計6門しかなかったんです。

井上　ちなみに、この15センチ砲というのは、今、陸上自衛隊で155ミリ榴弾砲というのがありますが、それを3本並べて撃つのとおよそ同じくらいの威力があったことになります。その射程はどのぐらいだったんでしょうか。

深井　28〜30キロは届いていたようですが、撃って必ず当てられるのは1万メートル前後ですね。1万5千〜7千メートルだったら、必ず当てる自信がありました。

井上　「大和」が誇る世界最大の主砲46センチ砲はいかがでしたか。

深井　主砲の射程はだいたい42キロですから、東京から大船ぐらいでしょうか。30キロ前後の目標ならちょうどよい距離で、1万メートル以内の近い目標に対しては大きすぎて使いにくい。主砲は3連装で、3本を1つのブロックにして根元から全部動くんです。大砲の下には弾薬が……遊就館にありますけれども、こんな大きな弾がずらーっと立てて並んでいました。その下の階には火薬庫があって、弾を飛ばす火薬を積んでいるところがある。そういう円錐形の砲塔がありまして、それが全部一緒に水圧で動く。

井上　主砲の射撃音はかなり大きかったと聞いてます。どんな感じだったんでしょうか。

深井　音も大きいけれども、爆風が凄かったですね。大砲を撃って弾が飛んでいくときに、爆風がバーッと出るんですが、主砲の砲口が見える場所にいると、爆風で怪我をします。だから、兵隊さんには「大砲の砲口が見えたら逃げなさいよ」と注意をしておりました。艦の上で戦争をしてますと、

「大和」のような大きな艦でもしぶきや波がかかって濡れるので、みんなレインコートを着ていました。ところがそのレインコートはファスナーでなくボタン留めなので、主砲をボーンと撃つと、レインコートのボタンが取れてパッと開く。それほど爆風は凄かったんです。

井上　対航空機用の高角砲や対空機銃はいかがでしたか。

深井　3つ並んでいるうちの小さいのは40ミリ機銃です。口径40ミリで3連装、これはシェルターの中に入っていて、爆弾が落ちて破片が飛んできても、操作する砲員が怪我しないようになっています。その上にあるのが高角砲で、仰角90度ぐらいまで撃てるんです。この高角砲は副砲に比べて、非常に速く動きますから、高速で飛ぶ敵機の動きに対応できます。そもそも副砲は、飛行機を撃つ大砲じゃありませんから、そんなに速く回りませんが、高角砲はどこへでも素早く狙いをつけられるようにできていた。だから、機銃が40ミリで、高角砲12・7センチ。それから副砲が15・5センチ。そんなところです。

レイテ沖海戦で引き返した戦艦「大和」は、内地の呉港に留まり、以後、出撃することはなかった。だがそんな戦艦「大和」に最後の出撃命令が下る。1億総特攻の先駆けとして、第2艦隊（伊藤整一中将）の旗艦として沖縄への水上特攻だった。

昭和20年（1945）4月6日、戦艦「大和」は、軽巡洋艦「矢矧」と駆逐艦8隻を率いて沖縄への水上特攻に出撃し、敵艦載機の猛烈な空襲を受け、翌7日14時23分、3332名の乗員と共に九州南方坊ノ岬沖に沈没した。戦艦「大和」の沈没はまた、栄光の帝国海軍の終焉でもあった。

戦艦「大和」――その名を聞いて熱い血潮が漲ってくるのは決して私だけではないだろう。大東亜戦争時、戦艦「大和」の存在は、日本海軍将兵のみならず、日本国民の必勝の信念の象徴であり続けた。そして戦後も戦争映画に登場し、また『宇宙戦艦ヤマト』などアニメの題材となって語り継がれている。

大日本帝国海軍の象徴たる戦艦「大和」は、今も日本人の心に輝き続けているのだ。

日米最後の地上戦となった「沖縄戦」

軍民合わせて20万人が犠牲となった沖縄戦。だが、沖縄は決して本土の捨石などではなかった。昭和20年（1945）3月から始まった沖縄戦で、日本軍は陸に、海に、空に、死力を尽くして沖縄を守ろうとしたのである。

沖縄に上陸する米軍。洋上には雲霞の如き艦艇が押し寄せていた

第32軍司令官を務めた牛島満中将

米軍に多大な出血を強いた嘉数高地の戦闘

昭和20年（１９４５）3月26日、米陸軍歩兵第77師団が慶良間諸島に上陸を開始し、沖縄地上戦の火蓋が切って落とされた。そして迎えた4月1日、戦艦10隻をはじめ２００隻以上の戦闘艦艇の猛烈な艦砲射撃の支援を受けた米陸軍第7師団・第96師団および米第1海兵師団・第6海兵師団が、ついに沖縄本島西部の読谷《よみたん》海岸付近に上陸を開始したのである。

ところが様子がおかしかった。日本軍から1発の弾も飛んでこない。米軍は、ペリリュー島や硫黄島で経験した日本軍の猛烈な反撃を予想していたが、なぜか10万を数える日本軍守備隊は沈黙したままだったのだ。だがこれは、日本軍の戦術転換によるものだった。日本軍は圧倒的物量を誇る米軍をまずは上陸させておいてから、間合いを詰めて一挙に叩くことを計画していたのだ。敵との距離を縮めることは、敵の艦砲射撃を封じる狙いもあった。日本軍と上陸部隊が接近しているところに艦砲射撃を行ったら、友軍を誤爆してしまうためだ。

とにかく沖縄戦が始まる頃の日米両軍の戦力差はあまりにも大きかった。

沖縄戦に投入された米軍の兵力は、洋上の支援部隊を含めると54万8千人に上り、強力な火力を持つ艦艇約１５００隻と艦載機約１２００機、さらに５００両を超える戦車に加え、夥しい数の野砲やロケット砲と、膨大な量の弾薬が準備されていた。

一方、この大軍団を迎え撃つ日本軍は、牛島満中将率いる陸軍第32軍を中心に陸海軍合わせて約11

万6400人の将兵と、米軍に比べればごく少数の戦車・野砲と対戦車砲だった。そこで、我が方の損害を最小限にとどめつつ、米軍に最大の出血を強いるために練られた戦術が先の戦法だった。日米両軍の大きな戦力差を考えれば、そうするほかなかったのである。

それでも日本軍は勇戦敢闘し、10万人の犠牲と引き換えに絶対優勢であったはずの米軍に戦死者1万2520人もの大損害を与えていたのである。断じて、日本軍はただ一方的にやられていたわけではなかったのだ。

読谷海岸に上陸してきた米軍が進撃を開始すると、まず立ちはだかったのは、わずか1200人の賀谷興吉中佐率いる独立歩兵第12大隊、通称〝賀谷支隊〟だった。賀谷支隊は、上陸後に本島南部に向った米陸軍2個師団の前進を妨害し、その進撃を遅らせる「遅滞戦闘」を展開して米軍を悩ませ続けた。賀谷中佐について、第62師団司令部付副官部の大橋清辰中尉は、こう記している。

〈北、中飛行場を含む嘉手納地区を防備する独立歩兵第十二大隊長・賀谷中佐は、「今楠」（筆者注＝〝現代の楠木正成〟の意）といわれた。機略に富む、本郷師団長のもっとも信任厚い大隊長であった。戦さ上手の、名だたる大隊長の数多いなかでも、ピカ一の一級品であった。

その賀谷大隊長が、新任務に就くにあたり司令部を訪れられたときの師団長との会話は、豪胆そのものであった。

「第二十四師団一個師団のあとを一個大隊で守るとは、軍人冥利に尽きます。米軍にひと泡吹かせてご覧に入れましょう」

■「沖縄戦」概要図

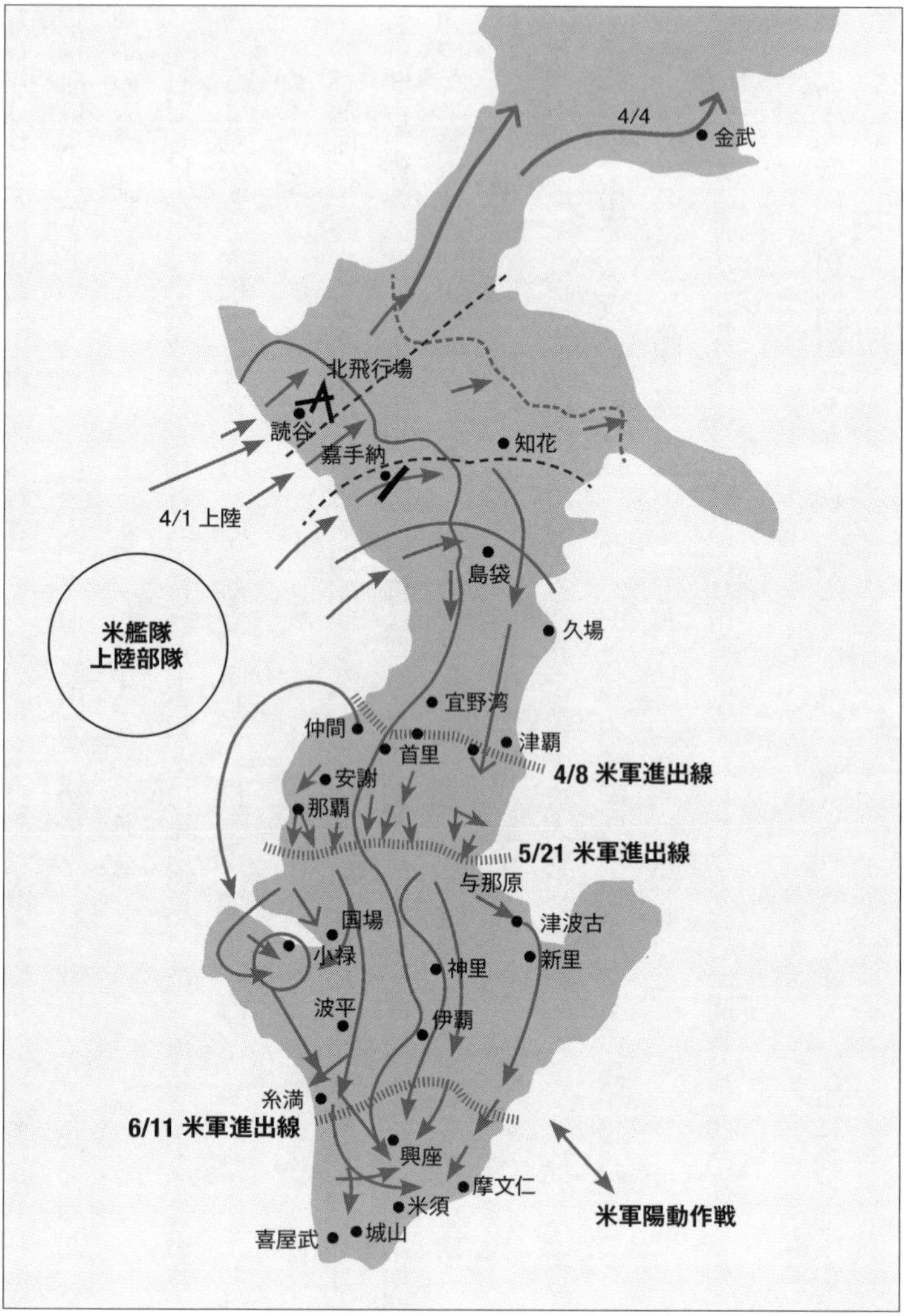

参考／『戦史叢書』

と呵々大笑され、その遅滞誘導の任務については、

「鬼さんこちら、手のなる方へですね」

とニコニコしておられた。師団長も、

「命がけの鬼ごっこだね」

と談笑しておられた〉(『丸別冊　最後の戦闘』潮書房)

賀谷中佐の率いるわずか1個大隊（1233名）が、その20倍以上の2個師団（米陸軍第96師団と第7師団）を迎え撃ち、上陸初日の4月1日から4日までの4日間、その前進を阻み続けたのである。米軍はこの神出鬼没の精鋭部隊に大いに苦しめられた。岡本喜八監督の映画『激動の昭和史　沖縄決戦』では、俳優の高橋悦史が豪胆な賀谷支隊長を演じている。

劣勢にありながらも各地で勇戦敢闘した日本軍は、とりわけ嘉数《かかず》高地（現・宜野湾市）の戦闘では、10倍もの米軍に大損害を与えている。

藤岡武雄中将率いる陸軍第62師団の歩兵第63旅団（中島徳太郎少将）および第64旅団（有川主一少将）は、あらかじめ嘉数高地の北側斜面にトーチカを構築し、南側斜面には迫撃砲や砲陣地、そして歩兵が身を隠す棲息壕などを配置した「反射面陣地」で待ち構えていたのである。

日本軍は故意に米軍に高地の占領を許しておき、米軍が台上に上がったところで前田高地などから重砲弾の雨を降らせた。同時に高地の南側に設けられた戦闘壕から出て来た日本兵が手榴弾を投げつけて片っ端から米兵をなぎ倒していったのである。米兵達は、高地占領の喜びも束の間で、日本軍の

砲弾の雨あられに晒されたのだ。米兵らはまさしく〝まな板の上の鯉〟だった。

日本軍の反撃は凄まじく、米軍に猛烈な銃火を浴びせ、あるいは壮絶な白兵戦を挑むなど、その勇猛ぶりは米軍将兵に大きな衝撃を与えた。嘉数高地を巡る戦闘は熾烈を極め、米軍が高地を取ったと思えばすかさず日本軍が奪還し、また米軍が取り返しに来るといった一進一退の攻防戦が連日繰り広げられたのである。

わずかな数で何倍もの米軍相手に防御線を守り続けていた日本軍に対して、4月19日、米軍のM4シャーマン戦車30両が投入された。しかし、これら戦車軍団は巧みに配置された日本軍の速射砲や高射砲に狙い撃ちされ、また爆雷を抱えた兵士による体当たり攻撃などによって、なんと22両が撃破されてしまったのである。前出の大橋清辰中尉はこう述べている。

〈大山、神山、中城の前進陣地において米軍にひと泡吹かせた独立第十三、第十四大隊の陣地編成ならびに防御戦闘は、理想的な戦いぶりであった。

すなわち、中央正面の第十三大隊は、用意周到に準備構成した陣地に拠り、侵入してきた敵戦車三十両のうち二十四両（原文ママ）を撃滅した。また、沖縄戦最大の激戦地・嘉数高地の争奪戦では、七日間におよび大激闘を展開し、堪りかねた米軍は第二十七師団を投入するという、わが軍の大勝利であったのである。

さらにわが主陣地全線において、独立第十三大隊に勝るとも劣らない凄惨な戦闘が至るところで展開されたのである。米軍は二個師団では足りずに、さらに一個師団を追加投入し、しかも米第九十六師団と米第二十七師団は、損害と疲労に耐えかねて、四月末には後方にあった二個師団と交代するに至ったのである。実に第六十二師団は、ただの一個師団で敵三個師団と激闘する余力を残していたのである〉（前掲書）

この嘉数の戦闘を米軍側ではどのように見ていたのだろうか。

米陸軍省戦史編纂部編集による『沖縄』（外間正四郎翻訳、光人社ＮＦ文庫）によると、午前8時23分に米軍部隊の先頭が、嘉数高地から２００メートル離れた小高い丘から進撃しようとしたとき、日本軍の野砲や機銃が一斉に火を噴き始めたため、米軍はかなりの犠牲を強いられたうえに前進は阻まれたという。そして続く対戦車戦闘については、次のように記録されている。

〈午前八時三十分、歩兵部隊が嘉数高地前方の小山をあきらめて後退しかけたとき、戦車隊が三列、四列になって嘉数台地を横断しはじめ、嘉数と西原間を南進していった。火炎放射器を装備した自動操縦戦車も加え、全戦車三十輌が、日本軍陣地の主力に強力な攻撃を加えようとこの台地に集結したのである。第一九三戦車大隊のＡ中隊が、戦車隊の主力を構成していた。戦車三輌が進撃の途中、台地付近で地雷にあって擱座した。

戦車隊が列をつくって進撃しているとき、西原丘陵の陣地から日本軍の四十七ミリ対戦車砲が猛攻を加えてきた。敵弾は十六発が発射されたが、米軍は一発も撃ち返せずに戦車四輌を撃破されてしまった〉（前掲書）

米軍は村落に侵入する際には火炎放射器で日本軍陣地をしらみ潰しにしていったのだが、そこでも日本軍の猛烈な返り討ちに遭って被害が続出した。
〈米軍の被害も大きかった。とくに村落に入るときが激戦で、村落周辺、あるいはその中に入ってからでさえ、戦車十四輌がやられた。その多くは施設地雷や四十七ミリ対戦車砲にやられたものだが、なかには、重砲や野砲で擱座させられたものもあり、また日本軍が爆薬箱をもって接近攻撃法をところみ、爆薬もろとも戦車に体当たりし、自爆をとげるという特攻にやられて撃破された戦車も多かった。

米軍の被害はますます大きくなった。とくに爆薬箱をもった日本軍は、戦車にとっては大脅威だった。爆薬箱は、ふつうボール箱の中に火薬をつめ、それを至近距離から戦車の無限軌道（筆者注＝キャタピラ）めがけて投げつけてくるのである。だが、日本人はしばしばこれを腕にかかえてそのまま戦車にぶつかってくる戦法をとったのだ。嘉数―西原戦線でも十キロ爆薬をかかえた〝自爆攻撃兵〟によって、日中に六輌が撃破された。

戦車は無限軌道をやられ、動けなくなっても、中の搭乗員はなんでもないのがふつうだった。だが、日本軍は戦車を擱座させてからなだれこみ、天蓋をあけて手榴弾を投げ込んだ。こうして多くの戦車が破壊され、また搭乗員も殺されたのである。

午後一時三十分、いまや米軍歩兵が来るのぞみはすっかり断たれ、戦車隊は、もとの線まで後退するよう命令をうけた。朝、嘉数高地に出撃した三十輌の米軍戦車のうち、午後もとの位置に帰ってきたのはわずか八輌であった〉（前掲書）

現代ではほとんど語られることのない沖縄戦における日本軍の勇戦とその大戦果。だが明らかに日本軍は勇猛果敢に戦い、かくも大きな戦果をあげていたのだった。

米陸軍省もこの嘉数の戦闘をこう総括し、日本軍の強さを認めている。

〈こうして、四月十九日の中南部攻撃作戦は失敗した。日本軍の戦線は、どの陣地をも突破することができなかった。彼らはどこでも頑強に抵抗し、米軍を追い返したのである。西側の一号線道路近くでさえ、第二七師団はかなり進撃したとはいうものの、そのほとんどの地域が日本軍のいない低地帯で、そこから、丘陵地帯への進撃は、猛烈な反撃にあって、のぞむべくもなかったのである。

その他の戦線も同じだった。朝出撃して、日本軍の抵抗戦にぶつかると、もうその日の進撃は、それで終わりだった〉（前掲書）

日本軍は優勢な米軍の前に敢然と立ちはだかり、強力な米軍戦車を撃退し、4月8日から24日までの攻防戦で6万4千人もの兵を失いながら、米軍にその予想をはるかに超える戦死傷者2万4千人の出血を強いたのだった。米軍はこの大損害に愕然とし、日本軍守備隊の強靭さに震え上がったのである。

この激戦の地・嘉数高地は戦後、当時の戦跡が整備されて「嘉数台公園」として遺されており、宜野湾市の建てた案内板には次のように記されている。

「嘉数高地は、第二次世界大戦中に作戦名称七〇高地と命名され、藤岡中将の率いる第六十二師団独立混成旅団、第十三大隊原大佐の陣頭指揮で約千人の将兵と約千人の防衛隊で編成された精鋭部と、作戦上自然の要塞の上に堅固な陣地構築がなされたため十六日間も一進一退の死闘が展開されたが、しかし米軍にとっては『死の罠』『いまわしい丘』だと恐れられた程に両軍共に多くの尊い人命を失った激戦地である。この嘉数高地七〇高地は、旧日露戦争の二〇三高地に値する第二次世界大戦の歴史の上に永代に残る戦跡である」

この高地の攻防戦は、かの日露戦争における「二〇三高地」の戦いに匹敵するほどだったのだ。

嘉数だけではなく前田高地でも同様だった。第24師団歩兵第32連隊第2大隊長・志村常雄大尉は4月29日に前田高地に進出して米軍と激しい戦闘を演じており、志村大尉はそのときの様子をこう綴っている。

〈砲爆撃と戦車砲の射撃によって高地上が無力化し、南斜面のわが主力を洞窟内に追い込むことに成功したとみるや、射撃が中止され、間髪入れず、敵歩兵が高地北側の断崖を縄ばしご等で登ってくる。敵の歩兵は、主として自動小銃の腰だめ射撃と手榴弾で入念に台上掃射を行なったうえで、これを占領するのであった。この間、空には絶えず観測機（われわれがトンボと呼んでいたもの）が飛行して、密接に地上と連絡をとっている。

高地上を占領されていたのでは、いつ馬乗り攻撃をかけられ、洞窟が破壊されるかわからないから、われわれも機を見て高地上の敵に逆襲を敢行する。このさい、洞窟内に引き込んでいた大隊砲と擲弾筒で短切な支援射撃を行ない、これに膚接して突撃を行なったが、これは極めて効果的であった。

米軍は、われの突撃にたいしてはまったく弱い。「ウワーッ」と白兵をふるって突っ込むと、敵歩兵は、完全に戦意を失って一目散に後退する。小銃も装具も投げ棄てて逃げて行くのであった。なかには悲鳴をあげ、あるいは泣き叫びながら逃げる者もいる。そして、ついには北側の断崖からころげ落ちる者も少なくなかった〉(『丸別冊　最後の戦闘』)

加えて現在の浦添市にある城間の戦闘でも、これまた日本軍の猛烈な反撃にあって米軍は夥しい被害を出している。米軍は、4月21日の戦闘の様子をこう記録している。

〈午後十一時、城間と下方の谷間にいた日本軍が、いっせいに総攻撃を開始した。米陣地をけちらし、機関銃二挺をぶん取り、多数の米兵を殺し、米軍が部隊を再編できないほどめちゃめちゃにしてしまった。ベッツ大尉は残りの兵を引きつれ、どうにか百八十メートル南方の第一大隊の線まで引き下がったが、中隊の兵力はいまや半分に削がれてしまっていた〉(『沖縄』)

沖縄県民かく戦へり　後世特別のご高配を賜らんことを

日本軍が勇戦した天久台の攻防戦も忘れてはならない。

5月12日、沖縄本島最西部を南下する米海兵隊第6師団は、日本軍第32軍司令部の置かれた首里から約2キロ離れた那覇北の天久台《あめくだい》で、我が独立混成第44旅団と激突した。劣勢であったにもかかわらず、我が第44旅団は米第6海兵師団の猛攻に怯むことなく、5月18日まで1週間にわたってその進撃を阻止し続けたのである。とりわけ米軍が〝シュガーローフ〟と呼んだ小さな「安里《あさと》五二高地」を巡る戦闘では、嘉数高地の戦闘に勝るとも劣らぬ見事な防御戦闘によって、迫りくる米軍の進撃を阻止し続けている。

沖縄戦では至るところ日米両軍兵士による白兵戦が繰り広げられ、一進一退の攻防戦が展開された。最終的にこの攻防戦は米軍が制したものの、戦死傷者2662名と1289名の戦闘神経症患者を強いられたのだった。戦死傷者の多さもさることながら、この戦いにおける米兵の戦闘神経症患者が1200名を超えたことに注目する必要がある。すなわちこれは、日本軍将兵がいかに米海兵隊員に恐怖を与えたかの証左であり、日本軍の反撃の凄まじさを物語っているからだ。

また、沖縄戦を語るとき、陸軍空挺部隊による「義烈空挺隊」を忘れてはならない。

義烈空挺隊は、11、12名の空挺隊員を乗せた97式重爆撃機を敵占領下の飛行場に強行着陸させ、飛行機から飛び出した空挺隊員が地上にある敵航空機や地上施設を強襲するという、いわば〝殴り込み部隊〟だった。

昭和20年5月24日夕刻、奥山道郎大尉率いる120名の義烈空挺隊員は、熊本県の健軍飛行場に集結し、それぞれの郷里に向って遥拝した後、諏訪部忠一大尉率いる第3独立飛行隊の12機の97式重爆撃機に分乗して米軍占領下の北飛行場（読谷）、中飛行場（嘉手納）を目指して大地を蹴った。当時の写真を見ると、奥山大尉が彼の乗る1番機の機長・諏訪部大尉と笑顔で握手を交わし、そして出撃時もまた奥山大尉が笑顔で機上より手を振って別れを告げている。そこには悲壮感など微塵も感じられず、むしろ、奥山大尉の辞世の句「吾が頭　南海の島に曝さるも　我は微笑む　國に貢せば」そのものだった。

健軍基地を飛び立った12機の97式重爆撃機は、エンジンの不調などによって4機が引き返したため、8機のみが沖縄本島に突入することになった。だが、激しい対空砲火のために奥山大尉の座乗する1番機（諏訪部大尉）を含む7機が撃墜されてしまった。それでも、原田宣章少尉の乗った4番機（町田一郎中尉）だけは敵の猛火をかいくぐり、見事、北飛行場に強行着陸したのである。97式重爆から飛び出した10余名の空挺隊員は暴れまわり、居並ぶ敵機を次々と破壊したうえに、大量の航空燃料を焼失させた後に壮烈な戦死を遂げている。

文字通り死力を尽くして戦い続けた日本軍――しかし、善戦むなしく最後は本島南部に追い詰められ、昭和20年6月23日黎明、第32軍司令官・牛島満大将と長勇《ちょういさむ》参謀長は、摩文仁の丘突端の司令部壕内で自刃して果てたのである。

沖縄戦では日本軍将兵約10万人が戦死しているが、一方で日本軍の猛烈な反撃と徹底抗戦によって、米軍も第10軍司令官・サイモン・バックナー中将を含む約1万2千人に上る戦死者と7万人を超える戦傷者を出している。日本軍守備隊が一方的にやられぱっなしのように伝えられる沖縄戦。だが実際は、米軍は彼らがこれまで経験したことのなかった苦戦を強いられ、そして未曽有の損害を被っていたのである。

沖縄戦では、米軍の無慈悲な無差別攻撃により10万人を超える一般市民が犠牲となっており、激しい怒りと悔しさを覚える。忘れてならないのは、沖縄戦で日本軍がかくも勇敢に戦えたのは、軍に対する沖縄県民の献身的な協力と絶対の信頼があったからなのだ。

沖縄県民かく戦へり

県民に対し後世特別のご高配を賜らんことを

豊見城《とよみぐすく》岳陵に構築された海軍司令部壕内で6月13日に自決を遂げた海軍沖縄根拠地隊司令官・大田実少将（戦死後中将に特進）は、その1週間前の6月6日、沖縄戦における沖縄県民の献身的な協力と筆舌に尽くしがたい苦労を報告するとともに、これに報いるべく後世には沖縄県民に対して特別の配慮をお願いする一文を、海軍次官当ての電文の最後に添えたのだった。

沖縄戦は、軍民一帯となって力合わせて戦った史上最大の国土防衛戦だったのである。

大戦果をあげていた「神風特別攻撃隊」

戦後、大東亜戦争の悲劇の象徴として酷評されてきた特攻隊——だが、当時の若者達は「自分が行かねば！」と至純の愛国心をもって勇んで志願し、そして驚くべきことに陸海軍の航空特攻は、278隻もの敵艦を撃沈破し、米兵を恐怖のどん底に陥れていたのだ。

戦艦「ミズーリ」に突入する特攻機（米軍が撮影したもの）

マバラカット基地から出撃する神風特別攻撃隊「敷島隊」

特攻隊の威力を日本軍から隠した米軍

昭和19年（１９４４）10月25日、フィリピンのマバラカット基地から飛び立った関行男大尉率いる神風特別攻撃隊「敷島隊」（２５０キロ爆談を搭載した零戦5機）の1機が、米海軍の護衛空母「セント・ロー」の後部飛行甲板に突入、同艦は大爆発を起こして沈没した。

爆弾を抱いて敵艦に体当たりする肉弾攻撃――〝神風特別攻撃隊〟の初めての戦果であり、航空特攻の始まりだった。

実はこの同日、敷島隊に先立ってフィリピンのダバオ基地から飛び立った神風特別攻撃隊の朝日隊（2機）、山桜隊（2機）、菊水隊（2機）に加え、セブ島から出撃した大和隊（2機）、そして敷島隊と同じマバラカット基地からも彗星隊（1機）と若桜隊（4機）もアメリカ艦隊に襲い掛かって大きな戦果をあげていたのである。

この日の神風特別攻撃隊は、合計18機（他、特攻機を上空援護する「直掩機」と呼ばれる零戦11機）が出撃し、護衛空母「セント・ロー」を撃沈した他、護衛空母「サンチー」「スワニー」「カリニン・ベイ」を大破せしめ、護衛空母「サンガモン」「ペトロフ・ベイ」「キトカン・ベイ」に損害を与えたのだった。加えて、この日の攻撃でアメリカ海軍が失った空母艦載機は１２８機を数え、戦死・行方不明者１５００名、戦傷者は１２００名に上ったのである。

繰り返すが、これはわずか18機による戦果であり、つまり航空特攻作戦は日本海軍の〝大勝利〟だったことになる。

この日、レイテ湾の米輸送船団を叩くべく進撃を続けていた栗田艦隊が、米護衛空母群を発見、戦艦「大和」らの砲撃によって護衛空母「ガンビア・ベイ」、駆逐艦「ジョンストン」「ホエール」「サミュエル・B・ロバーツ」を撃沈した。しかし、これ以上深追いするとレイテ湾突入作戦に影響すると判断した栗田艦隊は、午前9時23分に護衛空母群の追撃を中止した。前項で詳述した栗田艦隊〝謎の反転〟である。ところが、栗田艦隊による追撃中止のおよそ1時間20分後、前述の通り神風特別攻撃隊・敷島隊がこの空母群に突入して護衛空母「セント・ロー」を撃沈、これと前後して13機の特攻機が米艦隊に大打撃を与えたのだった。

昭和19年10月25日をもって、日本海軍の主力は〝連合艦隊〟から〝特攻隊〟にバトンタッチされたのである。戦後のマスコミや有識者などは、この特攻隊による攻撃を指導部の愚策と揶揄し、挙句は特攻隊がまるで〝犬死〟であったとする報道および解釈が流布されてきた。ところが、冒頭に紹介した昭和19年10月25日の戦闘で、特攻隊は大戦果をあげていたのである。この事実から、〝特攻作戦が失敗であった〟というのが大きな間違いであることがお分かりいただけよう。

昭和19年10月25日から昭和20年（1945）8月15日の終戦の日までのおよそ10カ月間に、海軍の特攻機2367機が敵艦隊に突入して2524名が散華した。同じく、陸軍の特攻機は1129機を数え、1386名が散華している（このデータは資料によって多少異なる）。

この航空特攻を受けた連合軍の被害はどうだったか。

私の調べによれば、陸海軍の航空特攻によって撃沈または撃破された連合軍艦艇は、実に278隻にも上り、資料によっては300隻を超えるとしたものもある。もっとも米軍は、輸送艦や上陸用艦艇の被害をこうした数に含めていないので、実際の被害艦数はこれをさらに上回るものとみられる。さらに、米軍だけをみても日本陸海軍機の航空特攻による犠牲者は、戦死者が1万2300名、重傷者は3万6千名に上り、加えて想像を絶する恐怖から戦闘神経症の患者が続出している。

このように、日米両軍の戦死傷者の数を単純比較しただけでも、特攻隊は3倍の敵と刺し違え、12倍の敵とわたりあっていたことになる。

不思議なことに日本ではこの大戦果はほとんど知られていない。ところが航空特攻の絶大なる効果については、米海軍の将校であるベイツ中佐の言葉がこれを証明する。

〈日本の空軍が頑強であることは予め知っていたけれども、こんなに頑強だとは思わなかった。日本の奴らに、神風特攻隊がこのように多くの人々を殺し、多くの艦艇を撃破していることを寸時も考えさせてはならない。だから、われわれは艦が神風機の攻撃を受けても、航行できるかぎり現場に留まって、日本人にその効果を知らせてはならない〉（安延多計夫著『あゝ神風特攻隊』光人社NF文庫）

繰り返し言うが、日本軍の特攻作戦は大戦果をあげていたのである。にもかかわらず、航空特攻で散華された特攻隊員に対して、偽善的な哀れみの情を込めて〝無駄死〟だとか〝犬死〟などというのは特攻隊の英霊に対する冒涜以外の何物でもない。

出撃していった特攻隊員の話を聞くことはできないが、私は特攻機を援護して出撃していった直掩機の搭乗員から、当時の貴重な証言を聞くことができた。かつて第201航空隊の第306飛行隊に所属してフィリピンで戦った、後の343航空隊のエース・笠井智一兵曹は、特攻機の直掩を経験した数少ないパイロットであった。

10月25日の敷島隊出撃の2日後の10月27日、笠井氏らの直掩機8機が列線に並ぶと、そこにはすでに4機の特攻機・艦上爆撃機「彗星」が待っていた。山田恭司大尉を指揮官とする「忠勇隊」だった。笠井兵曹が、これから自分が援護してゆく特攻機を感慨無量の心境で眺めていると、そこに懐かしい顔を発見した。

「おぉ、野々山!」

それまで緊張した面持ちの笠井兵曹の顔がほころんだ。甲飛10期の同期生・野々山尚一等飛行兵曹を見つけたのだ。野々山兵曹も笑顔で応じた。

「おぉ、笠井、笠井じゃないか！　お前何しに来たんだ！」

笠井兵曹は言った。

「おう、俺は直掩や！」

すかさず野々山兵曹はまなじり上げて返した。

「そうか、頼んだぞ！」

基地隊員の帽振れに送られて離陸した直掩の笠井兵曹らが上空で待っていると、4機いたはずの「彗星」が1機足りないことに気づいた。1機は車輪故障のため飛べなかったのである。むろんそれが、同期の野々山兵曹であったことはこの時点で知る由もなかった。

笠井兵曹らは、３機の特攻機を護衛して目標海域へ向かったが、そこには目標となる敵艦を発見できなかった。そこで、「もし敵艦が見つからぬ場合はレイテ湾に向かへ」との命令に従いレイテ湾に機首を向けた。ところがレイテ湾の上空高度５千メートルは分厚い雲に覆われ視界ゼロ。ところが奇跡的に一カ所だけ分厚い雲の切れ間があり、夥しい数の敵艦が見えたのである。

３機の特攻機は、次々と雲の切れ間に飛び込んでいった。「彗星」は、５００キロ爆弾を積んでいるので急降下速度は速いため、直掩の零戦がついてゆくことは並大抵のことではなかった。それでも笠井兵曹は、敵艦目指して突進してゆく特攻機を援護しながらついていった。

ところがどうしたことか、敵艦を目前にこの1番機が体当たりを止めて機首を引き起こしたのだ。より大きな目標を発見したため、目標を変えたのである。そして怨敵必滅の信念に燃えた神鷲は狙いを定め、今度は真一文字に敵艦目指して突入していった。

ドドーン！　見事体当たりを果たしたのである。轟音とともに猛烈な火柱が上がった。

「よくぞやった！　体当たりできてよかったな。次は俺の番だ。先に行って待っていてくれよ！」

これが、特攻機の体当たりを目の当たりにした笠井兵曹の心境だったという。

「もう1機は乙飛16期生の搭乗員が操縦していましたが、この機は駆逐艦に体当たりしました。そして最後の1機は、輸送船に体当たり攻撃をしかけたんですが、残念ながら体当たりできずに敵艦の傍に突入して至近弾となったんです」（笠井兵曹）

この10月27日の戦闘を調べてみると、午後3時30分に飛び立った山田恭司大尉率いる神風特別攻撃隊「忠勇隊」の3機は、笠井兵曹ら8機の直掩機に守られて敵艦に体当たり攻撃を敢行し、戦艦1隻中破、巡洋艦1隻大破、輸送船1隻小破という大戦果をあげていたのだった。

この記録を笠井氏の証言と照らし合わせてみると、笠井兵曹が最期の瞬間まで守り抜いた1番機は、戦艦に体当たりしてこれを中破させ、続いて2番機が体当たりした「駆逐艦」は巡洋艦であり、これもまた大破させている。そして体当たりできずに至近弾となったもう1機は、「輸送船」を小破させていた。ちなみに敵巡洋艦を大破せしめた「乙飛16期」の特攻隊員は、竹尾要一等飛行兵曹あるいは山野登一等飛行兵曹ということになる。

また、この日に車輪故障で出撃できなかった笠井氏の同期生・野々山尚一等飛行兵曹は、その2日後の10月29日に2機の「彗星」艦爆で出撃し、「大型空母1隻撃破」の戦果をあげている。アメリカ側の記録によると、この大型空母は「イントレピッド」であり、特攻機が舷側の20ミリ機関砲台に突入し、米兵16名が戦死傷者したと記録されている。いずれの航空特攻も、米軍将兵を震え上がらせる大戦果をあげていたのだった。

陸軍特攻隊教官が見た特攻隊員の姿

こうした体当たり攻撃は、航空機による特攻だけではなかった。

潜水艦で運搬された人間魚雷「回天」、島影から高速で敵艦に体当たりする特攻艇「震洋」、棒の先に取り付けた機雷を海底から敵艦艇の船底に触雷させる「伏龍」など、日本軍はあらゆる特攻兵器を繰り出して物量に勝るアメリカ軍に敢然と立ち向かっていったのである。

そもそもこれら特攻兵器なるものは、航空母艦や戦艦などの攻撃目標に確実に命中させるために人間が操縦するという当時では最強の〝誘導兵器〟であり、それゆえに敵軍将兵に恐れられた。もちろん特攻機が突入しても沈まない艦艇は多かった。しかしながら特攻機が体当たりすると、搭載していた２５０キロ爆弾が爆発して大きな被害を与えるだけでなく、特攻機の積んでいた航空燃料が飛散して甲板を火の海にしたため、多くの将兵が焼け死んだという。

昭和20年5月11日に2機の特攻機の突入を受けた正規空母「バンガーヒル」は、沈没を免れたものの、４０２名の戦死者を出し、２６４名の重軽傷者を出している。当然こうした地獄絵を目の当たりにした米軍将兵は特攻機を恐れ、またその士気は著しく低下したはずだ。

前出の『あゝ神風特攻隊』によれば、特攻機の攻撃を受け、大きな被害を受けた駆逐艦「ニューコム」の艦長I・E・マクシミリアン中佐は、その戦闘報告に〈不気味な死に直面し、ひどい火傷や重傷のうめき声がはっきり聞こえてきて、焦熱地獄の様相を呈してきた。士官および下士官兵の精神状態が極度に動揺した…〉したと記している。

また、特攻機の突入を受けて黒く焼け焦げた駆逐艦が、慶良間列島に設けられた米軍の損傷艦錨地に帰ってくると、またこの惨状を見た将兵は同様に特攻機の恐怖を思い知ることになったわけである。体当たりした敵艦が沈没せずともその実被害はもちろんのこと、将兵の精神的被害も深刻だったのだ。

沖縄方面の航空特攻では、日本軍の航空攻撃を事前に察知するため洋上の哨所に配置された「レーダー哨艦」と呼ばれる駆逐艦が狙われ被害も多かった。米海軍のターナー大将の幕僚は次のように語っている。

〈われわれはレーダー哨艦としては、艦隊中の優秀艦を抜いてこれに当てた。哨所につけと命ずることは、まるで死刑の宣告を与えるようなものだ。実際、こぎれいなつやつやと光沢のある駆逐艦が哨所につくために、北の水平線に消えていくのを見送るぐらい嫌な気持のものはない。駆逐艦の機関も大砲も完全で、乗員もピチピチしているのに、数時間もたたないうちに、ひどい姿になって曳航されながら帰ってくるのだからな〉（前掲書）

戦後、こうして雄々しく戦った特攻隊員は、まるで、その意志に反して強制的に志願させられたかのごとく言われ、あろうことか〝かわいそうな若者〟に仕立てられてきた。

だが、特攻隊員の肉声はそのようなものではなかった。彼らは至純の愛国心を胸に戦い、そして命を祖国のために捧げたのである。かつて陸軍特攻隊の教官であり、自らも終戦前日に特攻命令を受けた陸軍きっての名パイロット田形竹尾准尉は次のように言う。

「出撃前、特攻隊員は仏様のような綺麗な顔でした。目が澄みきって頬が輝いておりました。彼等は皆、愛する祖国と愛する人々を守るために自ら進んで志願していったんです。断言しますが、戦後言われるような、自分が犠牲者だと思って出撃していった者など1人としておりません。皆、『後を頼む』とだけ遺して堂々と飛び立っていったんです…」

田形氏は戦後伝えられてきた「特攻隊員は、本当は行きたくなかったのだ。皆『お母さん！』と叫んで死んでいった戦争の犠牲者なのだ」などという虚構もきっぱり否定する。確かに、国を愛する心が希薄な現代人の尺度で推し量れば、そうかもしれない。しかしながら、国を愛し、親兄弟をなんとしても守ろうと考えていた当時の日本人からすれば、自らの生命を賭して戦うことは当然のことであったに違いない。

現代に生きる我々は、現代の尺度で過去を見ようとするために真実が見えないのである。

かつて私はフィリピンで行われた神風特別攻撃隊の慰霊祭に参加したことがある。このとき、式典会場で出会った地元フィリピンのダニエル・H・ディゾン画伯はこう語ってくれた。

「当時、白人は有色人種を見下していました。これに対して日本は、世界のあらゆる人種が平等であるべきとして戦争に突入していったのです。神風特別攻撃隊は、そうした白人の横暴に対する力による最後の〝抵抗〟だったと言えるでしょう」

世界には神風特攻隊の勇気とその愛国心を讃える声が溢れているのだ。

大東亜戦争の象徴とも言える〝特攻隊〟。その戦果は大きく、連合軍将兵の心胆を寒からしめていたのだった。そしてこのことが、米軍兵士に日本軍兵士への畏敬の念を抱かせ、今日の日米同盟を堅固なものにしていることを忘れないでいただきたい――。

大東亜戦争最後の血戦「日ソ戦」

日本の敗戦が決定的となった昭和20年（1945）8月8日、ソ連は突如として日ソ中立条約を破棄し、翌9日から日本領に対して武力侵攻を開始した。戦闘は満州方面、千島・樺太列島方面で行われ、終戦となった15日以降も継続されたが、一連の戦闘でソ連軍は甚大な被害を出していたのだった。

占守島には精強な日本軍戦車部隊が駐屯していた

占守島の戦いで戦車第11連隊を率いた池田末男大佐

「陸の特攻」で敵戦車を次々撃破

昭和20年（1945）8月9日未明、日ソ中立条約を一方的に破棄したソ連は、突如満州に軍を送り込んできた。敗戦濃厚となった日本に対して、まるで火事場泥棒のごとき振る舞いである。日本軍将兵は怒りに震え、この卑劣な敵に対して徹底抗戦で挑むことを誓った。

満州に展開する関東軍は、重戦車を先頭に怒涛の如く押し寄せてくるソ連軍を全力で迎え撃った。ハバロフスクに司令部を置くソ連極東軍の侵攻の報に接し、陸相・阿南惟幾《あなみこれちか》大将は各軍司令部にこう打電している。

〈ソ連ついに皇国に冦す。明文いかに粉飾すといえども大東亜を侵略制覇せんとする野望歴然たり。事ここにいたるまたなにをかいわん、断乎神州護持の聖戦を戦い抜かんのみ〉（伊藤正徳著『帝国陸軍の最後』角川文庫）

当時、満州にあった石頭《せきとう》予備士官学校で教育を受けていた陸軍甲種幹部候補生の荒木正則軍曹は、ソ連軍参戦時の様子をこう回想する。

「『いよいよ来たな』という感じと、学校周辺に曳光弾、信号弾が夜空にどんどん上がったことを覚えています。3600名の学生は、時間がなくて元の部隊に帰るわけにいかない。そのまま学校ぐるみ、野戦部隊に編成されました。教育隊は第1中隊から第4中隊までが歩兵中隊、第5中隊が重機関銃中隊、第6中隊が歩兵砲中隊という編成だったんですが、歩兵を奇数中隊と偶数中隊に分け、第1

方面軍（牡丹江）指揮下の小松連隊（2、4中隊）と、第5方面軍（掖河）指揮下の荒木連隊（1、3中隊）に編成。それぞれに5、6中隊の半数ずつが入りました。

荒木連隊はすぐに第一線に出て、牡丹江の東20キロの磨刀石《まとうせき》という場所で、ソ連軍の戦車部隊に対して壮絶な肉弾戦を行いました。小松連隊は後方陣地構築のために、東京城《トンキン》のほうに南下しました。私は第5中隊（重機関銃中隊）第3区隊で、本来は前線に行くはずだったんですが、たまたま区隊長が訓練のために不在だったんです。戦闘に参加するのに区隊長がいなくてはダメだということで、東京城のほうへやられました」

荒木軍曹ら士官候補生の任務は、国境付近から避難してきた在留邦人が祖国に帰るまでの防波堤となり、軍主力が撤退して後方に防御戦を築き上げるまでの時間稼ぎをすることであった。

そんな中で、「磨刀石の戦い」が始まった。荒木氏は言う。

「磨刀石の戦いは皆さんご存じないかと思いますけども、これを〝陸の特攻〟と褒め称え賞賛してくれたのは、皮肉にもソ連だったんです。１５０両の敵戦車に対して、体当たりの肉弾特攻。いかにソ連との最前線における戦いが凄惨なものであったか……。この戦いによって初めて、満州侵攻後のソ連が戦線立て直しのために第一線を後退したのです。

第5軍の前線基地は牡丹江《ぼたんこう》の先の掖河《えきが》です。そこからさらに前線の磨刀石に、８５０名の候補生が出陣しました。ただ、戦闘部隊ではなく学校ですから、戦おうにも十分な武器がない。そこで、10キロの爆薬に信管代わりに手榴弾を結びつけ携帯天幕に包んだ急造爆雷を胸に抱きかかえて、その身もろ

■「ソ連軍による千島・樺太への侵攻」概要図

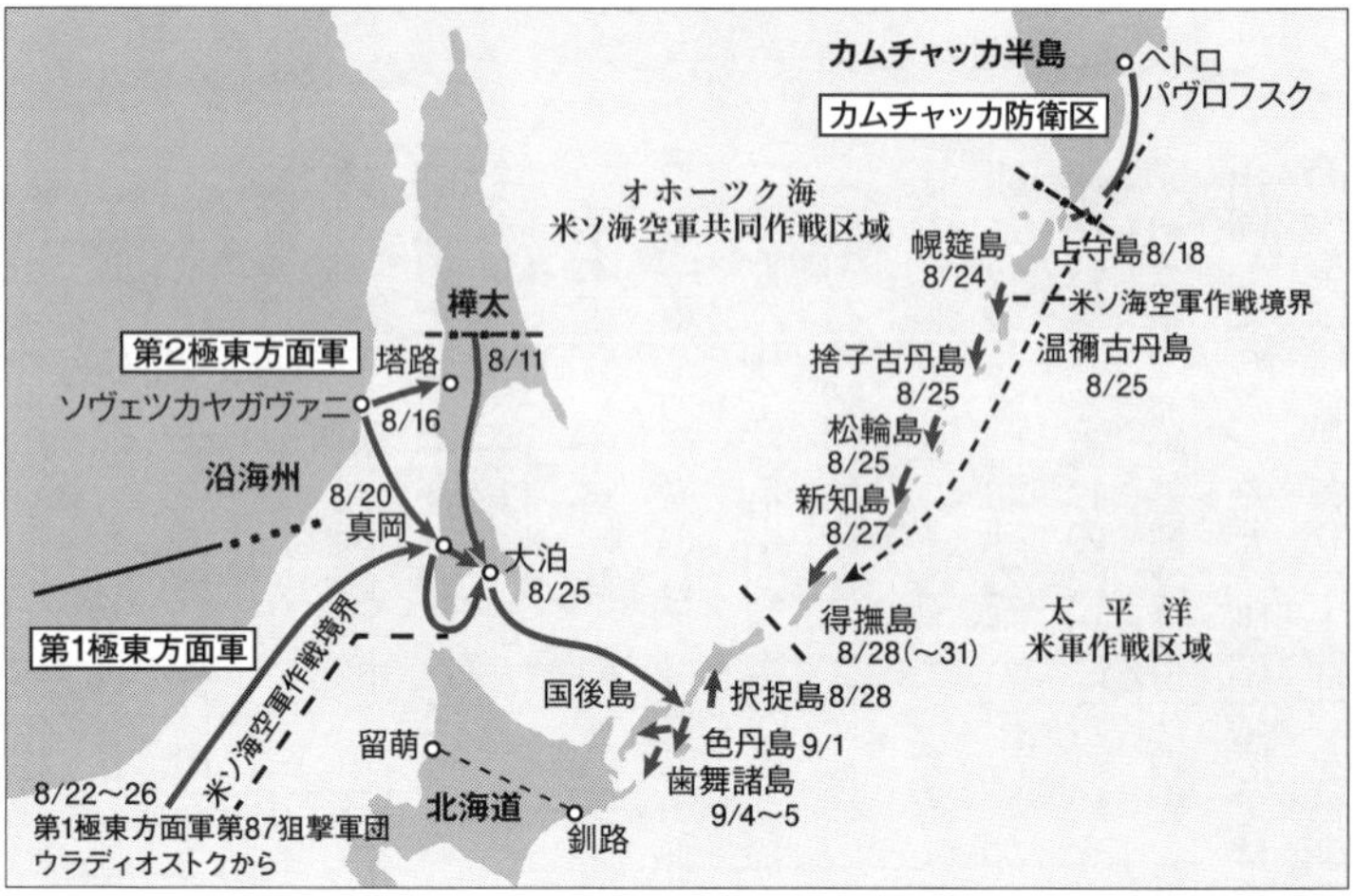

参考／中山隆志『一九四五年夏　最後の日ソ戦』国書刊行会

とも、かつてドイツの機構軍団を破ったT34戦車に向けて突っ込んでいきました。

10㌔ばかりの爆弾で敵の戦車が爆破できるのかとよく言われますが、キャタピラをやるんです。続いて擱座した敵戦車を乗っ取って、砲塔をソ連の戦車に向けて撃つ。これだったら、敵の戦車をバコバコとやれますよ。そういう戦いを次から次へと繰り広げた。

戦友が次から次に目の前でやられる。それなのになぜ逃げなかったのか。逃げようと思ったら逃げられるんです。戦友が爆発して吹っ飛ぶ、その胴体や頭を見ながら、それでも最後まで突っ込んだというのが、石頭予備士官学校生徒の連中の魂じゃないかと思います。8月13、14日の2日間の戦闘で、850名のうち750名が戦死しました」

爆雷を胸に抱き、敵重戦車に肉弾攻撃をかける我が将兵の姿が眼に浮ぶ。まさに「陸の特攻隊」であった。

候補生らは、その多くが20代前半の若者だった。そんな若者達が爆雷を抱いて勇猛果敢に突進していったのである。重厚なソ連軍のT34戦車に向って突っ込んでいき、そして敵戦車を次々と撃破していったのだった。この壮絶な戦いぶりと大戦果に対し、関東軍司令部は〝甲種幹部候補生隊は戦闘間克くその面目を発揮し、彼の惨めなる他隊を超然、軍の真骨頂を発揮せり〟と全軍に布告した。また、長射程の強力な大口径砲をずらりと配置した「虎頭《ことう》要塞」では、第15国境守備隊が寄せ来るソ連軍に巨弾の雨を降らせ、敵の侵攻を阻止し続けたのである。終戦日である8月15日以降も、敵の降伏勧告を3度蹴り、銃剣と手榴弾による肉迫攻撃が8月29日まで続けられた。

停戦後、我が軍のこの敢闘ぶりはソ連軍参謀長をして〈虎頭の日本兵は天下最強の守兵であった〉（前掲書）と激賞せしめたほどであった。

樺太《からふと》でも激しい戦闘が繰り広げられた。8月9日、北緯50度線を国境とする日本領南樺太に侵攻してきたソ連軍は、地上部隊が国境を突破して南下を図ったが、日本軍の激しい反撃の前に大損害を被っていた。当時歩兵第25連隊歩兵砲大隊長だった菅原養一少佐は、こう記録している。

〈八月九日、ソ連の対日戦争参加により、早朝より北樺太警備のソ連軍は、航空部隊援護のもとに半田—古屯道に重点を指向し、攻撃を開始してきた。国境警備の歩兵第一二五連隊主力は、既設陣地によってソ連軍と交戦、その前進を阻止するとともに、挺進部隊をもってソ連軍に大きな損害を与えつつあった〉（『丸別冊　北海の戦い』潮書房）

第125連隊の第1大隊第1機関銃中隊の前田俊雄兵長は、国境を越えて南下してくるソ連軍を重機関銃で迎え撃ったときの様子をこう記している。

〈各中隊へ配属した機関銃分隊の活躍はもの凄く、接近して来る敵兵を正確な射撃でバタバタと薙ぎ倒し、威力を余すとことなく発揮していた〉（前掲書）

日本軍は、緒戦ではソ連軍の戦車部隊をも見事に撃退したのであった。

前田兵長はこう述べている。

〈十三日昼ごろから、戦車七〜八両を伴ったソ軍歩兵一コ大隊が、師走《しわす》川北方、七百メートル付近に進出してきた。そして、亜界《あかい》川橋梁近くに砲列を敷いた十〜十五榴弾砲数門の支援射撃を受けつつ、前進してくる。

我が第四中隊は、師走川南に大隊砲小隊、速射砲三門、重機関銃二機をもって布陣し、来攻してくるソ軍を猛撃する。さらに北斗山のわが山砲も加わり、ソ軍の前進を阻止し、亜界川以北に撃退した〉（前掲書）

終戦の詔勅が発せられた8月15日以降も、ソ連軍の猛攻と侵攻は止むことはなかった。だが日本軍は徹底抗戦を続行し、敵に予想外の損害を与えている。再び前田兵長の回顧。

〈敵は十五日早朝から、ふたたび兵舎を目標に猛烈なる攻撃を仕かけてくる。わが第一大隊は少数にてよくこれに応戦、死守するも、兵員の損傷は少なくなかった。ちなみに、このときのソ連兵力は一千数百名の大部隊だったという。

この大敵を相手に、果敢なる戦闘を展開する。正午近くになったとき、古屯《ことん》兵舎南側の車道から、敵戦車十数両がいっせいに火を吐きつつ猛攻してくる。これに対峙していたわが連隊砲分隊は、古屯衛兵所横に砲を隠蔽し、敵戦車が頭を出すと速やかに飛び出して射撃を加える。

近距離なので、百発百中である。それでも擱座した戦車を後方の戦車が路上から押し出しながら、なおも前進してくる。ふたたび飛び出しては射撃する。このような射撃をくり返しつつ十数両を射止めた。この戦果は大きかったといえる〉（前掲書）

局地戦とはいえ、これは大変な戦術的勝利だった。欧州戦線でドイツ軍を撃ち破ったT34戦車を野砲だけで10数両も仕留めたのだからあっぱれというほかない。

ソ連軍は同じ8月15日に塔路《とうろ》港、８月20日には真岡に上陸してきた。だが、ここでも日本軍の抵抗は凄まじかった。ソ連側は被害を公表していないものの、相当な出血を強いられたとみられている。最終的に、樺太における日本軍の頑強な抵抗によってソ連軍の南下速度が遅れ、その結果、北海道上陸作戦が阻止されたとも言われている。

所変わって、千島列島――。その再北端に位置する占守島《しゅむしゅ》では、日本軍最後の大規模な戦車部隊による戦闘が行われた。

８月14日、海峡を挟んだ対岸のカムチャッカ半島ロパトカ岬に設置されたソ連軍の４門の１３０ミリ砲が、占守島の竹田浜付近に砲撃を行った他、翌15日にもソ連軍機が占守島を爆撃するなど挑発行動を始めた。8月17日にはカムチャッカ半島からソ連軍上陸部隊が出港、これに合わせてソ連軍機の爆撃およびロパトカ岬の砲台が砲撃を行い、占守島を巡る大攻防戦が始まった。

終戦から3日後の8月18日深夜、ついにソ連軍は占守島の竹田浜に上陸を開始、続いて国端崎などに上陸してきた。ソ連軍上陸部隊は、アレクセイ・グネチコ少将率いる8821名から成る陸軍部隊とドミトリー・ポノマリョフ大佐を司令官とする海軍歩兵1個大隊および輸送艦14隻など54隻の艦艇であった。これに加えて約80機のソ連陸海軍航空部隊が支援した。

だが、上陸したソ連軍を待ち構えていたのは、杉野巌少将率いる歩兵第73旅団と池田末男大佐率いる戦車第11連隊、さらに第1および第2砲兵隊、その他工兵大隊、高射砲大隊などおよそ8千名の日本陸軍精強部隊だったのである。

この占守島守備隊の上級部隊は、堤不夾貴《ふさき》中将を師団長とする第91師団で、その師団司令部と5個大隊から成る第74師団は、占守島に隣接する幌筵《ほろむしろ》島に控えていた。日本軍の火砲は実に200門、当時としては贅沢すぎるほどの火力であった。池田連隊長率いる戦車第11連隊は、47ミリ砲搭載の97式中戦車20両の他、旧砲塔の97式中戦車19両に95式軽戦車25両の合計64両から成る戦車部隊であった。

まず上陸してきたソ連軍に、日本軍の猛烈な野砲の砲弾が降り注いだ。ソ連軍の上陸用舟艇は次々と撃破され、上陸してきたソ連兵が炸裂する我が砲弾に吹き飛ばされる。戦車第11連隊は、池田連隊長を先頭に四嶺山のソ連軍を撃退すべく出撃準備を急いだ。

池田連隊長は突撃を前に力強く訓示した。

〈われわれは大詔を奉じ家郷に帰る日を胸にひたすら終戦業務に努めてきた。しかし、ことここに到った。もはや降魔の剣を振るうほかはない。そこで皆に敢えて問う。諸子はいま、赤穂浪士となり恥を忍んでも将来に仇を報ぜんとするか。あるいは白虎隊となり、玉砕をもって民族の防波堤となり後世の歴史に問わんとするか。赤穂浪士たらんとする者は一歩前に出よ。白虎隊たらんとする者は手を上げよ〉（『戦車第十一聯隊史』）

大野芳著『8月17日、ソ連軍上陸す　最果ての要塞・占守島攻防記』（新潮社）によれば、この訓示を受けた隊員らは、全員が「おう！」と歓声をあげ、もろ手をあげたという。池田連隊長は部下達の至純の愛国心と決意を確認し、その目は涙に曇ったという。池田連隊長は下令した。

〈連隊はこれより全軍をあげて敵を水際に撃滅せんとす。各中隊は部下の結集を待つことなく、御詔勅を奉唱しつゝ、予に続行すべし〉（『戦車第十一聯隊史』）

かくして戦車部隊の大反撃が開始された。

池田連隊長は片手に日の丸を握りしめ、戦車部隊の先頭に立って突撃を開始したのである。この出撃の様子を戦車第11連隊で97式中戦車改の砲手を務めた神谷幾郎伍長は、私にこう話してくれた。

「集合して、連隊本部のある千歳台の方向を見たら、道路をもう戦車が走っていくじゃありませんか。連隊長の戦車だったんです。普通だったら隊列を整えて出撃するのですが、連隊長は、『我に続かんと欲するものは続け！』とばかりにどんどんと行っちゃうんですよ。それで私達は連隊長車を追いかけるように出ていったんです」

池田連隊長は死に場所を見つけたとばかりに突進していったという。大野芳氏は前掲書の中で、その突撃の生々しい様子を見事に描いている。

〈「一時の方向。男体山右側三百っ」

砲手席の式町が覘視孔《てんしこう》（横十五センチ幅五ミリの覗き窓）からひときわ大きな火箭をいせる敵拠点を目視・測定した。

「おれに初弾を撃たせろ」と、内田は式町に代わって引金を引いた。

「スターン」と、砲声とともに砲塔が振動する。

火を吹いていた敵の重火器と五、六名の敵兵が地上に飛び散った。（内田手記）

このあと式町が徹甲弾も榴弾もかまわず射撃すれば、通信手の松島が車載銃を左右に射ちながら敵兵をなぎ倒す。四嶺山南東の台地からは、高射砲が俯角（水平）射撃をする。

第四中隊の軽戦車に随伴して竹下大隊の歩兵が北進してきた。

竹下大隊は、杉野旅団長に命ぜられて村上大隊の掩護の任を負っていた。彼我入り乱れた戦闘は、新手の注入で形勢が逆転。ついに戦車連隊は、四嶺山を奪還し、山稜をこえて敵軍を竹田浜方面に追い払ったのである〉

凄まじい戦闘の末に日本軍戦車部隊は、押し寄せるソ連軍を見事に撃退したのである。ソ連軍はさぞや驚いたに違いない。精強な機甲部隊が日本最北端の小さな島に待ち構えていたからである。

97式中戦車の主砲弾がソ連兵を吹き飛ばし、逃げ惑う敵兵を車載重機銃が次々となぎ倒していった。

60両もの大戦車部隊が呻りを上げて突進しソ連兵を蹂躙して押し返してゆく。各個に突進する戦車に蹴散らされ踏み潰されるソ連兵は、かつて彼らがヨーロッパ戦線で経験したドイツ機甲部隊の猛攻を思い出したことであろう。

日本軍の大勝利で幕を閉じた大東亜戦争

「まさか極東のこんな小さな島に、かくも強大な大戦車部隊がいたとは…」

炸裂する戦車砲と機銃弾の嵐の前に、ソ連軍将兵は我が目を疑ったに違いない。痛快なことこのうえない。凄まじい我が戦車部隊の力闘は、開戦劈頭のマレー電撃作戦を彷彿とさせるものがあった。ついにソ連軍は累々たる屍を残して押し戻されていったのである。

先の神谷伍長は敵弾を受けながら突進したときの様子をこう話す。

「敵のいる場所の手前まで行ったときに、敵の弾が私の乗っている戦車に当たるんです。そのとき敵の弾は貫通せずに『カン、カン、カン』という音を立てるだけでした。そしたら、『よし、これなら大丈夫だ』と思って、嬉しくなりましたよ。このとき乗員は皆、遅れをとって恥をかいてはいかんという気持ちで必死でした。そうして気が焦るのもだから操縦手がエンジンをふかし過ぎたんです。私が乗っていた97式中戦車は12気筒空冷エンジンなので操縦が難しいんですよ。トップでふかし過ぎたために、ついにエンジンが焼き付いて動かなくなってしまった。

そこで戦車を捨てて徒歩で前進することになったんですが、車載の機関銃を下して持っていく手順を忘れてしまったんです。とにかく遅れをとってはいけないという気ばかりが焦っていたんです。そして徒歩で前進しているときに、ふとそのことを思い出したんですよ。それで、仕方がないので軍刀と拳銃だけで敵に向かっていきました」

日本軍の進撃がいかなるものであったかを知るエピソードである。

上陸してきたソ連軍は、戦車を持っていなかったために、日本軍の戦車に蹂躙された。だが、次第にソ連軍も戦車の装甲を撃ち抜くことができる強力な対戦車銃で応戦を始め、日本軍の戦車を擱座させていった。日ソ両軍は激しい近接戦闘に突入した。

戦場は濃霧のため視界不良だったという。そのため、ソ連兵が手榴弾を片手に戦車に肉迫すれば、日本軍戦車兵は天蓋から身を乗り出して拳銃でソ連兵と撃ち合う場面もあったという。戦車第11連隊第2中隊付の篠田民雄中尉は、そんな戦闘の様子をこう記している。

〈目標を捕えにくいので、砲塔上に身を乗り出して探す。黒々と見える横這松や榛の木の灌木帯の影に、長い外套を着た人影の動くのを発見する。

「敵だ！」

砲手に目標を指示し、射撃を命ずる。

「榴弾だ！」

銃手も敵影を認めて機銃を撃ちはじめた。

霧のなかにしばしば敵影が動く。直接照準の四十七ミリ戦車砲は、ここを先途と躍進射、行進射で榴弾の猛射を浴びせる。

突然、敵兵が戦車の横に現れる。

あずき色の外套をひるがえして走る。近すぎて鉄砲では撃てない。それっと砲塔上から拳銃で狙い撃つ。三発、四発…、やっと倒れる。

敵は友軍既設の蛸壺や壕を利用したり、灌木帯の影に布陣しているらしい。中隊長は小銃を構えて撃ちはじめた。白霧をぬって黒い小さな塊が戦車めがけて飛んで来た。何か、と思う瞬間、頭上を越え右後方のバンパーで爆発した。手榴弾だ。つぎつぎと柄の付いた手榴弾が数発投げられてきた。何クソ、と撃ち返して戦車ごと突っ込む。

霧のなかを日章旗を高々と挙げた戦車が左へ左へと進んでいくようだ。右翼の男体山東方から突入した主力は、左に旋回している様子だ。左に向きを変え、それにならう〉(『丸別冊　北海の戦い』)

日章旗を高々とあげた戦車とは、池田連隊長車であろう。濃霧の中、至る場所で日ソ両軍兵士による激しい白兵戦が繰り広げられた。

車載銃を運び出すことを忘れて軍刀と拳銃だけで進撃した神谷幾郎伍長は、どうにか小銃を手に入れ、1個分隊を率いてソ連軍と対峙する。

「敵は稜線の上に陣地を構えていました。我々は下から登ってゆく形になりました。そこで砲兵隊と機関銃の掩護射撃を得て塹壕に飛び込んだんです。そこから前進したわけですが、ちょっと頭を出すと狙撃兵が撃ってくるんです。そのとき同じ塹壕にいた小川隊の兵隊が撃たれ、『やられたッ』と叫んで前に倒れたんです。そののちに友軍の砲兵隊の砲撃によって敵の反撃が弱まったところで『突っ込めー』といって敵の塹壕に飛び込んでいきました。その塹壕の中には、ソ連兵が重なり合って斃れておりました。まだ息のある者もおりました。その光景を見た私は真っ青になって一瞬、放心状態となってしまったのですが、そのときふと我に返って『やらなければ俺がこうなるんだ…』と悟ったんです。それから死骸を見ても何も感じなくなりました」

生々しい戦場心理である。その後、神谷伍長は、牧野小隊長と2人で前進していたときソ連兵と遭遇する。

「『出たっ!』と私が言った途端、牧野小隊長が軍刀でソ連兵を斬りつけたが、敵兵がその軍刀を奪いかけたので、私が軍刀で突いて倒したんです」

壮絶な白兵戦である。こうしてソ連軍上陸部隊を滅多撃ちにして大損害を与えた日本軍だったが、この激しい戦闘で池田連隊長も敵弾を受けて愛車とともに散華したのであった。敵に圧迫され危機に瀕していた女体山の第三特殊監視隊の加藤弥三郎兵長は、そのときの戦闘の様子を目撃していた。

〈もはやこれまでと覚悟した時に、池田連隊長さんたちが来てくれました。連隊長さんは、左手に抜いた軍刀を持ち、右手に旗を持って指揮をとっておられました。旗がさっと振られると、友軍の戦車が一斉にその方向へ動きだします。すると敵は、クモの子を散らすように退却しますが、戦車が動きを止めますと、猛然と撃って来ました。そのうちに直撃された戦車が炎を噴きあげて燃えあがるんです〉(『8月17日、ソ連軍上陸す　最果ての要塞・占守島攻防記』)

池田連隊長はこの戦闘で戦死したという。ソ連軍を撃退した日本軍は、敵に決定的な打撃を与える好機にありながらも停戦交渉のために攻撃を手控えねばならなかった。現場の将兵は、さぞかし無念であったろうが、当時の状況下では仕方なかった。

軍使を派遣しての停戦交渉の末、8月23日に停戦協定が調印されて占守島の戦いは終わった。ただ、この占守島の戦いで、海軍の97式艦上攻撃機がソ連の軍艦に体当たり攻撃をかけて撃沈していたことも忘れてはならない。

8月18日、新谷富夫上飛曹、山中悦猷上飛曹、樋口栄助上飛曹が乗った97式艦上攻撃機が、爆弾で敵艦を1隻撃沈しながらも対空砲火で被弾するや、他の1隻に体当たりして撃沈したという。大東亜戦争における〝最後の特攻隊〟であった。

我が方の戦死傷者600人、対するソ連軍はなんとその5倍の3千人の戦死傷者を出したのである。占守島攻防戦は日本軍の大勝利だったのだ。

神谷伍長は後にこの勝利の事実を知ることになる。

「当時はそのことを知らず、あとから戦果を知りました。私達は『国のために！』ということで戦ったわけですが、自分達が頑張ったから北海道が取られず済んだんです。本当に国のためになったんだと、自分自身は納得しております。自分の青春に悔いはありません…」

ソ連政府の広報紙であったイズヴェスチャ紙は報じた。

〈占守島の戦いは、満州、朝鮮における戦闘よりはるかに損害は甚大であった。八月十九日はソ連人

民の悲しみの日である〉（中山隆志著『一九四五年夏　最後の日ソ戦』国書刊行会）

大東亜戦争末期、日ソ中立条約を破棄して対日戦を挑んできたソ連軍の前に日本軍将兵は敢然と立ち向かい、文字通り祖国の〝防波堤〟となって戦った。その結果、日本軍は満州をはじめ樺太・千島の戦闘で約７５００人の戦死傷者を出し、後に60万人もの将兵が不法にもシベリアに連行抑留されることとなった。一方、この日ソ戦において、ソ連軍は実は日本軍の4倍以上の約３万４千人もの戦死傷者（戦死約９７００人）を強いられていた。

これらの事実は、我が軍の抵抗が想像をはるかに越えた勇戦であったことの証左であり、改めて我が軍将兵の勇戦敢闘に深く頭を垂れ感謝申し上げる次第である。

大東亜戦争は、占守島における日本軍の大勝利によって激闘の幕を閉じたのであった――。

「アジア解放の聖戦」——大東亜戦争は侵略戦争にあらず

敗戦後、アジア各地に展開していた日本軍将兵の多くは復員したが、中には現地にとどまり、現地で独立戦争に参加した者も少なくなかった。日本が大東亜戦争を戦い抜かなければ、アジアの独立はなかった——。

安倍首相のバンドンでのスピーチは万雷の拍手で迎えられた(内閣広報室より)

マッカーサー元帥も、大東亜戦争が「日本の自衛戦争」であったことを戦後認めている

安倍首相の「バンドン会議60周年スピーチ」

平成27年（2015年）4月22日、バンドン会議60周年を記念してインドネシアで開かれたアジア・アフリカ会議で、安倍晋三首相は見事なスピーチを行い、会場から万雷の拍手が送られた。

安倍首相は、その演説の冒頭でこう語った。

「バンドン会議60年の集まりを実現された、ジョコ・ウィドド大統領閣下、ならびにインドネシアの皆様に、心から、お祝いを申し上げます。

アジア・アフリカ諸国の一員として、この場に立つことを、私は、誇りに思います。

共に生きる。

スカルノ大統領が語った、この言葉は、60年を経た今でも、バンドンの精神として、私たちが共有するものであります。

古来、アジア・アフリカから、多くの思想や宗教が生まれ、世界へと伝播していった。多様性を認め合う、寛容の精神は、私たちが誇るべき共有財産であります。

その精神の下、戦後、日本の国際社会への復帰を後押ししてくれたのも、アジア、アフリカの友人たちでありました。この場を借りて、心から感謝します。

60年前、そうした国々がこの地に集まり、強い結束を示したのも、歴史の必然であったかもしれません。先人たちは、『平和への願い』を共有していたからです」

大東亜戦争時、日本の軍政下で組織されたインドネシア人による初の軍隊組織ＰＥＴＡ（ペタ＝祖国防衛義勇軍）の一員として、また戦後も、インドネシアに残留した日本軍将兵と共に宗主国オランダと戦い、そして独立を勝ち取った親日家のスカルノ大統領を引用し、安倍首相は〈共に生きる〉という言葉を紹介したのであった。

誤解を恐れずに言うが、これはまさしく、かつて欧米列強による植民地支配に喘ぐアジア諸国と手を取り合って、アジア人のためのアジアを築こうとした「大東亜共栄圏」の精神ではないか。

ここで、このアジア・アフリカ会議の舞台となったインドネシアの独立の経緯を振り返ってみたい。

昭和20年（１９４５）８月15日、インドネシアの独立を約束し、そのための人材育成など様々な準備を進めていた日本が敗戦した。インドネシアの人々は、これで独立の夢が潰えたと思った。

だがその翌日の午後11時、前田精《ただし》海軍少将の公邸に、スカルノとハッタを中心に50人ほどの独立準備委員会の志士が集まって独立宣言文の起草が行われたのである。翌朝８月17日午前10時には、スカルノ邸でインドネシア国旗「メラ・プティ」が掲揚され、独立宣言文が読み上げられたのだった。

「我らインドネシア民族はここにインドネシアの独立を宣言する。権力委譲その他に関する事柄は、完全かつできるだけ迅速に行われる。

ジャカルタ　17—8—'05　インドネシア民族の名において」

ご存知だろうか。ここに記された日付「17—8—'05」の「05」とは、「皇紀２６０５年」のことだったのである。インドネシアは皇紀２６０５年８月15日にオランダ王国から独立したのだ。

そして忘れてはならないのが、自らの危険を冒してスカルノやハッタらを自邸に招いて独立宣言文を起草させた前田精海軍少将の勇気であろう。前田少将は間違いなくインドネシア独立の立役者であり、最大の功労者だった。事実、インドネシア政府は、昭和52年（１９７７）に前田少将にインドネシア建国功労章を授与している。

日本の軍政下、日本軍はインドネシアが二度と再び外国の植民地にならないよう、自分の国は自分たちの力で守ることを教え、そのための組織を創設した。「ＰＥＴＡ」（ペタ）である。インドネシア語の「Tentara Pembela Tanah Air」の略で「祖国防衛義勇軍」を意味するこの組織は、陸軍士官学校と義勇隊を兼ねた軍事組織であった。

ＰＥＴＡは、昭和18年（１９４３）10月、今村均中将の後任として第16軍司令官に着任した原田熊吉中将の下に結成された史上初のインドネシア人による軍隊であり、現在のインドネシア軍の基礎である。この日本軍によるＰＥＴＡの創設は、以後のインドネシアの運命に大きな影響を与えることになった。ＰＥＴＡの創設そのものが、日本がインドネシア解放とその後の独立を念頭にしていたことのなによりの証拠である。

ＰＥＴＡ「祖国防衛義勇軍」は、ジャカルタから西方約20キロに位置するタンゲランに設置された「青年道場」を元に発展した組織であり、したがってこの青年道場の存在意義は大きい。青年道場で日夜厳しい訓練に明け暮れた50人のインドネシア青年が、原田中将の支援によってボゴールに創設されたＰＥＴＡの中心的存在となって大きく発展していったのである。そして最終的にＰＥＴＡの総勢は3万8千人を数え、後のインドネシア独立戦争でオランダ、イギリス軍相手に勇戦敢闘して、インドネシア独立の立役者となった。

事実、インドネシアの歴史の中でこのＰＥＴＡ創設の事実は最も高く評価されており、繰り返すが、初代大統領スカルノはＰＥＴＡ出身であり、いかなるアジア諸国のリーダーよりも日本の大東亜戦争の意義を知り、そして日本に感謝する親日家だったのだ。

安倍首相のインドネシアにおけるスピーチでは、先に紹介した冒頭部分と、最後の部分でもこのスカルノ大統領の名前を出して、アジア・アフリカ諸国の結束を呼び掛けている。少なくとも多くのインドネシア人は、自国の独立の経緯を改めて認識したに違いない。

大東亜戦争終結後、2千人もの日本軍兵士が自らの意志でインドネシアに残留し、インドネシア独立のためにオランダ・イギリス軍と戦い、その半数のおよそ1千人が戦死していることをご存知だろうか。インドネシアの人々はこのことを忘れることなく、インドネシア独立のためにかくも多くの日本兵が戦後も命懸けで戦ってくれたことに大変感謝しているのだ。

日本軍将兵が現地に残留し、その国の独立のために戦ったのはインドネシアだけではなかった。ベトナムもまた同じだった。

昭和20年8月15日、インドシナで敗戦を迎えた日本軍将兵の中にも、この地に残留してベトナムの独立のために戦おうとする将兵が現れた。他方、ホー・チ・ミンのベトナム民主共和国側も、敗戦でもはや不要となった日本軍の兵器の譲渡を求め、そして日本軍将兵を教官として迎えたいと願い出てきた。こうして1946年（昭和21）6月1日、グエン・ソン将軍を校長とする指揮官養成のための「クァンガイ陸軍中学」が設立された。

この学校は、教官と助教官が全員、日本陸軍の将校と下士官というベトナム初の「士官学校」となった。そして全国から選抜された若いベトナム青年約400人は4個大隊に分かれ、日本人教官から戦技・戦術をはじめ指揮統制要領など日本陸軍のあらゆる実戦ノウハウを学んだのである。こうしてベトミン軍は、日本陸軍軍人によって育てられたのだった。つまりベトミン軍は、〝ベトナム人で構成された日本陸軍〟だったのだ。

第1大隊教官の谷本少尉と第2大隊教官の中原少尉は、ともに日本陸軍独立混成第34旅団の情報将校であり、のちにベトミンの独立戦争に参加して戦死した井川省《せい》少佐の部下であった。また第3大隊の猪狩中尉および第4大隊の加茂中尉は、第2師団歩兵第29連隊第3大隊の中隊長であった。その他、ナンソン村には石井貞雄少佐らによる同様の「トイホア陸軍中学」があり、近代ベトナム軍の基礎は日本軍人によって作られたことがお分かりいただけよう。

小倉貞男著『ベトナム戦争全史』（岩波書店）によれば、ベトミンに協力した日本軍人は766人、戦病死者47人、そして1954年にフランスが敗れてインドシナ戦争が終結して日本に帰還したのはわずか150人で、残りの約450人はその後もベトナムに留まり続け、現在も消息不明のままだという。おそらく彼らは、第1次インドシナ戦争に引き続き、アメリカとの第2次インドシナ戦争、つまりベトナム戦争にも身を投じたものと思われる。

先に紹介した石井貞雄少佐などは、カンボジアのプノンペンで終戦を迎えたが、日本への帰国を拒否しベトミン軍の南部総司令部の顧問としてゲリラ戦を伝授しながらフランス軍と戦い、1950年（昭和25）5月20日に戦死した。

石井少佐は、次のような言葉を残してベトナム独立のためにその命捧げる決意をしていた。

「敗北の帰還兵となるよりも同志と共に越南独立同盟軍に身を投じ、喜んで大東亜建設の礎石たらんとす」

来日したモディ首相が呼び起こした日印友情の記憶

欧米列強諸国の植民地支配に苦しんできたアジア諸国が大東亜戦争のお陰で独立できたことは、覆うべくもない事実である。かつて、アラムシャ元インドネシア第3副首相はこう語った。

〈インドネシアが主権を獲得した後の1955年、アジア・アフリカ会議が開催されました。そしてこの会議こそ『我々も独立すべきだ！』と全アジア・アジア・アフリカの目を開きました。アジア・アフリカ会議によって全アジアが独立しなければならないと決心したのです。それも第二次世界大戦で大東亜戦争がなかったならば、アジア・アフリカ会議もできなかったし、アジア・アフリカの独立もありえなかったでしょう〉（『独立アジアの光』日本会議事業センター）

1955年（昭和30）、インドネシアのバンドンで民族自決・反植民地主義を訴えた第1回アジア・アフリカ会議が開かれた。アラムシャ氏の言葉通り、日本の大東亜戦争がインドネシアを独立させ、それがきっかけとなって世界中の植民地が独立していったのである。

また日本軍によって組織されたインド国民軍全国在郷軍人会代表で元インド国民軍S・S・ヤダバ大尉は、こう語っている。

〈インドの独立には国民軍の国への忠誠心が大きな影響を与えました。しかし我々国民軍を助けてくれたのは日本軍でした。インパールの戦争で6万の日本兵士が我々のために犠牲となってくれたのです。我々インド人は子々孫々までこの日本軍の献身的行為を決して忘れてはいけないし、感謝しなければならないのです〉（前掲作品）

そしてインド最高裁弁護士のP・N・レキ氏も次のような言葉を残している。

〈太陽の光がこの地上を照らすかぎり、月の光がこの大地を潤すかぎり、夜空に星が輝くかぎり、インド国民は日本国民への恩は決して忘れない〉（前同）

こんなエピソードがある。

平成26年（2014）9月1日、来日したインドのモディ首相は、安倍首相との日印首脳会談で両国の安全保障および経済関係のさらなる関係強化と友好関係を発展させることを宣言した。だがその翌日、モディ首相はチャンドラ・ボースと親交が深かった日印協会顧問の三角《みすみ》佐一郎氏（99）に会い、車椅子の三角氏の前に跪いて手を握りしめ感謝の意を表している。

三角氏は、かつて佐官待遇で参謀本部に勤務し、インパール作戦の立案等に関与した〝インド独立〟の功労者の1人だったのである。この劇的なシーンは、インドのマスコミで大きく取り上げられ、インドの外務省スポークスマンがその感動の瞬間をツイッターでツイートするほどの大ニュースだったが、日本のマスコミがこれを取り上げることはなかった。日本のメディアはまるでＧＨＱの言論統制下のごとくこのニュースを自己検閲したのである。

平成27年3月30日、インド政府は三角佐一郎氏に、インドのために卓越した働きをした者に与えられる国家勲章「パドマ・ブシャン」を授与した。戦後70年を過ぎた今、これまで地下水脈のように流れていた大東亜戦争における日印の強い絆の記憶が、いよいよ湧水となって地表に吹き出し始めたのである。

マッカーサー元帥も日本の侵略戦争を否定していた

さらに驚くべき事実がある。日本の〝侵略〟なるものを喧伝し続ける反日国家・中国の父祖である毛沢東主席が、日本の戦争に感謝の言葉を述べていることである

昭和39年（１９６４）7月10日、北京を訪れた日本社会党の佐々木更三委員長が過去の戦争で中国への謝罪を口にしたとき、毛沢東はこう返したのだった。

〈何も申し訳なく思うことはありません。日本軍国主義は中国に大きな利益をもたらし、中国人民に権力を奪取させてくれました。みなさんの皇軍なしには、我々が権力を奪取することは不可能だったのです〉（東京大学近代中国史研究会『毛沢東思想万歳　下』三一書房）

大東亜戦争終結後、〝裁判〟に見せかけて日本の戦争責任を追及した「東京裁判」では、インド代

表のラダビノート・パール判事が、当初からこの〝裁判〟の不当性を訴えた。この〝裁判〟のウイリアム・ウェッブ裁判長をはじめ、アンリ・ベルナール仏代表判事やベルト・レーリンク蘭代表判事など、「東京裁判」に関わった多くの人々が、後にこの裁判が間違いであったことを認めていることもあわせて紹介しておこう。

そしてなにより、この裁判の主催者であった連合国最高司令官ダグラス・マッカーサー元帥自身がこの裁判の誤りを認め、昭和26年（1951）5月3日の米上院軍事外交防衛委員会において次のように答弁しているのだ。

〈日本は、絹産業以外には、固有の産物はほとんど何も無いのです。彼らは綿が無い、羊毛が無い、石油の産出が無い、錫が無い、ゴムが無い、その他実に多くの原料が欠如してゐる。そしてそれら一切のものがアジアの海域には存在してゐたのです。

もしこれらの原料の供給が断ち切られたら、一千万から一千二百万の失業者が発生するであろうことを彼らは恐れてゐました。したがって彼らが戦争に飛び込んでいつた動機は、大部分が安全保障の必要に迫られてのことだつたのです〉（小堀桂一郎『東京裁判　日本の弁明』講談社学術文庫）

〝日本が侵略戦争をした〟というレッテル張りのために開かれた東京裁判。その首謀者であるマッカーサー元帥が、大東亜戦争を止むに止まれぬ自衛戦争だったことを認めているのだ。

20世紀初頭の日露戦争における日本の勝利は、長く白人支配に苦しんできたインド人を狂喜乱舞させた。そして大東亜戦争では日本軍とともにイギリス軍と戦い、そしてこの戦争の結果としてインドは悲願の独立を勝ち取った。だが、それはインドだけではない。先に紹介したインドネシア、ベトナム、マレーシアなどすべての東南アジア諸国は、同様に大東亜戦争のお陰で欧米列強諸国の植民地支配から脱して独立したのである。

後のタイ王国首相ククリット・プラモードは、当時自らが主幹を務めた『サイヤム・ラット』に、次のように書き記している。

〈日本のおかげで、アジアの諸国はすべて独立した。日本というお母さんは、難産して母体をそこなったが、生まれた子供はすくすくと育っている。今日東南アジアの諸国民が、米英と対等に話ができるのは、一体誰のおかげであるのか。それは身を殺して仁をなした日本というお母さんがあったためである。この重大な思想を示してくれたお母さんが、一身を賭して重大決心をされた日である。われわれはこの日をわすれてはならない〉（名越二荒之助『世界に開かれた昭和の戦争記念館　第4巻』展転社）

プラモード首相が言う〝この日〟とは、昭和16年（1941）12月8日——大東亜戦争開戦の日のことである。開戦の日、真珠湾攻撃と同時に実施されたマレー・シンガポール電撃戦の意義について、『マレーの虎』の著者ジョーン・D・ポッター氏はこう述べている。

〈彼は天皇のために、イギリス最大の要塞を征服したのである。また、東洋における白人の支配を永遠に破壊したのである。彼がこのことに気がついていたかどうかは判らない。しかし、この日本軍の

将軍が一九四二年（昭和十七年）二月十五日の夜シンガポール攻略に成功したことをもって、世界の事情は一変したのであった〉

そして現在、こうしたアジアの国々は、露骨な覇権主義を掲げる中国の威嚇に震えあがっている。今こそ日本が地域のリーダーとなって東南アジア諸国と集団安全保障体制を構築し、力を合わせてこの強大な軍事的脅威に立ち向かってゆかねばならないはずである。これは日本の独りよがりなどではない。前出タイの元首相ククリット・プラモード氏の言葉の通り、日本のお陰で独立した東南アジア諸国は、みなそのことを心から望んでいるのである。

このことは平成27年6月に来日したフィリピンのアキノ大統領による我が国国会での演説にも明らかだった。アキノ大統領（当時）は、安倍首相の安全保障関連法に対して、最大限の関心と敬意をもって注目しているとして、日本の南シナ海への関与に期待をにじませたのだった。それは、朝鮮半島を除いたアジア諸国の共通の思いなのである。

そしてそんなアジア諸国の日本への大いなる期待は、かつて日本がアジア諸国の解放ために戦った大東亜戦争の記憶に裏打ちさたものなのだ。

先人の偉業に対し、今改めて畏敬の念と日本人としての誇りが湧きあがってくる——。

井上和彦（いのうえ・かずひこ）

ジャーナリスト。昭和38年（1963）滋賀県生まれ。滋賀県立膳所高校、法政大学社会学部卒業。専門は、軍事・安全保障・外交問題・近現代史。ニュース番組やバラエティ番組などのコメンテーターを務めるほか、書籍の執筆、オピニオン誌への寄稿を行う。テレビ番組では歯に衣着せぬ本音トークで 難解な軍事問題などを分かりやすく解説する。『そこまで言って委員会ＮＰ』（讀賣テレビ）では“軍事漫談家”の異名を持ち、同番組をはじめとして『全力！脱力タイムス』（フジテレビ）、『モーニングCROSS』（TOKYO MX）、『女は悩まない　ニュース女子』（TOKYO MX）、『ビートたけしのTVタックル』（テレビ朝日）など出演番組多数。サンミュージックプロダクション所属。また防衛省講師、航空自衛隊幹部学校講師、（公財）国家基本問題研究所企画委員、商社シンクタンク部門の主席アナリストも務める。「国民の自衛官」（フジサンケイグループ主催、産経新聞社主管、防衛省協力）の選考委員。平成25年（2013）12月より産経新聞『正論』欄執筆者に加わる。『日本が戦ってくれて感謝しています』（産経新聞出版）、『ありがとう日本軍』（PHP）、『パラオはなぜ世界一の親日国なのか』（PHP）、『撃墜王は生きている』（小学館）、『最後のゼロファイター　本田稔元海軍少尉「空戦の記録」』（双葉社）、『尖閣武力衝突　日中もし戦わば』（飛鳥新社）、『東日本大震災秘録　自衛隊かく戦えり』（双葉社）、『北朝鮮と戦わば』（双葉社）、『国防の真実　こんなに強い自衛隊』（双葉社）他、著書多数。

大東《だいとう》亜《あ》戦争《せんそう》秘録《ひろく》　日本軍《にほんぐん》はこんなに強《つよ》かった！

2016年8月14日　第1刷発行

著　者――**井上和彦《いのうえかずひこ》**

発行人――**稲垣潔**

発行所――**株式会社双葉社**

〒162-8540　東京都新宿区東五軒町3番28号

［電話］03-5261-4818（営業）　03-5261-4827（編集）

http://www.futabasha.co.jp/

（双葉社の書籍・コミック・ムックが買えます）

印　刷――**三晃印刷株式会社**

製　本――**株式会社若林製本工場**

装　丁――**鈴木徹**（THROB）

ISBN978-4-575-31161-7 C0095